건물에너지와 공조제어

다카하시 다카오(高橋隆勇) 저
송영학 역

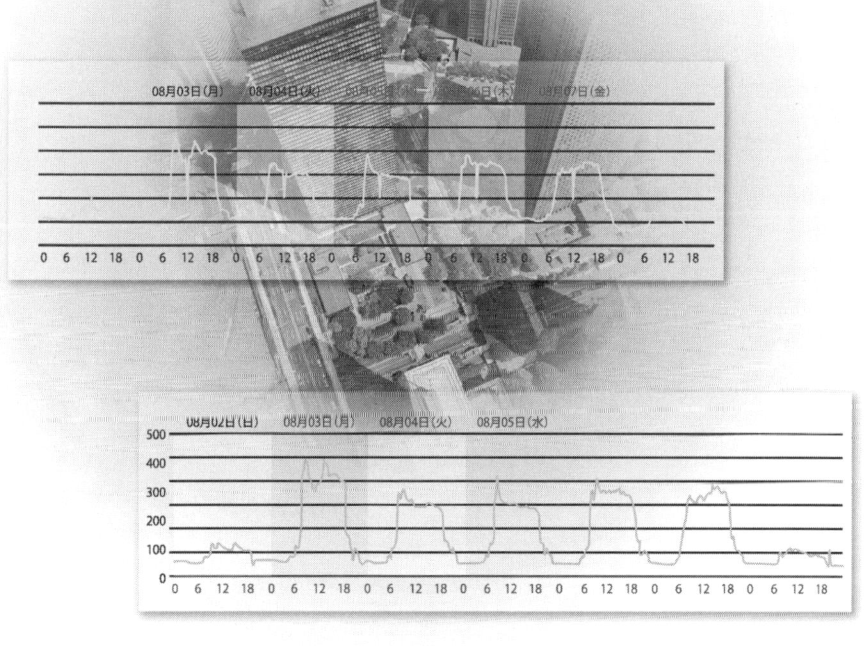

도서출판 세진사

머리말

역자는 수년 전, 반도체 공장의 공조시스템 성능평가 검증 프로젝트에 참여한 적이 있었다. 500여개의 센서를 통해 10분 단위로 2년간 데이터를 분석하는 방대한 작업이었다. 첫해에는 예상했던 대로의 성능이 구현되었으나, 이듬해 여름을 지나면서 효율이 대폭 떨어졌다. 이 책에서도 언급되는 냉동기 대수운전의 실수가 그 원인인데, 이로 인해 추가로 사용된 에너지 비용이 중형차 몇 대에 해당하였다. 비용의 문제뿐만 아니라 이런 단순한 실수가 실제 건물의 운전에서 비일비재하게 발생한다는 것이 큰 문제인 것이다.

최근에는 건물에서 사용되는 에너지와 이산화탄소 배출량을 줄이기 위한 여러 제도와 기술이 반영되어 에너지 성능이 우수한 건물들이 속속 등장하기 시작하였다. 자동차에 비유하면 연비효율이 높은 하이브리드 자동차 정도로 생각할 수 있는데, 연비가 아무리 높더라도 급발진을 한다든지 rpm을 무리하게 올리면 본래의 성능을 발휘할 수 없듯, 건물 운전도 적절하지 못하면 같은 양상을 보인다.

건물의 에너지 성능을 향상시키기 위한 아이디어와 그에 따른 수많은 기술을 조합해 놓고도 운전을 잘못하면 앞서 언급한 에너지 비용의 추가발생 현상이 나타나는 것이다. 애초에 무엇을 위한 시스템인지, 그것을 위해 어떻게 제어가 구성되어 있는지를 항상 염두에 두고 본문을 읽으면 도움이 될 것이다.

본서는 일본어 원문의 '공조자동제어와 에너지절감'의 한국어 번역판이다. 원저자인 다카하시 다카오씨가 설비전문 기업과 현장에서 수십 년간 쌓아온 경험을 토대로 작성한 것을 운 좋게 작업하게 되었다. 번역상의 오류 및 내용의 불분명한 부분은 모두 역자의 책임이다. 다만, 본서가 공조제어에 대한 실무자 및 학생들의 이해를 높이고 건물 에너지 성능 향상에 도움이 된다면 더할 나위없는 영광이겠다.

2012년 7월

역자 씀

차 례

이 책의 그래프 보는 법

본서는 현업에서 취득한 운전데이터를 활용하고 있으며 트렌드 그래프를 이용하여 설명과 해석을 진행해 나가는 형식이다. 사용되는 트렌드 그래프 및 프로그램은 다음의 특징을 지닌다.

1 트렌드 그래프의 주요 특징

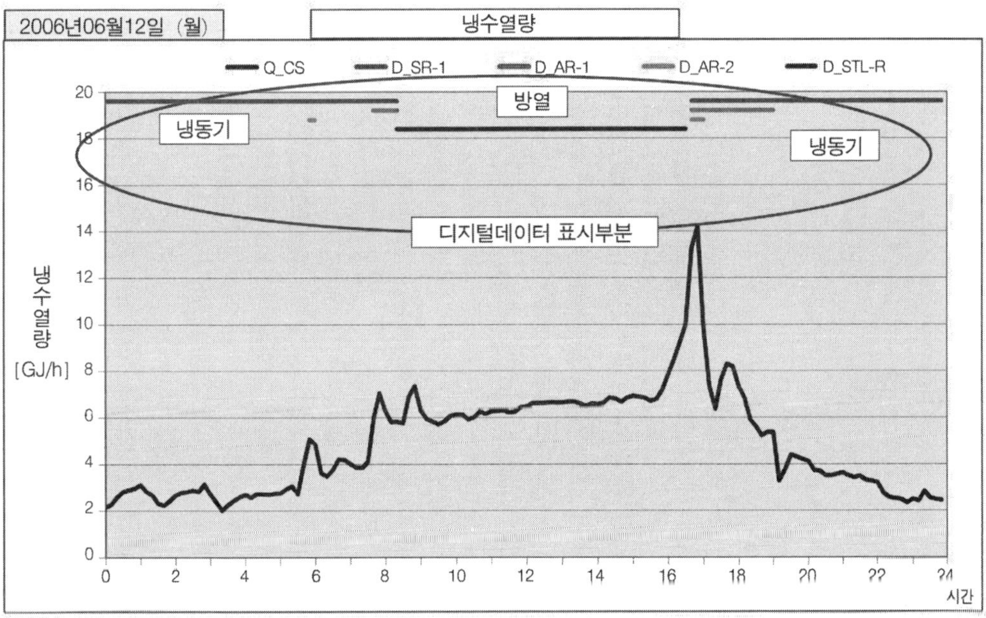

그래프0.1 디지털데이터 표시

(1) 디지털데이터의 표시

그래프0.1과 같이 트렌드 그래프 및 프로그램의 상단에 디지털 포인트가 있어 확인하고 싶은 포인드의 현황을 쉽게 알 수 있나. 상기의 예시와 같이 냉수부하 열량을 살펴보면 야간 시간대에 냉동기가 가동되고 있으며, 주간 시간대에는 축열조 방열을 통해 냉수부하를 조달하고 있음을 시각적으로 확인할 수 있다.

시계의 경우 시간을 수치로 표시하는 것을 디지털이라 하며, 카메라의 경우는 필름 인화 대신 메모리에 기록하는 것을 디지털이라 한다. 건물관리 컴퓨터의 경우는 공조기 및 펌프와 같은 기기류의 운전 상태(운전 시 "1", 정지 시 "0")나 여름/겨울의 운전 전환상태 등을 나타내는 데이터를 디지털이라 한다.

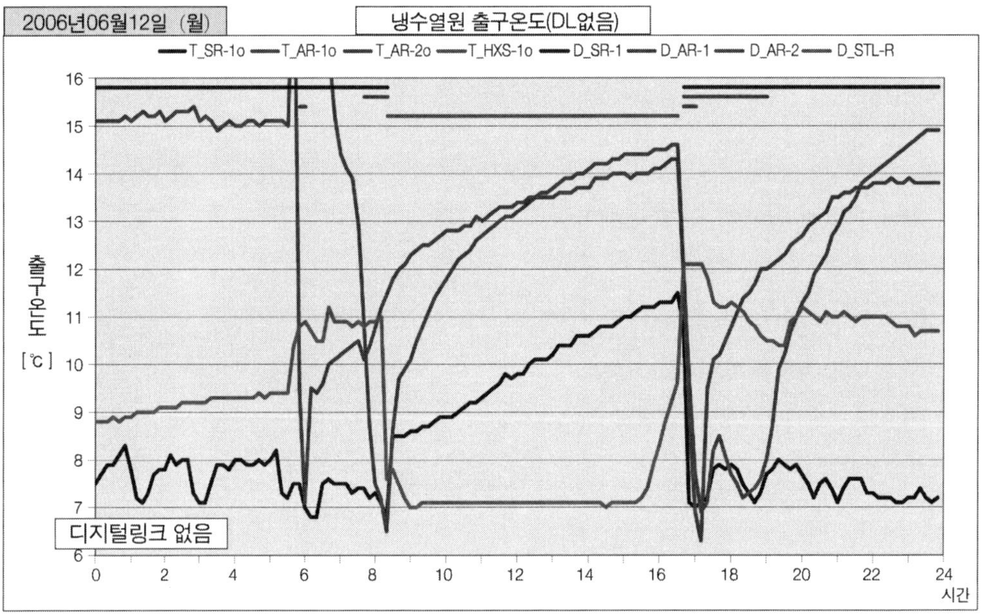

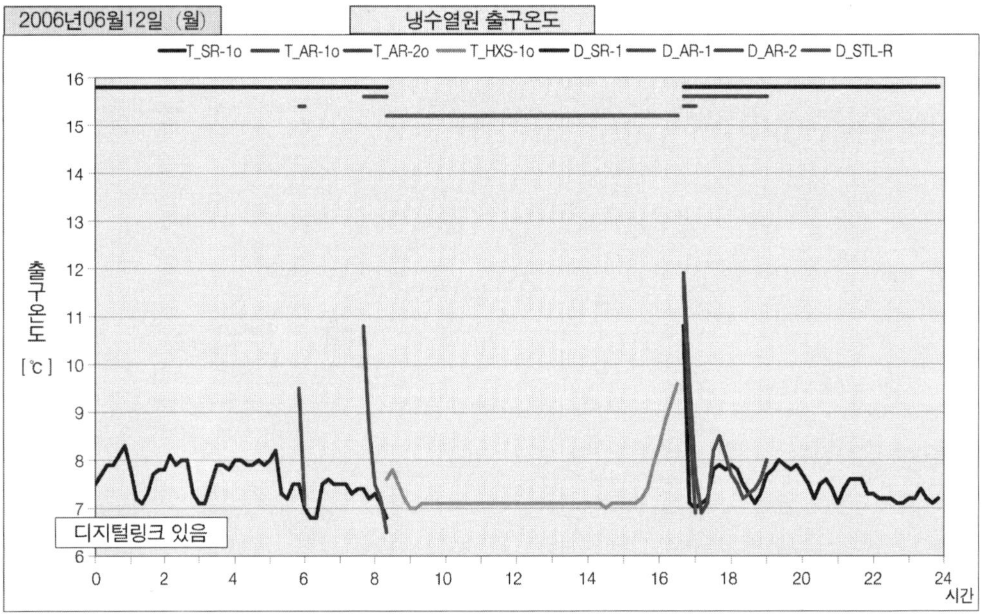

그래프0.2 디지털링크

(2) 디지털링크

디지털데이터의 기술적 활용도를 높여 운전 중인 기기의 계측 데이터만을 나타낸 것이 그래프0.2와 같은 디지털링크 기능이다. 상단에 있는 그래프는 열원기기 3대의 출구온도를 모두 표시한 것이다. 운전을 평가할 때 정지되어 있는 기기의 데이터는 시각적으로 방해가 되기도 한다. 따라서 하단 그래프와 같이 정지에 해당되는 데이터를 삭제하면 현황파악에 필요한 부분만 나타난다. 일반적으로 트렌드 그래프를 통해 운전상태가 정상인지를 판단할 때는 운전 중인 데이터만 파악한다.

(3) 주간 트렌드

데이터를 평가할 때는 그래프0.3과 같이 주간 트렌드를 이용하여 넓은 영역에서 판단한 후 1일 트렌드로 전환하여 상세하게 살펴보면 편리하다. 반대로 1일 그래프에서 보이지 않던 것이 주간 트렌드에서 드러나기도 한다.

이 그림에서 휴일은 음영으로 표시되어 있으므로, 특정 날의 경향이 다르거나 할 때 이를 분석하는 데 도움이 된다.

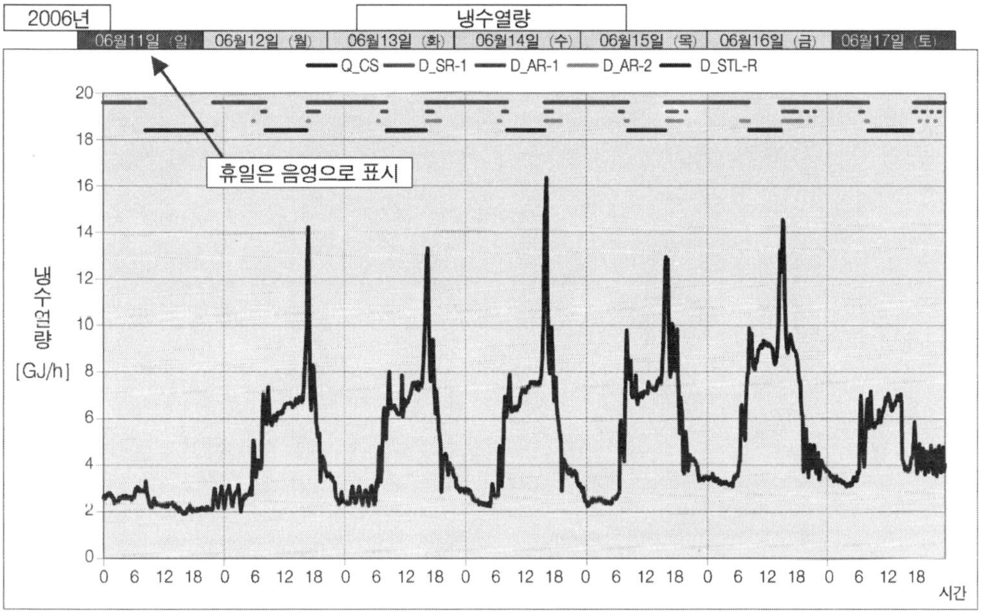

그래프0.3 주간 트렌드

(4) 상하 2단표시

관련된 2개 항목을 동시에 살펴보면서 현상의 인과관계를 파악해야 할 때가 있다. 이 때는 그래프0.4와 같이 상하 2단으로 표시하면 이러한 목적을 달성할 수 있다. 그리고 한 가지 항목을 2단으로 표시하도록 지정하면 위아래에서 각각 원하는 날짜를 선택할 수 있으므로 여름과 겨울의 차이 및 작년과 올해의 차이 등을 용이하게 비교할 수 있다.

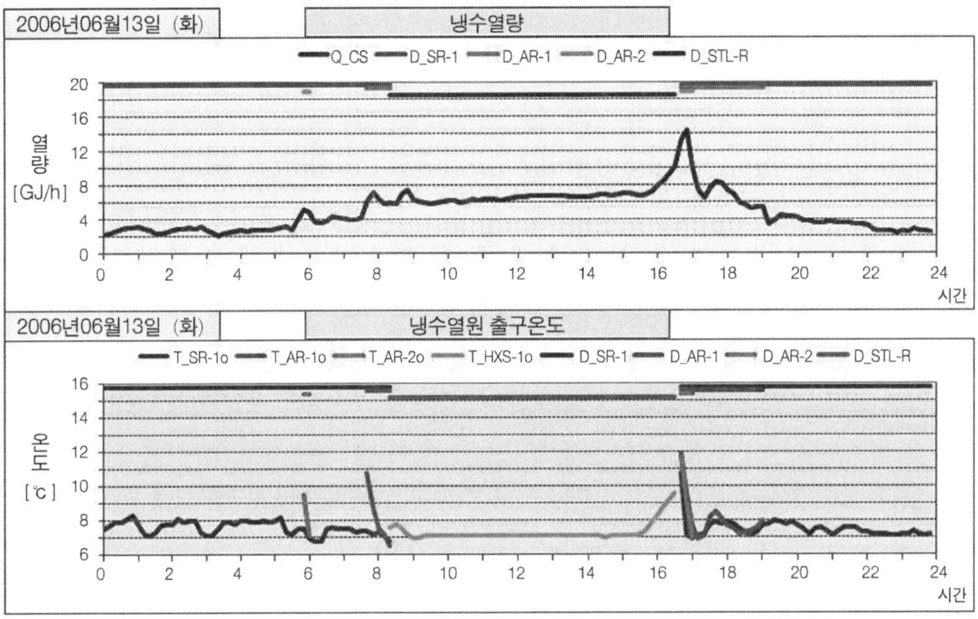

그래프0.4 상하 2단 표시

2 그림과 그래프의 사용구분

본서에서는 트렌드 그래프를 「그래프1.1」과 같은 표현방식을 이용하여 해설하고자 한다. 또한 기타 그림이나 그래프에 대해서는 「그림1.1」과 같이 표기한다.

제1장

2차 펌프 제어

1.1 펌프의 제어이론

1.1.1 2차 펌프

(1) 2차 펌프의 기능과 범위

그림1.1과 같이 여러 개의 냉동기와 2대 이상의 2차 펌프로 구성되는 열원시스템에서, 2차 펌프의 역할은 송출헤더(SH－1)에서 공조기를 경유하여 반환헤더(RH－1)까지 물을 반송하는 것이다(이에 반해 1차 펌프는 냉동기에서 헤더까지의 순환역할이다 － 역자 주).

공조설비 운용과 에너지 소비량과의 관계 검토 시, 외기 변동요소나 거주자 이동 등으로 건물 운용에 변화가 생기나 이를 정확히 파악하고 반영하기는 힘들다. 그러나 2차 펌프 제어는 유량과 압력만을 파악하면 되므로 변화가 있는 부분을 파악하는 것은 그리 어렵지 않다. 즉, 「액체는 비압축성이다」는 대원칙과 「유량의 제곱은 압력에 비례한다」는 절대적 조건이 있으므로 불명확한 부분은 존재하지 않는다.

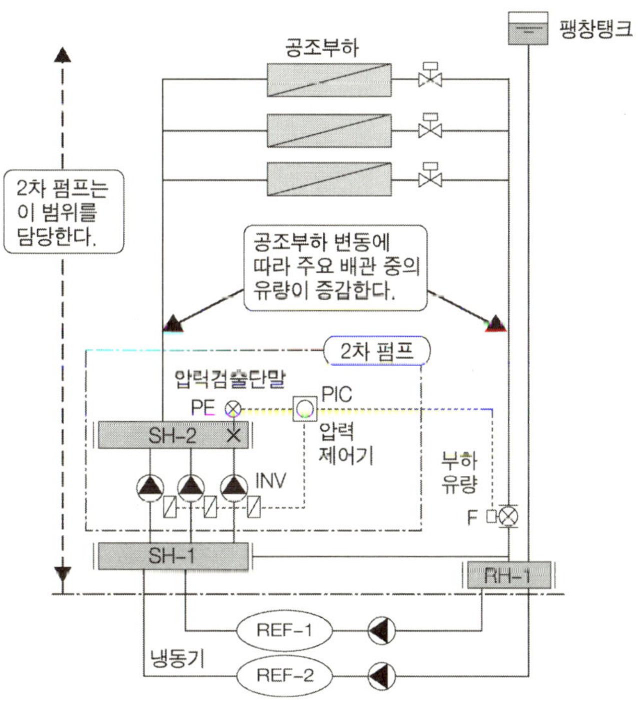

그림1.1 2차 펌프가 담당하는 범위

(2) 2대 이상의 펌프 운전

펌프를 구입하면 그림1.2와 같은 Q−H특성을 포함한 그래프를 공급받는다. 그림1.1과 같이 여러 대의 2차 펌프를 병렬로 배치하면 이것의 복합Q−H특성(유량−양정의 관계)은 그림1.3과 같이 동일한 압력선상에서 움직이며, 유량은 대수 n에 대하여 n의 배수가 되는 형태를 보인다.

번호 TEST NO	펌프 PUMP			전동기 MOTOR						
		TOTAL		전 압 VOL, TS (200V) 전 압	입 력 INPUT		전 압 VOL, TS (400V) 전 압	입 력 INPUT		출 력 OUTPUT
	t/min	m	%	A	kW	%	A	kW	%	kW
1	0	48.0	0.0	65.9	12.51	88.0	32.95	12.50	88.1	11.01
2	1670	47.0	60.0	89.6	23.21	91.7	44.92	23.21	91.7	21.30
3	3330	40.0	73.9	113.0	31.80	92.3	56.66	31.80	92.3	29.36
4	5000	25.5	61.1	127.8	36.83	92.3	63.96	36.83	92.3	33.99
5	5500	19.2	50.0	129.1	37.27	92.2	64.61	37.29	92.2	34.41

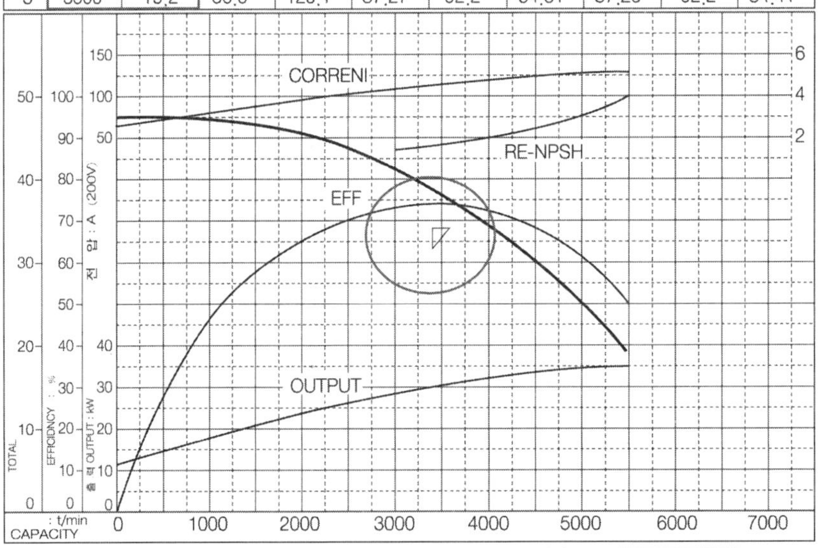

			출력 OUTPUT
3600	345	min 1500	kW 37

그림1.2 Q-H특성

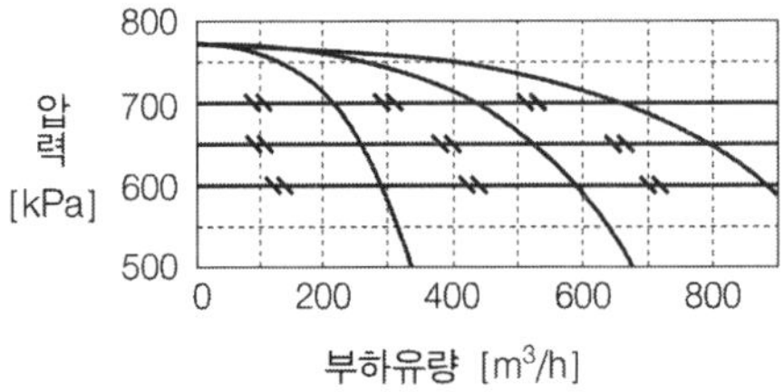

그림1.3 복수대수 펌프의 병렬특성

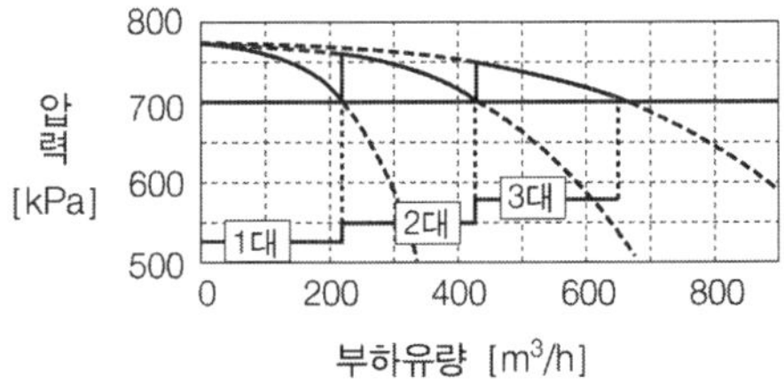

그림1.4 운전대수와 배관 내 압력

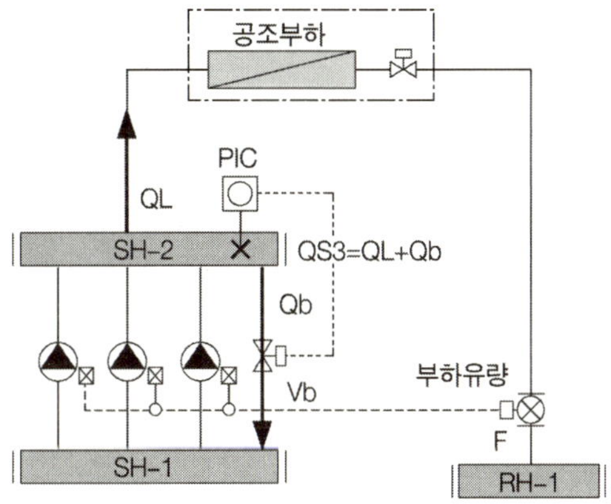

그림1.5 바이패스 제어밸브의 역할

그림1.1과 같이 실내부하에 따라 공조기의 온도조절용 2방향 밸브를 개폐하면 주배관의 유량이 변한다. 그로 인해 주배관 내부의 압력은 부하유량에 대응한 펌프 운전대수에 따라 그림1.4와 같이 변동된다. 따라서 주배관 내부 압력이 변하는 것을 방지하기 위한 목적으로 그림1.5와 같이 바이패스 제어밸브(Vb)를 펌프와 병렬로 설치한다.

(3) 바이패스 제어밸브를 이용한 송수압력제어

그림1.6의 예와 같이 2대 이상의 펌프 병렬특성 선도에서 부하유량(QL)이 펌프 2대와 3대 사이에 있을 때에는 펌프를 3대로 운전시킨다. 이 때 3대의 운전유량(QS3)과 부하유량(QL)의 차이가 바이패스 유량(Qb)이 되어 배관내 압력은 일정하게 유지된다. 즉, 그림1.5의 시스템도와 같이 송수헤더(SH－2)의 송수압력이 일정하게 되도록 바이패스 밸브를 제어하는 것이다. 부하유량(QL)이 펌프 1대와 2대 사이에 있을 때에도 마찬가지이며, 바이패스관의 유량은 최대 펌프 1대분이 된다. 따라서 바이패스 제어밸브의 사이즈는 펌프 1대분 이하로 설정한다.

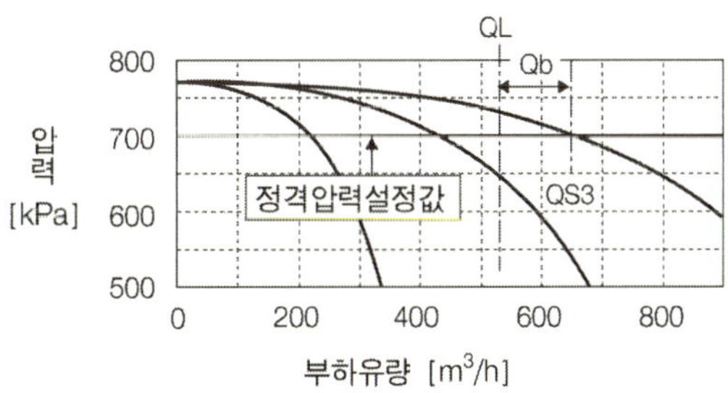

그림1.6 바이패스 밸브 압력제어

1.1.2 충분한 펌프 용량으로 에너지절감 달성

이번에는 다른 관점에서의 펌프Q−H특성선도에 대해 생각해 보기로 한다. 그림1.2와 같이 사용지점의 △마크는 반드시 Q−H특성선의 안쪽으로 위치한다. 즉, 필요로 하는 양보다 펌프에 여유가 있는 것으로 해석할 수 있다. 여기에 착안함으로써 설정값만 수정하는 정도로도 에너지를 절감할 수 있다.

(1) 정격수량 변경

일반적으로 2차 펌프의 대수를 제어하는 유량 포인트는 그림1.7의 ①과 같이 펌프의 정격값이 기준이 된다. 하지만 △마크의 압력점과 Q−H특성의 교점까지는 운전이 가능하므로 펌프유량을 여유있게 가져가면 ②와 같이 A1、A2、A3의 전환점을 늘려갈 수 있으며, 이 방법으로 적은 대수의 펌프 운전이 가능해진다.

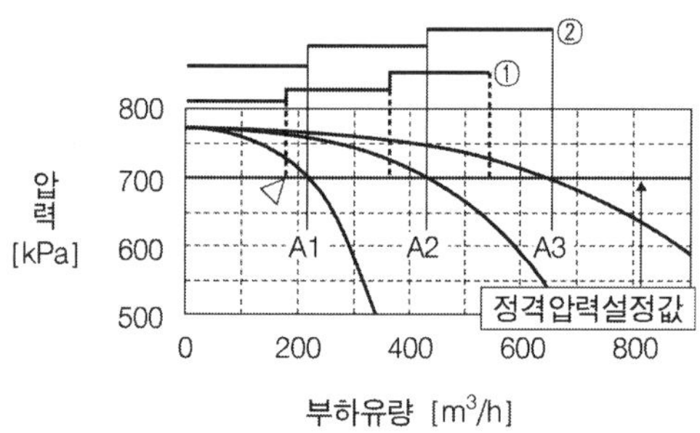

그림1.7 펌프의 선정여유와 유량설정

(2) 압력설정값 변경

여기서는 송수압력의 최적값을 정하는 방법에 대해서 알아보겠다. 그림1.8의 A와 같이 일반적으로 팽창탱크 배관은 반환헤더와 연결되어 있다. 따라서 반환헤더의 압력이 이 시스템의 정수두(hydrostatic head)가 된다. 또한 팽창탱크의 위치는 상단 박스 안의 그림과 같이 최상단 공조기의 반환배관 상부에 설치되기도 한다. 반환헤더에 직접 연결해야 한다고 주장하는 사람들도 있으나, 압력분포 선도를 정확하게 그리기만 한다면 현실적으로 그다지 큰 문제가 되지 않는다(뒤에서 서술할 제1.5−(2)항 「DHC를 유입하는 송수설비 2(열교환기가 없는 경우)」 참조).

한편, 송수 1차 헤더(SH−1)와 반환 헤더(RH−1)는 연결통로관으로 이어져 있으므로

SH−1과 RH−1의 압력은 동일하다. 이 때, 이 시스템의 적정한 송수압력은 정수두 + 펌프양정으로서 교과서에서 언급되는 수치가 된다. 하지만 설비설계자는 배관의 저항계산 시 과도한 안전율을 반영하는 경향이 있다. 또한 펌프를 선정할 때도 계산값보다도 한두 단계 큰 사이즈를 선정하는 관행이 있다. 건축설계에서 최대값을 상정하는 것은 당연한 것이므로 이 자체를 나쁘다고 할 수는 없으나 에너지절감의 관점에서는 적절한 값, 즉 최적값을 찾아야 한다. 보통은 그림1.8의 B와 같이 2차 펌프에서 가장 먼 곳에 있는 공조기에 물이 흘러들어 갈 수 있는 최소압력값이 적용된다.

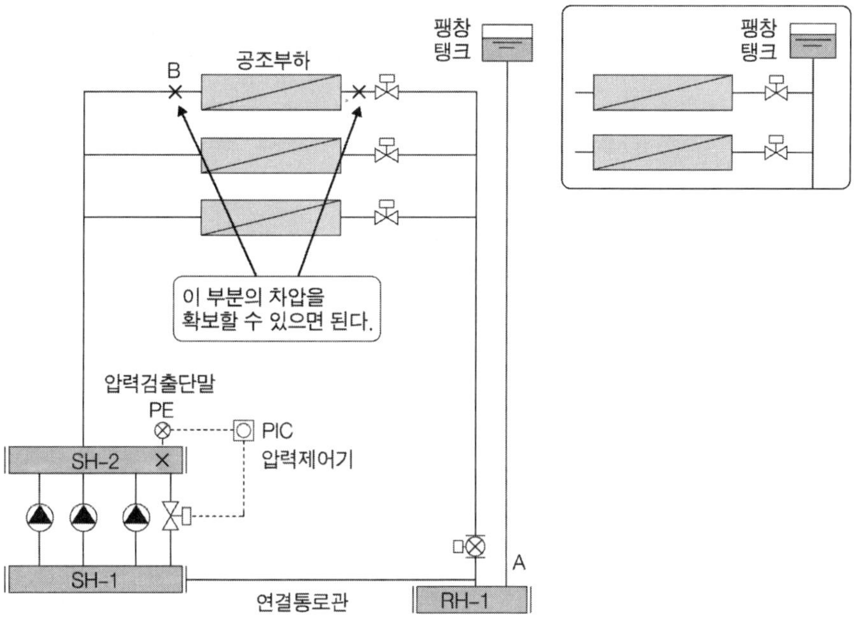

그림1.8 송수압력과 말단차압

일반적으로 사무실 건물에서는 앞서 서술한 방법론을 적용한다. 단, 점포 등이 많이 들어가 있는 건물에서는 공조기 코일의 배열수 등에 차이가 있으므로 가장 먼 곳의 조건이 가장 나쁘다고만은 할 수 없다.

예를 들어, 정수두가 300kPa인 건물을 상정해 보자. 보통 공조배관의 배관 내 유속은 2m/sec 정도로 억제되므로 메인배관 내의 압력손실은 거의 없다. 또한, 일반건물 제어에서의 실제 왕복차압은 최대부하 유량일 경우에도 200kPa 정도라고 보면 충분하다. 따라서 송수 2차 헤더(SH−2)의 압력설정값은 정수두(300kPa) + 왕복차압(200kPa) = 500[kPa]로 생각한다.

사용지점을 여기까지 낮추면 대수제어 설정지점도 그림1.9에서 B1, B2의 ③으로 변경할 수 있으며, 아울러 에너지절감도 용이해진다. 정격대로라면 펌프 3대 운전이 필요한 상황일 때 2대 가동만으로 전체 운전이 가능해지는 것이다.

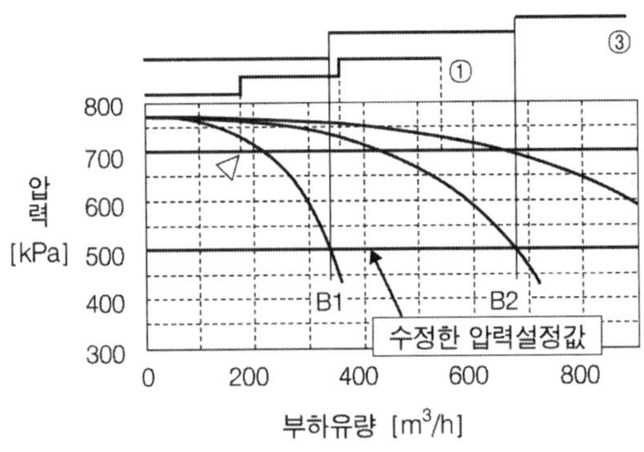

그림1.9 송수압력의 수정

(3) 설정값 변경 시의 주의사항

① Q-H 특성 형태

Q-H 특성이 우하향 곡선인 것은 대부분의 펌프에서 공통적으로 나타나지만 우하향의 기울기는 서로 상이하므로 압력설정값과 에너지절감 가능량은 Q-H특성의 형태에 따라 차이가 난다. 유량을 줄였을 때의 압력과 정격압력 사이의 차이가 적고 Q-H특성이 완만할수록 약간의 압력차이로도 수량이 크게 변한다.

② 펌프 최대유량 제한

설계 왕복차압이 너무 크다고 해서 일률적으로 200kPa로 통일해 버리면 펌프 유량이 정격의 약 2배까지 과다하게 흐르기도 한다. 또한 유량이 너무 많으면 펌프 주변의 유속이 빨라져서 배관을 부식시키는 원인이 되기도 한다. 따라서 유량의 조절은 정격유량의 1.3배 정도 이내로 하는 것이 바람직하다.

또한 유량이 정격에 대비하여 너무 많이 흐를 경우 펌프의 전류 과부하가 우려되기도 하나, 일반적으로 대부분의 펌프는 한계부하(Limit Load) 특성을 지니고 있기 때문에 일정 유량 이상이 되면 유량이나 전류 모두 한계에 달하게 되어 그 이상은 흐르지 않게 된다. 따라서 과부하는 크게 신경 쓰지 않아도 된다. 뒤에서 서술할 그래프1.04는 과부하를 고려하여 펌프의 토출밸브를 이용한 유량 조절 시, 발생한 역효과의 예를 나타낸 것이다.

③ 차압제어와 송수압력제어

바이패스 제어밸브를 송수압력으로 판단하는 대신에 그림1.10과 같이 헤더 간 차압제어로 하는 경우도 있다. 차압제어를 할 경우 정수두 등을 고려하지 않아도 되므로 제어가 간단해진다. 다이어프램 등의 기계식 압력검출기가 주류였던 시절에는 미세차압 검출기가 고가였지만 최근에는 반도체센서가 널리 보급되어 가격 차이는 그다지 나지 않는다.

차압제어를 할 경우 설정값은 기본적인 펌프제어와 동일하며, 200kPa 정도를 적정한 차압으로 생각하면 된다.

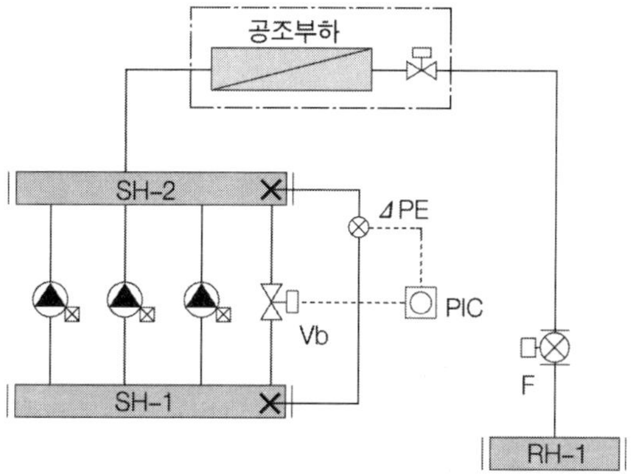

그림1.10 헤더 간 차압제어

1.1.3 인버터 제어를 통한 에너지절감

바이패스 밸브로 제어하는 방식에서 에너지를 절감할 수 있는 요소는 펌프의 대수제어 정도만이다. 바이패스 밸브로 압력을 제어하는 대신에 그림1.11과 같이 인버터를 이용하면 에너지를 절감하는데 더욱 유리하다. 인버터를 이용하여 펌프의 회전수를 제어하면 부하유량과 비교하여 동력 소비량을 3제곱에 비례하여 줄일 수 있기 때문이다(회전수를 1/2로 줄이면 이론적으로 동력 소비량은 1/8이 된다는 뜻이나. 그러나 인버터가 소비하는 전력 등의 이유로 실제로는 1/8이 되지 않는다 – 역자 주). 하지만 이를 잘못 적용하여 효과를 얻지 못하는 예도 자주 보게 된다. 펌프가 1대일 때는 이해하기 쉬우나 펌프가 여러 대가 되면 응용하기가 힘들어지기 때문이다.

본 항에서 제시하는 주파수(모터 회전값 – 역자 주) 등의 숫자는 단지 참고값에 지나지 않으며 실제값은 기기의 특성에 따라 정해진다.

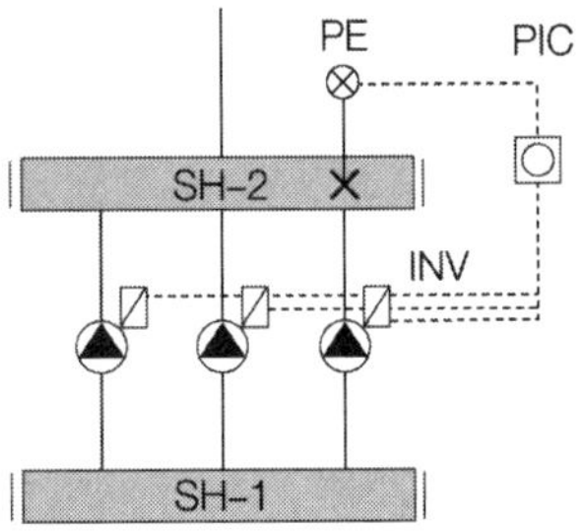

그림1.11 인버터 제어

(1) 인버터 주파수와 펌프 Q-H특성의 관계

인버터로 주파수 제어를 할 경우 펌프의 Q−H특성은 그림1.12(a)와 같이 변한다. 앞서 설명한 바와 같이 일정한 압력을 유지하도록 제어하면 그림1.12(b)와 같게 되어 인버터로 실시할 수 있는 주파수 제어 비율은 작아질 수밖에 없다.

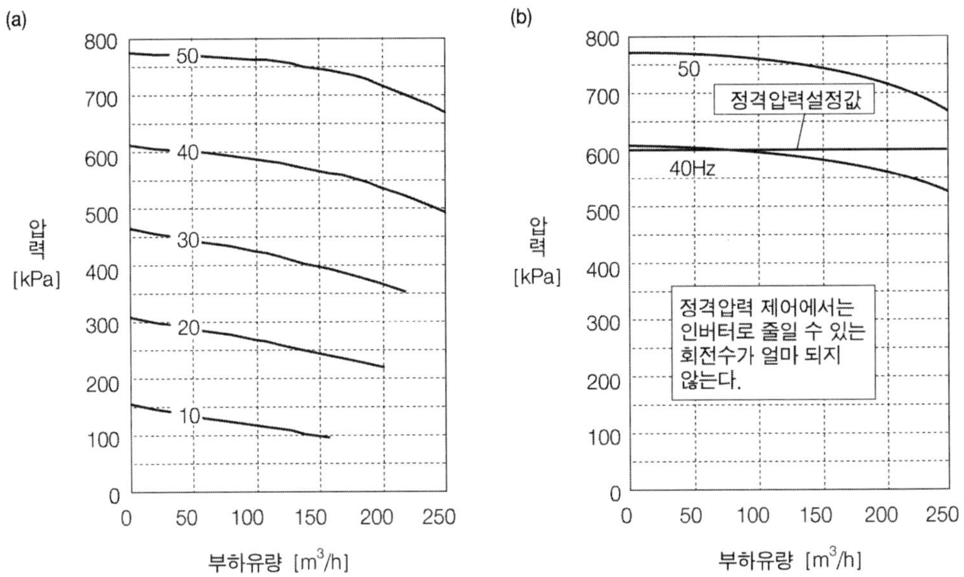

그림1.12 인버터 주파수와 Q-H특성

(2) 변압력 제어

정격유량이 210m^3/h, 양정(압력)이 350kPa인 펌프가 그림1.13과 같이 3대 설치되어 있는 경우를 예로 들어보도록 한다. 정수두는 300kPa, 최대부하 유량일 때의 왕복차압은 200kPa로 가정하고 검토한다. 배관 내의 저항곡선은 부하유량에 대하여 $y=ax^2$의 관계이므로 시스템의 저항곡선은 그림1.14의 ①이 된다. 이론적으로는 이 저항특성을 유지하면서 운전하면 배관 속으로 물을 흐르게 할 수 있다.

하지만 일반건물에서 밤이 되면 건물 전체의 부하열량은 줄어들지만 야근을 하는 층의 공조기에서는 최대부하를 요구하는 상황이 올 수도 있다. 따라서 부하유량~저항의 관계식을 ② 변압력 제어와 같이 $y=ax^2+b$의 가상 저항곡선으로 바꾸어 생각할 필요가 있다. b값은 점포와 사무실이 동일한 계통에 포함되어 있을 때 또는 거주자의 동시 사용률 조건에 따라 다양하므로, 건물 사정에 따라 결정한다. 여기에서 b값을 50kPa이라고 한다면 유량이 "0"일 때 압력설정값은 350kPa가 된다. 이렇게 부하유량에 따라 압력설정값의 목표량을 변화시키는 제어방식을 게이트 제어(제8장 1.4.4항 「결합제어」 참조)라고 한다. 그림1.13과 같이 부하 유량과 연동된 캐스케이드 신호가 압력설정기에 추가되고, 여기에 그림1.15와 같이 변압력 제어를 하면 더욱 낮은 회전수로 운전할 수 있어 에너지절감 효과를 한층 높일 수 있게 된다.

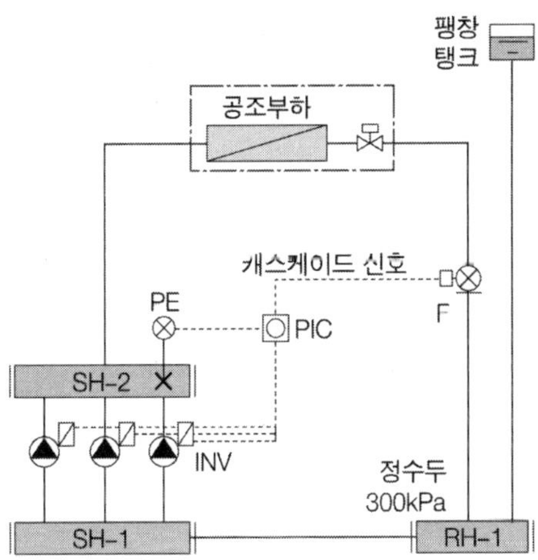

그림1.13 압력-유량 캐스케이드

b를 설정하는 것에는 다른 의미도 있다. 예를 들어 b값이 없다면 인버터를 이용할 때 출력이 "0"이 될 수도 있기 때문인데, 이는 펌프가 손상을 입고 시스템을 망가트리는 원인이 되기도 한다. 이렇듯 $y=ax^2+b$의 관계식 계산을 제대로 이행한다면 모든 펌프에 인버터를 부착한 시스템에서는 바이패스 밸브가 불필요하다. 그림1.14에서 ③은 일정한 압력으로 제어하였을 경우이며 ④는 펌프의 정격압력으로 제어할 때의 제어선이다.

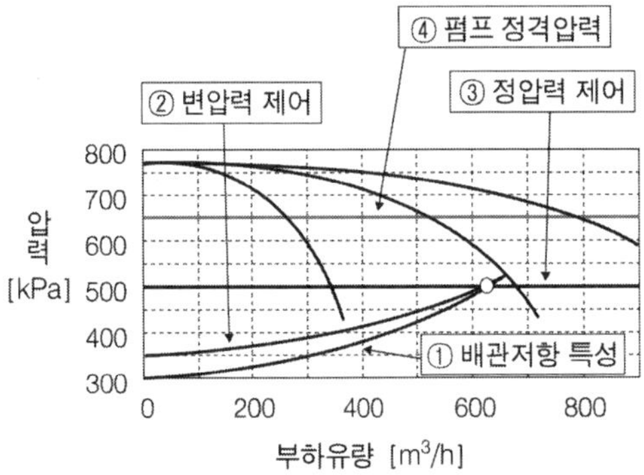

그림1.14 배관 내의 저항특성과 압력제어

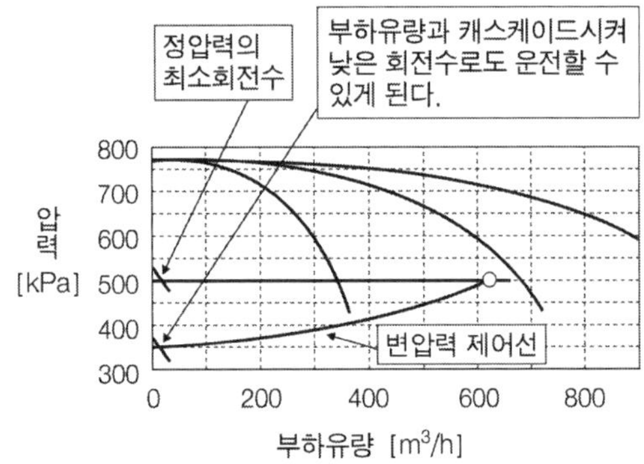

그림1.15 정압력과 변압력 시의 최소회전수

(3) 설정값 변경 시의 주의사항

① 대수제어와의 관련성

본 장의 제1.2 (2)항 「압력설정값 변경」에서 설정을 정격압력보다 낮게 변경할 경우 대수제어 설정점도 이에 따라 변동시키는 것이 에너지절감에 도움이 된다고 설명하였다. 하지만 인버터를 이용하는 경우, 무조건 최소 대수로 운전하는 것이 에너지절감으로 이어지지는 않는다.

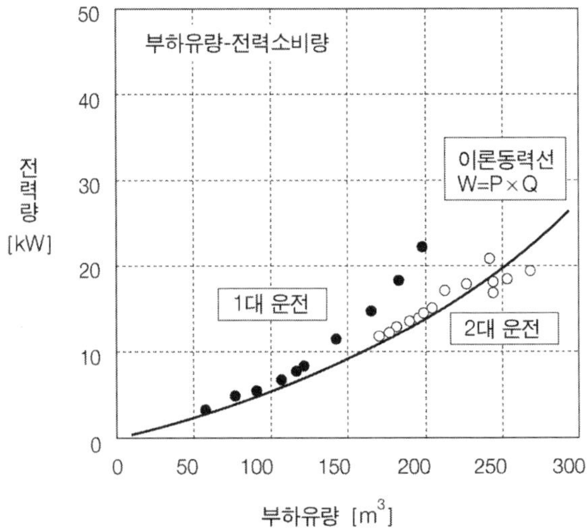

그림1.16 대수제어 전환점

그림1.16은 부하유량에 변화가 있을 때, 운전대수와 전력소비량의 경향을 파악한 실측 데이터이다. 1대로 운전할 때의 전력소비량이 2대로 운전하였을 때의 합계보다 큰 것을 알 수 있다. 적은 대수로 무리해서 운전을 하게 하면 동력소비량이 더욱 커지므로, 이때는 펌프의 가동 대수를 늘리고 인버터의 부분부하운전 특성을 활용하여 운전하는 편이 동력소비량 관점에서 유리하다. 정격유량 이상에서의 운전은 유량에 대해 동력이 3제곱에 비례하는 것이 오히려 불리하게 작용하는 것이다. 따라서 그림1.17과 같이 수정한 압력의 교점까지 흘려보내는 것은 가능하지만, 인버터 제어의 경우는 대수제어의 전환점을 정격유량 정도로 하는 것이 바람직하다.

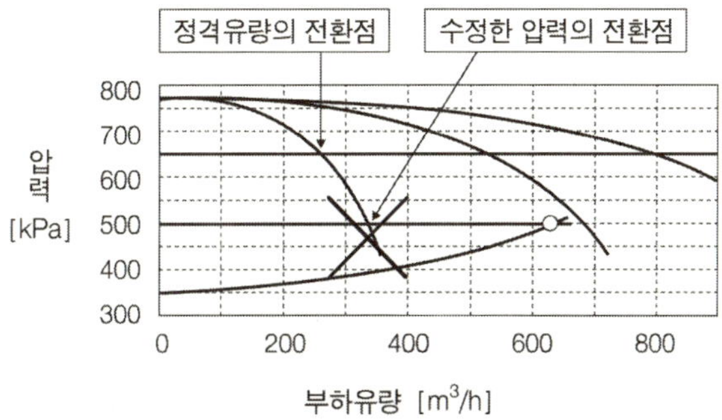

그림1.17 대수제어 전환점과 압력 제어선

② 최소회전수 설정

인버터를 조절할 때는 최소회전수라는 것을 설정한다. 이는 인버터 운전 시 제어신호의 단선 등의 경우에 대응할 목적으로 마련된 것이다. 인버터 제조사는 건물의 시스템 전체를 이해하지 못하기 때문에, 최소주파수 설정을 인버터 제조사에 맡겨버리는 일이 없도록 한다.

최근에는 최소출력을 임의로 설정할 수 있는 기능을 지닌 압력조절기가 많이 나오고 있다. 이 경우에도 최소출력 설정을 높게 하는 여러 장치가 걸려 있어 에너지절감이 원활하게 이루어지지 않기도 한다.

그림1.18은 전체펌프에 인버터를 부착한 다음 바이패스 밸브를 추가로 설치한 예이다. 바이패스 밸브의 목적은 인버터로 전부를 제어할 수 없을 때 이용하기 위함이며 그림과 같이 제어시퀀스를 작성한다. 앞서 서술한 (2)「변압력 제어」의 내용과 같이 최소압력 b를 고려하면 최소출력이 "0"이 될 수 없으므로 모든 펌프에 인버터를 도입한 경우에는

바이패스 밸브가 필요 없다. 제어기술자는 인버터에 장애가 발생할 때를 대비한 것이라 하지만, 그러기 위해서는 펌프나 인버터의 복수 병렬이 우선적으로 구성되어야 한다.

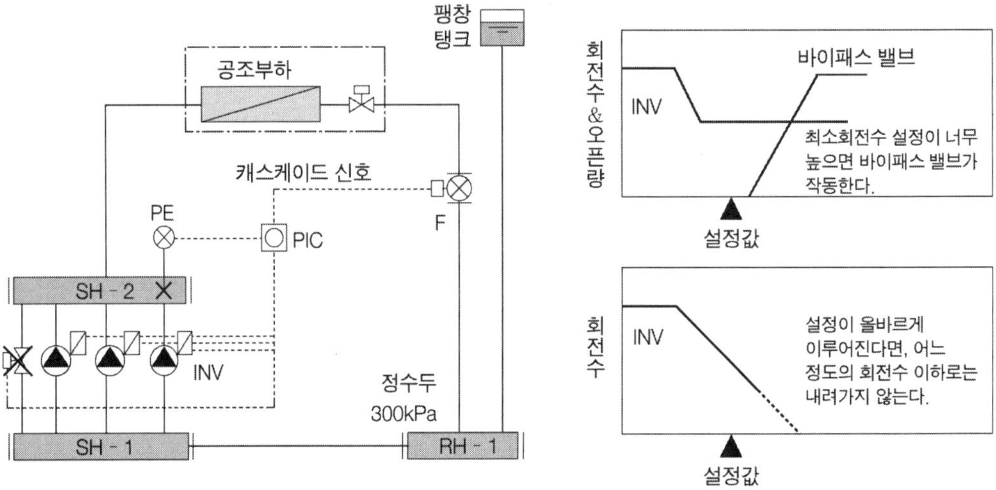

그림1.18 전체 펌프 인버터 + 바이패스 밸브

그림1.19와 같이 펌프의 최소회전수 Q−H특성은 변압력제어 설정 ①보다 아래로 내려와야 하는데 ②와 같이 인버터의 최소회전수 설정이 너무 높게 설정되어 있으면 부하유량이 적을 때 바이패스 밸브가 작동하게 되어 에너지가 절감되지 않는 경우가 발생하기도 한다.

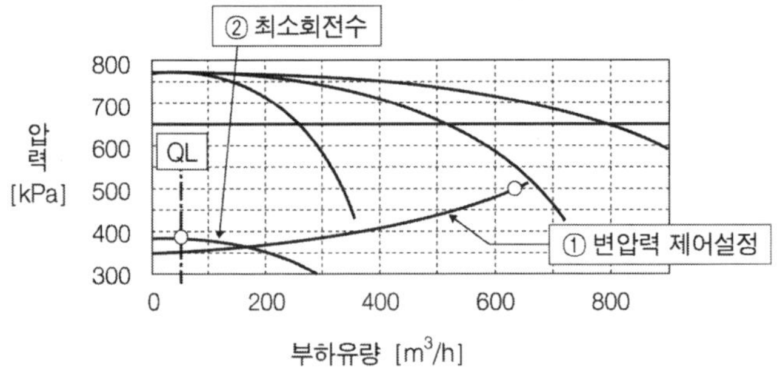

그림1.19 변압력 제어선과 최소회전수

기존의 바이패스 밸브에 적용하던 대로 인버터를 설치하였기에 이와 같은 부적절한 시스템 설계가 일어나고 있는 것이다. 즉, 불필요한 자동제어밸브를 설치하여 오히려 에너지절감에 역행하는 현상이 일어난 것이다. 실제로 현재 건설되고 있는 많은 건물들에서 이러한 사례를 찾을 수 있다.

(4) 인버터 1대일 때의 제어

그림1.20은 복수의 펌프를 사용하는 시스템에서 1대의 펌프에만 인버터를 설치할 때를 나타낸 것인데, 이 경우 에너지절감 효과는 매우 미비하다. 앞서 서술한 바와 같이 보통 펌프 사이즈를 크게 계산하여 채택하는 경향이 있으므로 그림1.21과 같이 펌프 가동 대수를 추가한 직후의 부하유량이 2대째 상용펌프(인버터가 없는 펌프) 운전에 의한 유량과 일치하는 영역이 발생한다. 이렇게 되면 인버터 펌프는 계속해서 회전수를 줄이게 되고, 그 결과 완전차단에 가까운 운전 상태가 되어 펌프 손상이 발생하기도 한다.

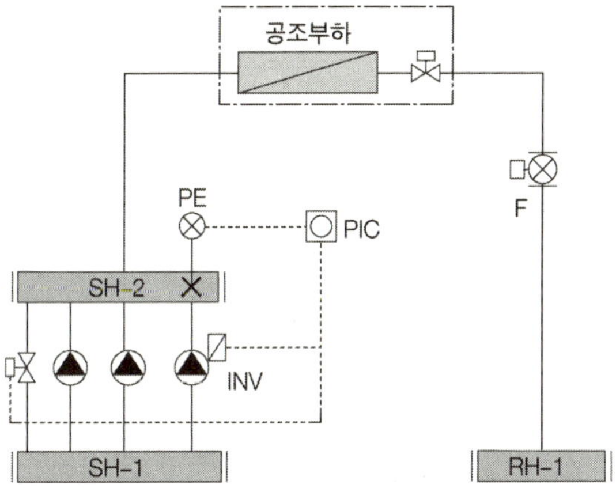

그림1.20 인버터 1대

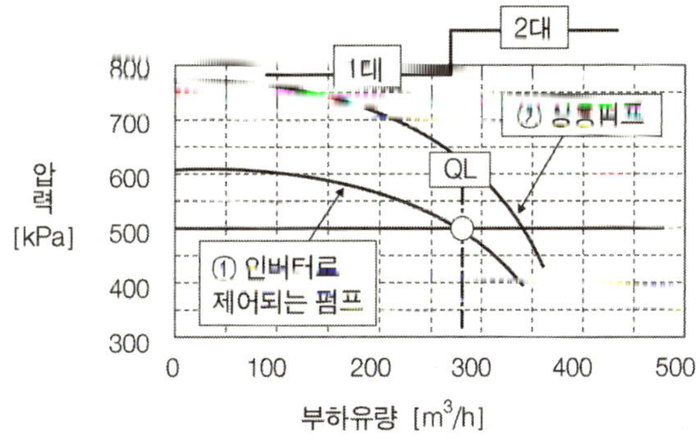

그림1.21 1대 인버터 제어

그래서 인버터가 1세트만 설치되어 있는 경우에는 펌프 1대 운전일 때만 인버터를 On 시키고, 2대 이상으로 운전 시에는 인버터에 상용주파수에 가까운 출력을 부여하여 바이패스 제어밸브로 압력을 유지하는 제어를 실시하는 것이 바람직하다. 물론 앞서 서술한 변압력 제어의 경우에도 해당 효과를 활용할 수 있는 영역이 상당히 작으므로 캐스케이드 기능을 지닌 조절기는 크게 의미가 없다. 따라서 에너지를 절감할 수 있는 경우의 수가 큰 폭으로 줄어드는 것이다. 초기비용(Initial Cost)을 줄이기 위해 이러한 방식을 도입하는 경우가 많지만 그 효과는 그리 크지 않다는 점을 유념해야 할 것이다.

1.1.4 부하유량과 전력소비량

지금까지 서술한 ① 바이패스 밸브, ② 인버터 1대 한정(1대 인버터), ③ 모든 펌프에 인버터 부착한 정압력 제어(정압력), ④ 모든 펌프에 인버터를 부착한 변압력 제어(변압력)의 4종류 제어방식과 전력소비량을 정리해 보기로 한다.

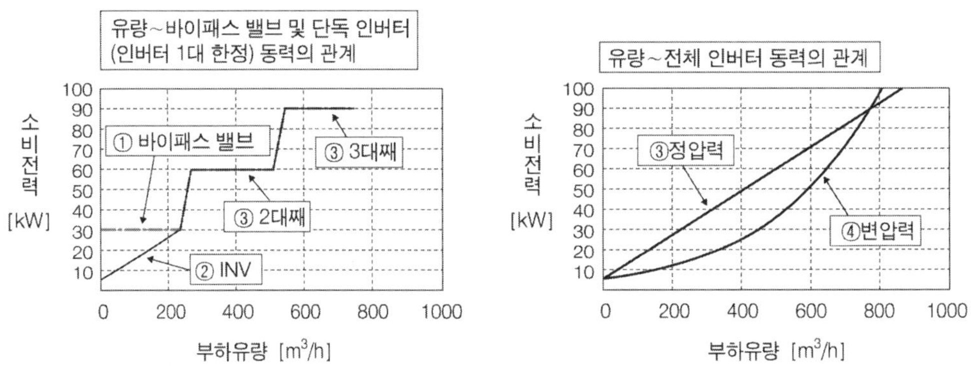

그림1.22 각 방식의 유량 및 전력소비량

그림1.22의 ① 바이패스 밸브 방식은 제1.1－(3)항에서 설명한 원리에 따라 계단 모양이 된다.

②의 1대 인버터는 전술한「인버터 1대일 때의 제어」에서 설명하였듯이 펌프 유량 1대분에 대해서만 비례 관계가 된다. 전체펌프에 인버터를 부착하더라도 제어방식에 따라 전력소비에 미치는 영향은 상당히 달라진다. 여기서는 펌프의 축동력을 구하는 기본식 (1.1)을 바탕으로 검토한다.

③의 정압력방식은 압력이 일정한 값이므로 동력은 유량에 대한 1차식이 된다.

④의 변압력 방식은 그림1.14와 같이 유량의 제곱이 압력이 되므로 동력은 여기에 유량을 곱한 3제곱식이 된다. ③, ④ 모두 인버터의 효율을 고려하여 유량이 "0"일 때에도 동력이 어느 정도 소비되는 것으로 계산식이 작성되어 있다(제3항 「2차 펌프 동력산출 시뮬레이션」 참조).

아울러 펌프의 회전수 변화를 중심으로 펌프특성을 고찰 시, 유량 · 압력 · 동력의 관계는 유량 $Q_2 \propto (N_2/N_1) \times Q_1$, 압력 $H_2 \propto (N_2/N_1)^2 \times H_1$(양정), 동력 $P_2 \propto (N_2/N_1)^3 \times P_1$과 같이 표현할 수 있다(N은 회전수).

각 방식의 전력소비량 산출 일반식
축동력[kW] = p × 유량 × 동력의 가속도 g × 양정 (1.1) 여기서, p : 100kg/m³, 유량 : m³/s, 동력의 가속도 g : m/s², 양정 : m
동력산출식 n : 운전대수 ① 바이패스 밸브 = n × 정격전력 ② 인버터 1대 = 유량 × 제어압력 × 최소동력 : 1대 운전 시 = n × 정격전력량 : 2대 이상 운전 시 ③ 정압력운전 = n × (유량/n × 제어압력) + 최소동력 ④ 변압력운전 = 유량 × 변압력 + 최소동력

1.1.5 2차 펌프의 응용

DHC(지역냉난방)의 수요측 측 및 축열소 시스템 등, 열교환기에 의해 압력이 분할된 경우에도 2차 펌프의 기본적인 제이내용은 동일하지만 이하의 특수한 경우에 따라 주의해야 할 사항이 발생한다.

(1) DHC 수요측의 송수설비 1(열교환기가 있는 경우)

그림1.23과 같이 ①에 팽창관이 연결되어 있는 경우, 펌프의 흡입부분에서는 열교환기의 저항을 고려해야 한다. 만약 송환수 헤더차압이 200kPa이라면 ②의 송수압력설정은 정두수 + 200kPa + 열교환기 저항(약 100kPa)으로 하면 무난하다.

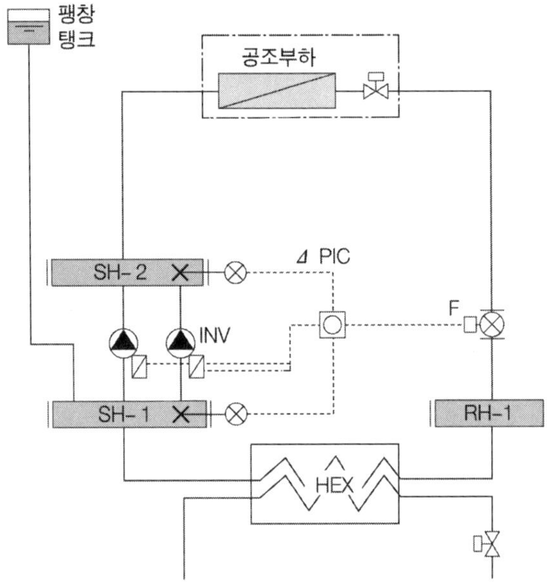

그림1.23 열교환기 2차측

(2) DHC 수요측의 송수설비 2(열교환기가 없는 경우)

부스터펌프를 사용하여 DHC로부터 유입된 물을 공조기로 공급하는 시스템이 있다. 초기 DHC 시스템에는 대부분 이런 방식이 적용되었다.

DHC와 같이 하나의 배관에 다양한 압력조건이 부여되는 시스템에서는 DHC설비 내에 질소 가압장치를 설치하는 것이 일반적이다. 그림1.24의 B건물과 같이 열교환기에서 압력의 연결이 끊어지는 경우에는 그다지 고려할 필요가 없지만, A 및 C 건물과 같이 DHC의 물을 직접 건물 내로 보내는 경우에는 압력분포선도를 이용해야 한다.

그림1.25와 같이 DHC 배관으로부터 유입된 물은 펌프가 설치된 층에 이르기까지 높이에 따라 감압된다. 그래서 가장 먼 곳까지 물이 순환될 수 있도록 부스터펌프를 이용하여 압력을 증가시킨다. 반환되는 물은 압력유지밸브가 지탱해 주므로 낙수현상이 일어나지 않는다. 기본적으로 압력제어는 주로 질소 가압장치가 담당하고 건물 내의 자동제어 밸브 및 펌프의 그랜드(Grand)에서 누설되는 낙수에 해당하는 양만을 원웨이서지 탱크를 이용하여 보충한다.

이러한 물의 흐름을 도식화한 것이 그림1.26의 압력분포선도이며 x축은 압력, y축은 건물의 높이로, 높이와 압력의 관계를 나타낸 것이다. 물은 밀도가 1이므로 압력과 높이는 반비례 관계가 된다.

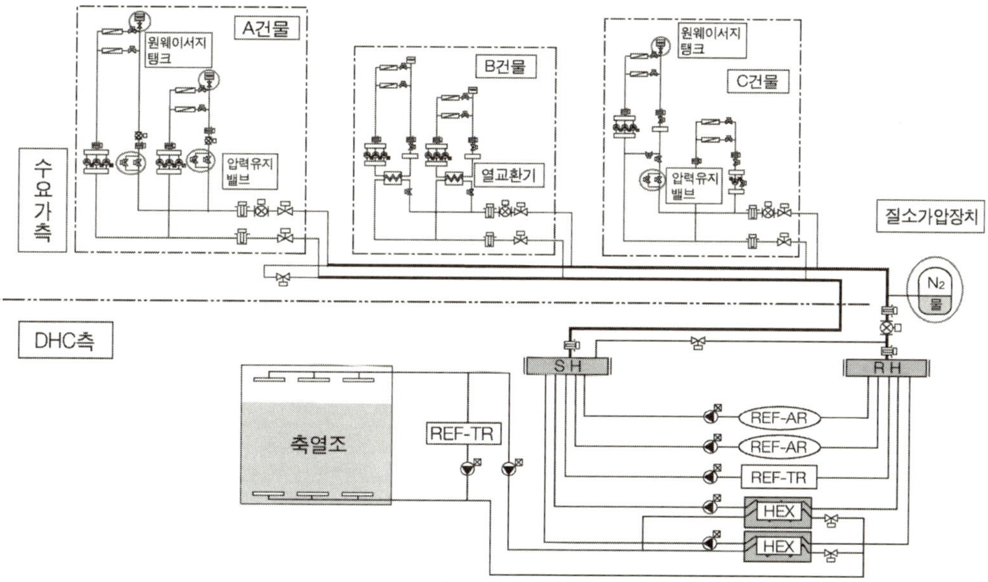

그림1.24 지역냉난방(DHC)시스템의 압력제어

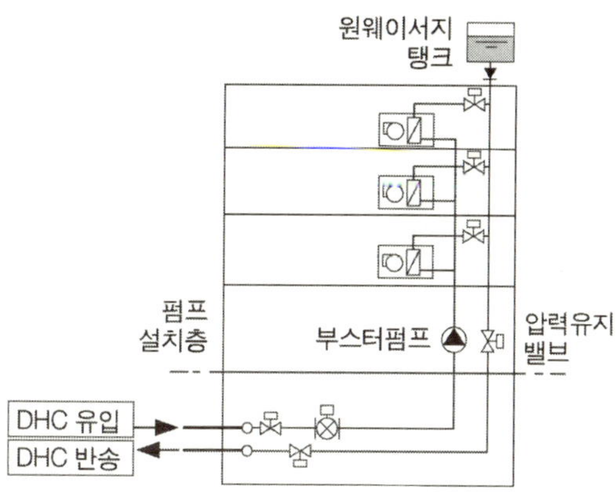

그림1.25 부스터방식 시스템의 구성

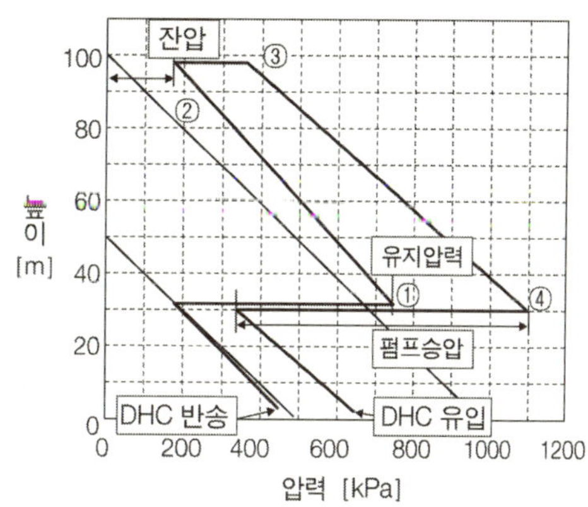

그림1.26 압력분포선도

그림1.26, 그림1.27의 제어에서 맨 처음 파악해야 하는 부분은 유지압력인 ①의 값이다. 가장 먼 곳에 있는 ②의 값이 음의 값이 되지 않도록 설정하는 것이다. 배관 내 압력이 마이너스가 된다는 것은 진공(Vacuum)이 된다는 뜻이며, 워터해머의 요인이 되므로 반드시 피해야 한다. ①의 값은 부하유량에 따라서 헌팅을 동반하는 압력변동이 일어나기 쉬운 부분으로써 여유분을 두고 충분한 값으로 설정한다. 여기서부터 역으로 계산하여 ④의 값인 펌프로 인한 승압의 크기, 즉 양정이 정해진다.

송수압력 ④와 유지압력 ①은 자동제어밸브에 인해 제어되므로 일정한 값을 유지할 수 있지만 가장 먼 곳의 압력은 부하유량의 많고 적음에 따라 영향을 받으며 그림1.28과 같이 변화한다.

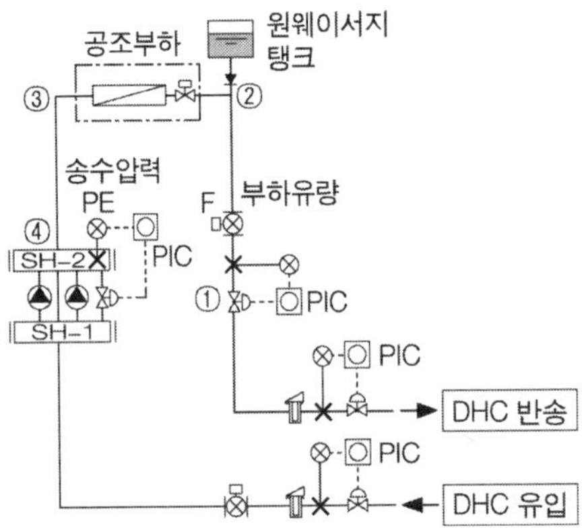

그림1.27 부스터펌프의 제어

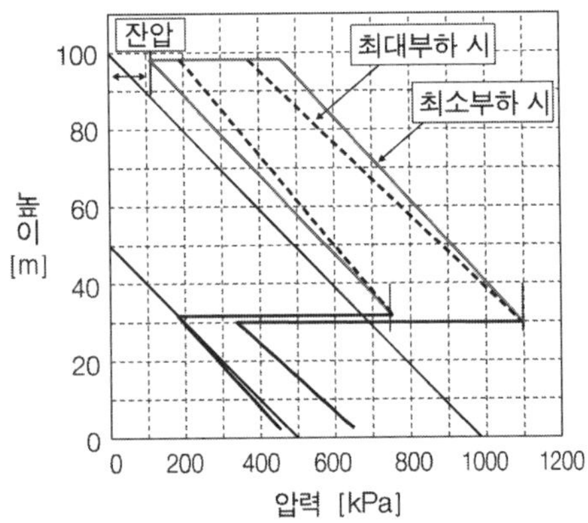

그림1.28 부하유량의 영향

그림1.29는 부스터펌프에 인버터를 부착한 경우이다. 펌프양정 ①에 대하여 인버터에 의한 제어대상 부분은 ②가 된다. 인버터의 주파수를 낮추는 것에는 한계가 있으므로 2차 펌프와 같이 큰 폭의 에너지절감 효과는 기대할 수 없다.

부스터펌프의 경우에도 설계치보다 큰 사이즈를 선택하는 경향이 있어 계획된 최대유량보다 훨씬 적은 유량으로 운전되고 있는 경우가 많다. 따라서 최대부하일 때의 압력과 최소부하일 때의 압력에 커다란 차이가 없는 것으로 생각할 수 있다.

(3) 축열조의 경우

여기서는 그림1.30과 같이 수(水)축열조에서 사용하는 양수펌프(★)에 대해 설명한다. 펌프가 물을 끌어올릴 수 있는 최대의 힘은 대기압인 98.1kPa이며 펌프를 가동시키기 위해서는 먼저 펌프내부에 물을 채워야 한다.

이를 위해 그림1.31과 같이 마중물(Priming Water)탱크를 이용하는 방법, 수중펌프를 이용하는 방법, 수조의 수면(Water Level)보다 낮은 곳에 펌프를 배치하는 방법, 진공펌프(Vacuum Pump)를 이용하는 방법 등을 채택한다.

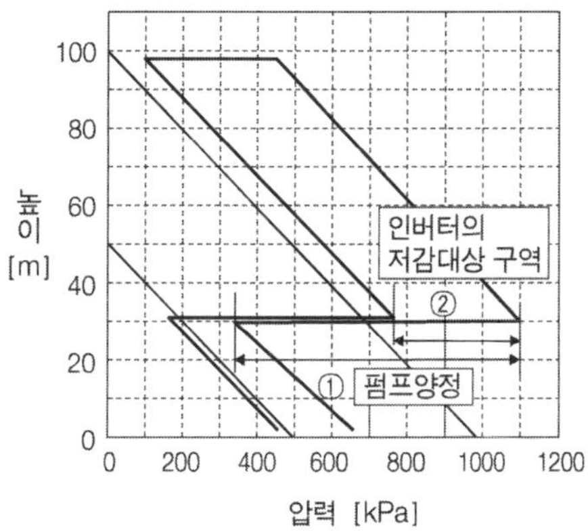

그림1.29 인버터화

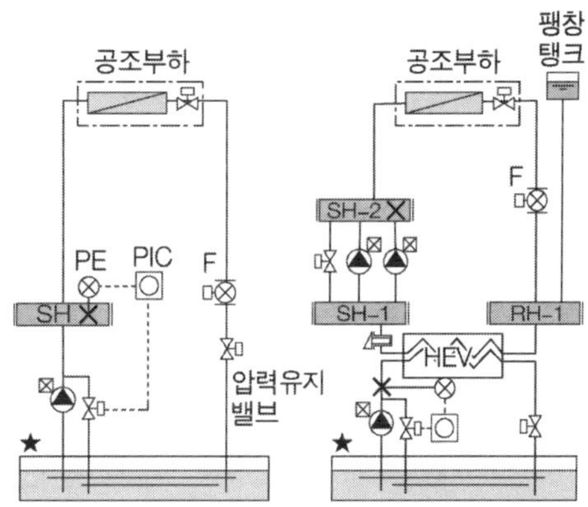

그림1.30 수조에서부터 양수펌프

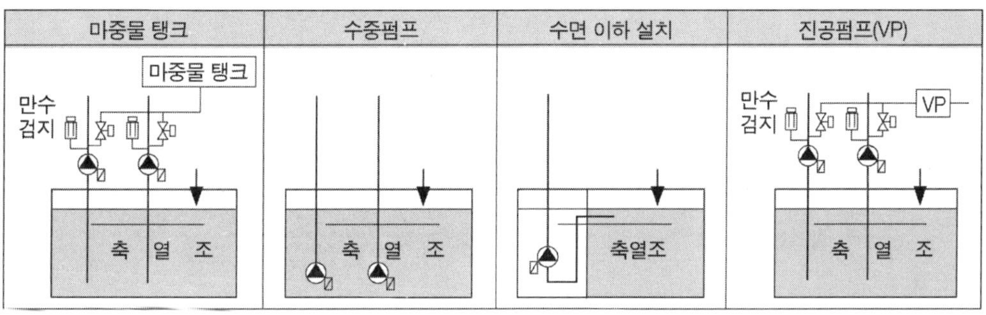

그림1.31 오픈펌프의 초기시동대책

1.2 제어 데이터를 통한 검증

다음은 BEMS(Building Energy Management System) 데이터를 통해 얻은 실제 제어사례이다.

1.2.1 차압제어(사례 1)

그림1.32의 펌프시스템과 같이 1대에만 인버터가 설치되어있는 2차 펌프 시스템의 제어상황을 살펴보도록 하자. 이 시스템은 차압제어방식을 채택하고 있다. 펌프가 1대만 가동될 때에는 인버터를 이용하여 차압을 제어하며 펌프 운전대수가 2대 이상일 때에는 인버터를 상용회전수로 고정시키고 바이패스 제어밸브(Vb)로 차압을 제어하는 방식이다.

유량	324 m³/h
양정	392 kPa
동력	55 kW

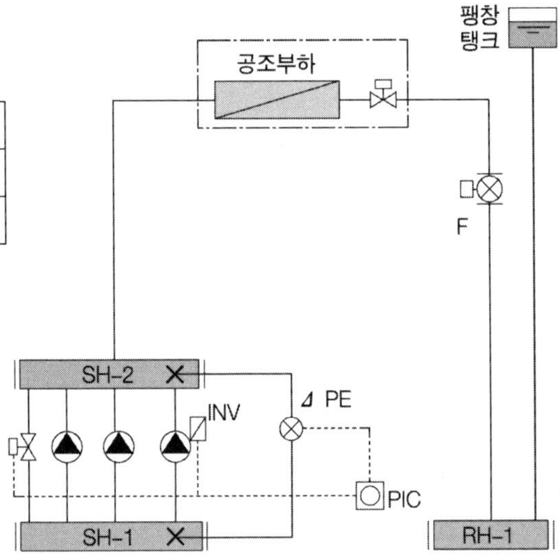

그림1.32 사례 1의 시스템

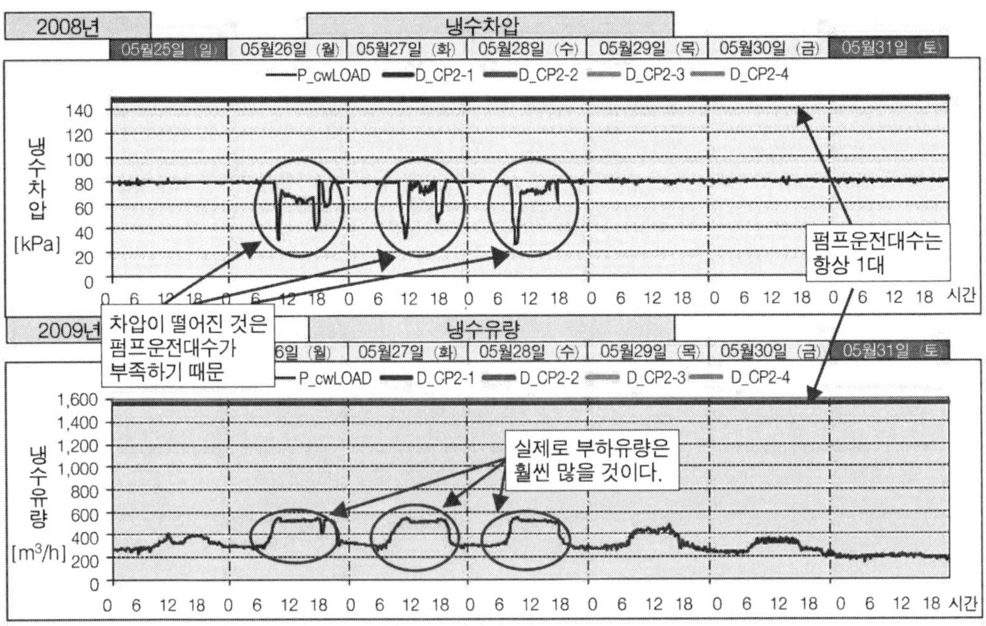

그래프1.01 차압과 유량제어 상황의 주간 트렌드

그래프1.01의 상단 그래프는 차압제어의 주간 트렌드를 나타낸 것이다. 내용을 자세히 살펴보면 차압이 낮은 날짜가 있다. 펌프의 운전대수를 살펴보면 항상 1대인데, 차압이 떨어진 것은 부하유량이 증가했을 때 펌프 운전대수가 따라오지 못했기 때문인 것으로 보인다. 그래프1.01 하단 그래프의 같은 주의 유량트렌드를 보면 한계점에 도달하였음을 알 수 있다. 하지만 이는 부하유량이 이정도 라는 의미가 아니며 펌프 운전대수를 늘리면 유량이 더욱 많아져서 차압은 제어값으로 유지될 수 있다는 것을 의미한다.

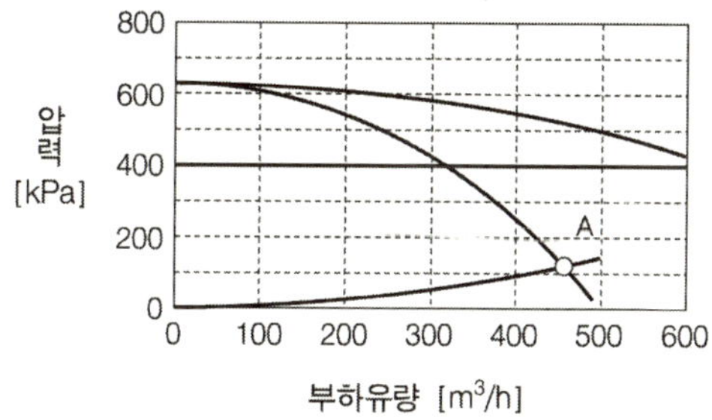

그림1.33 Q-H특성과 배관저항(사례 1)

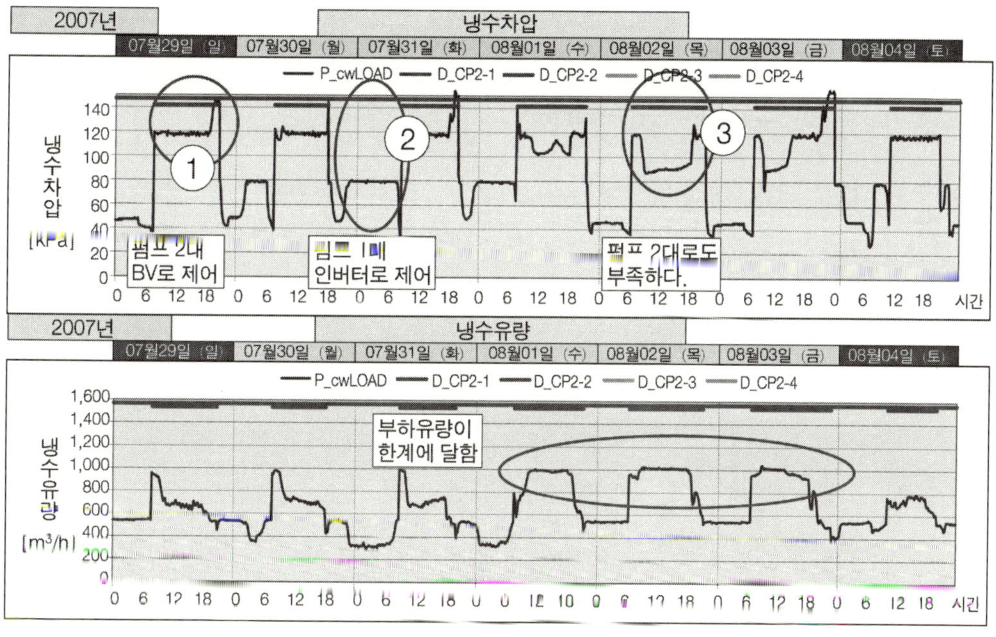

그래프1.02 부하가 많을 때의 차압과 유량

물 등의 액체는 비압축성이며 압력과 유량의 관계는 그림1.33의 펌프의 Q-H특성에 따른다는 현상에 지나지 않는다. 즉, 유량이 늘어난 만큼 압력이 내려가 안정점이 A가 된 것이다.

한편, 그래프1.02는 동일 시스템에서 여름철 최고 부하상태일 때의 차압과 유량의 관계를 나타낸 것이다. ①은 펌프 2대로 가동되고 있으므로 바이패스 제어밸브가 작용하여 압력을 제어하고 있다. ②는 야간에 부하유량이 적은 경우이며 펌프 1대가 운전되면서 인버터로 제어되고 있는 상황이다. ③은 앞서 서술한 바와 마찬가지로 펌프 운전대수가 충분하지 않은 현상이며, 3일 모두 유량이 1,000m^3/h에 가까운 상태로써 펌프 용량 한계에 도달한 상태이다. 2대로 운전해도 차압이 요구를 충족시키지 못한다는 것은 실제로는 유량이 더 필요하다는 것을 의미한다.

이 건물에서는 펌프의 운전대수에 의한 제어를 기피하고 있으며 모든 것을 사람이 판단하여 운용하고 있다. 분명 냉동기의 대수제어는 의문이 드는 점도 많지만 2차 펌프에 대해서는 사람의 판단만으로 해결할 수 없는 부분이 있음을 보여주고 있다.

이 사례에서는 ①의 인버터 제어일 때는 차압제어값이 80MPa, ②의 바이패스 제어밸브일 때는 120MPa로 되어 있다. 부하유량의 많고 적음에 따라 차압설정값을 변경하고 있는 것으로 보인다.

1.2.2 압력제어와 정수두(사례 2)

사례 2는 그림1.34와 같이 인버터를 이용하여 송수압력을 제어하고 있는 경우이다. 2차 펌프는 옥상층의 돌출된 부분에 있는 기계실에 설치되어 있다.

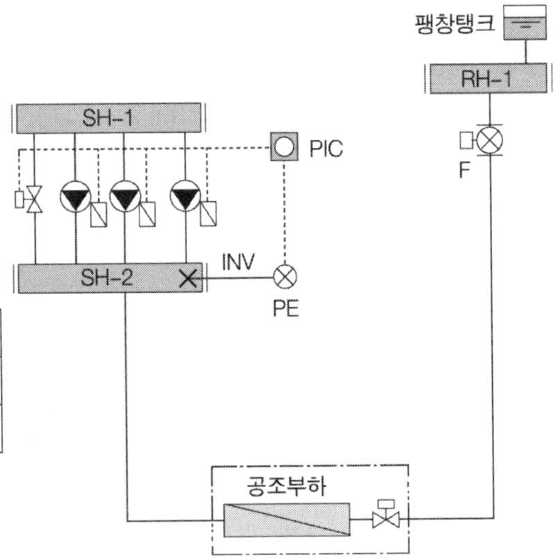

유량	216 m^3/h
양정	345 kPa
동력	45 kW

그림1.34 사례 2의 시스템

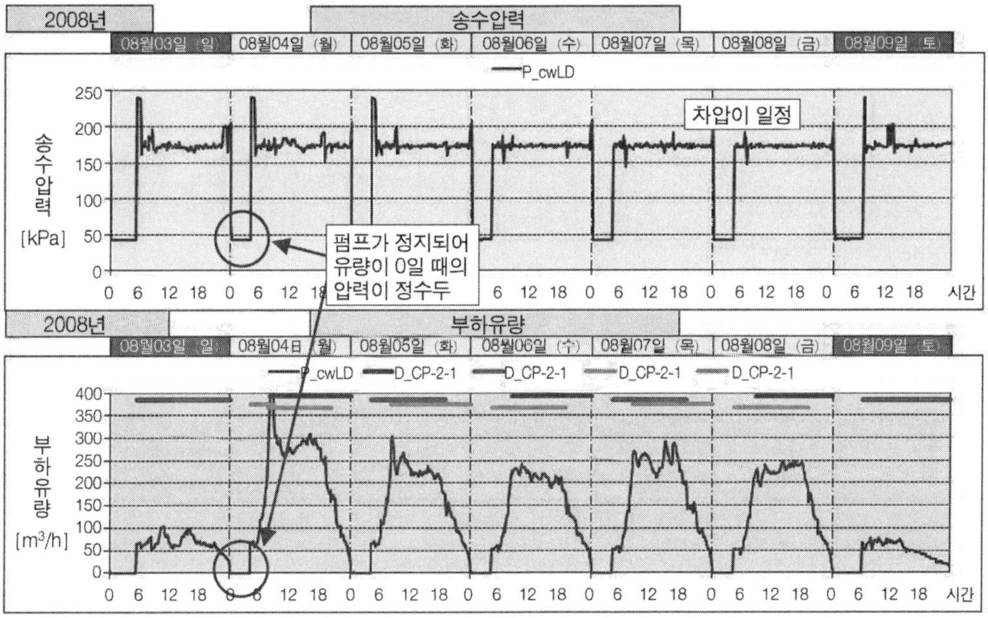

그래프1.03 일정 압력제어와 정수두

그래프1.03을 보면 밤에는 모든 펌프가 정지되어 있음을 알 수 있으며 이때의 압력을 본 시스템의 정수두라고 생각해도 무방하다. 운전할 때의 압력이 175kPa임에 반해 정수두가 42kPa이므로 차압은 133kPa이 된다. 175kPa로 압력이 일정하게 제어되고 있는데, 이는 압력설정값으로서는 비교적 적은 편이지만 펌프 대수제어도 적절하게 이루어지고 있으므로 일단 문제가 없는 것으로 보인다.

하지만 송수압력이 일정하다는 것은 유량신호로부터의 캐스케이드 제어가 활성화되어 있지 않다는 의미이므로 고가의 인버터를 사용하더라도 에너지절감에 대한 효과가 미비한 예라 할 수 있다.

1.2.3 복잡한 시스템 해석의 예(사례 3)

그림1.35의 사례 3은 펌프 1대에만 인버터가 부착된 시스템으로 상당히 복잡한 해석사례이다. 먼저 이해하기 쉬운 부분부터 설명해 보도록 한다.

그래프1.04의 ①부분은 펌프 1대 운전 상태이며 압력제어가 인버터로 이루어지는 부분이다. ②는 부하유량이 늘어나 3대의 펌프가 운전되고 있으며 이때 그림1.35의 인버터는 상용주파수이고 바이패스 제어밸브 A가 대응하여 송수압력이 일정하게 유지된다.

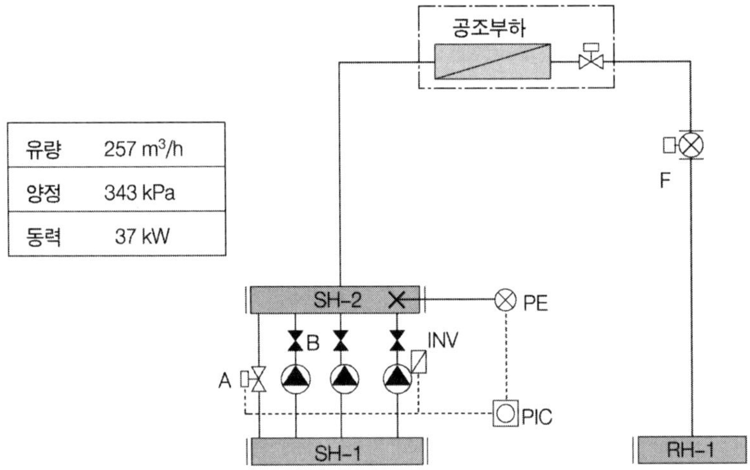

그림1.35 사례 3의 시스템

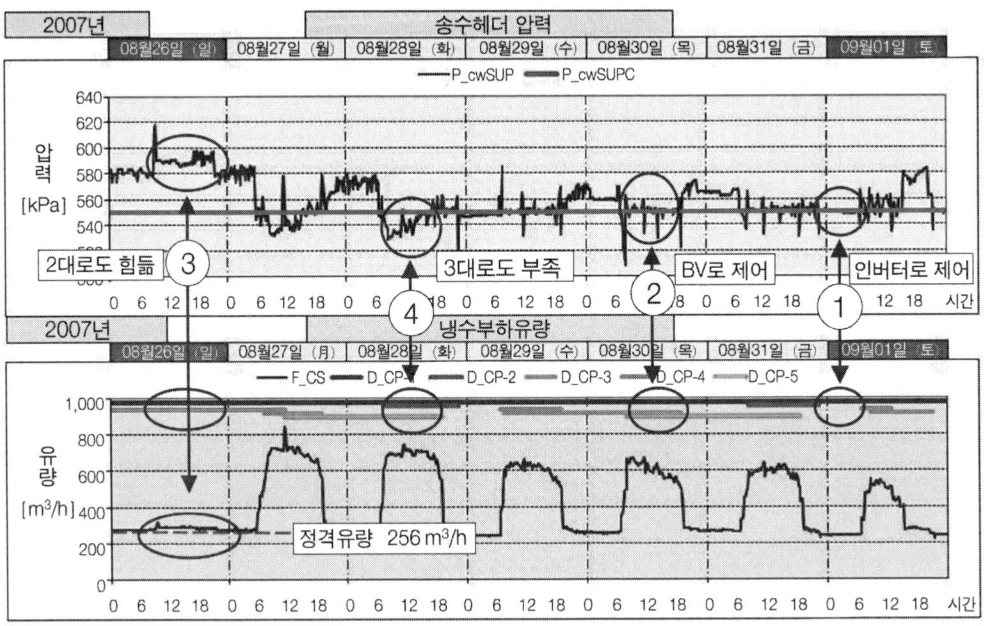

그래프1.04 복잡한 해석의 예

그림1.36은 그림1.35상의 펌프토출 부분에 설치된 수동밸브 B를 조였을 때의 설명이다. 원래의 특성이 ⓐ인 펌프의 수동밸브 B를 조이면 Q−H특성은 ⓑ가 된다. 따라서 이러한 조건에서의 2대 펌프의 복합특성은 ⓒ가 된다. 그래프1.04에서 ③의 부분은 압력이 상당히 높은데, 이 상태의 유량과 펌프 운전대수를 주목해 보면 부하유량 Q가 2대의 펌

프에 걸려 유량의 여유가 없는 상황이라는 것을 알 수 있다. 바이패스 제어밸브의 크기는 펌프 1대분이면 되지만 펌프가 너무 크기 때문에 100%로 개방하더라도 모두 처리할 수 없으며, 안전점이 그림1.36의 ★마크까지 올라가게 되어 압력이 상승해 버린다.

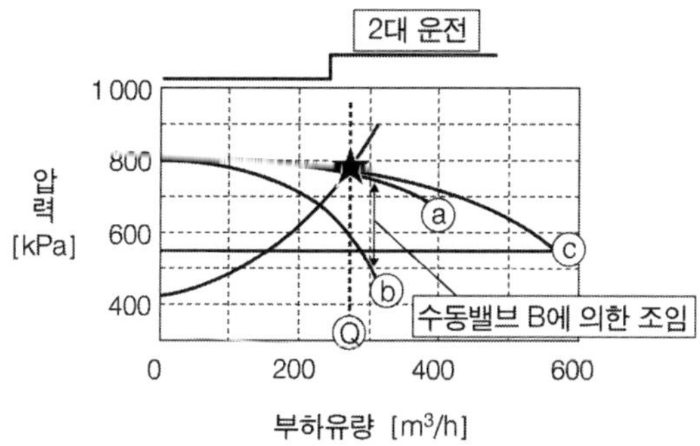

그림1.36 유량을 줄였을 때의 Q-H특성

이와는 반대로 ④는 압력이 제어압력에 도달하지 못한 경우이다. 그림1.35에서 수동밸브 B로 유량을 조절한 것이 반대의 결과를 가져왔다고 할 수 있다. 펌프의 과부하를 방지할 목적으로 전류값 등을 지표로 하여 수동밸브 B를 잠근 예를 자주 보게 되는데 2차 펌프에서는 그럴 필요가 없다. 수동밸브 B를 잠그는 것은 오히려 이번 예와 같이 나쁜 결과를 초래한다.

그래프 1.01, 1.02, 1.04를 보면 대수제어가 부적절하여 압력이 내려가 있는 것으로 판단될 때 유량이 한계에 와 있음을 알 수 있다. 이를 통해서도 과부하에 대한 과도한 고려는 불필요한 것임을 확인할 수 있다. 대수제어를 적절한 수준에서 자동으로 실시하는 한, 과부하 영역이 되면 다음 대수의 펌프가 투입될 것이다.

1.2.4 차압 설정값에 도달하지 않는 예(사례 4)

이번은 양정계산을 엄격히게 적용하고 있는 사례이다. 그림1.37의 펌프사양은 전항까지의 3가지 사례와는 양정이 완전히 다르다. 이 중에서 L계통의 부하는 FCU(Fan Coil Unit)에 한정되어 있으므로 양정 역시 적어도 된다. 그래프1.05에서 L계통의 급수차압과 유량의 트렌드를 보면 3대의 펌프 모두가 운전되고 있으며 부하유량은 최대값에 가깝다. 하지만 차압은 정격값과는 월등히 멀다. 이에 대한 원인의 추측은 다음과 같다.

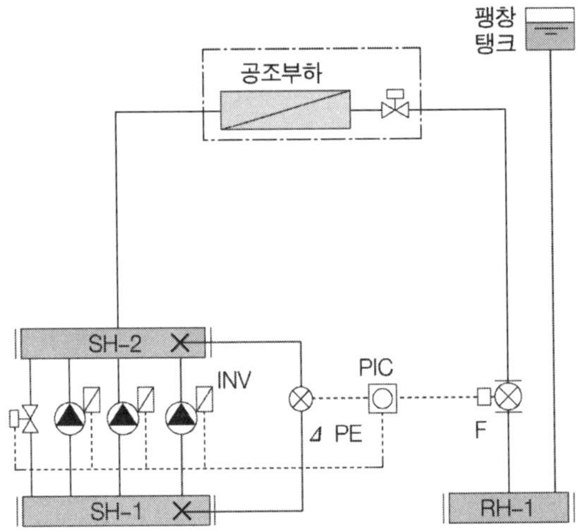

	H계통	M계통	D계통	L계통
수량 [m³/h]	180	144	168	96
양정 [kPa]	275	275	275	194
압력 [kW]	37	22	22	7.5

그림1.37 엄격한 양정계산의 예

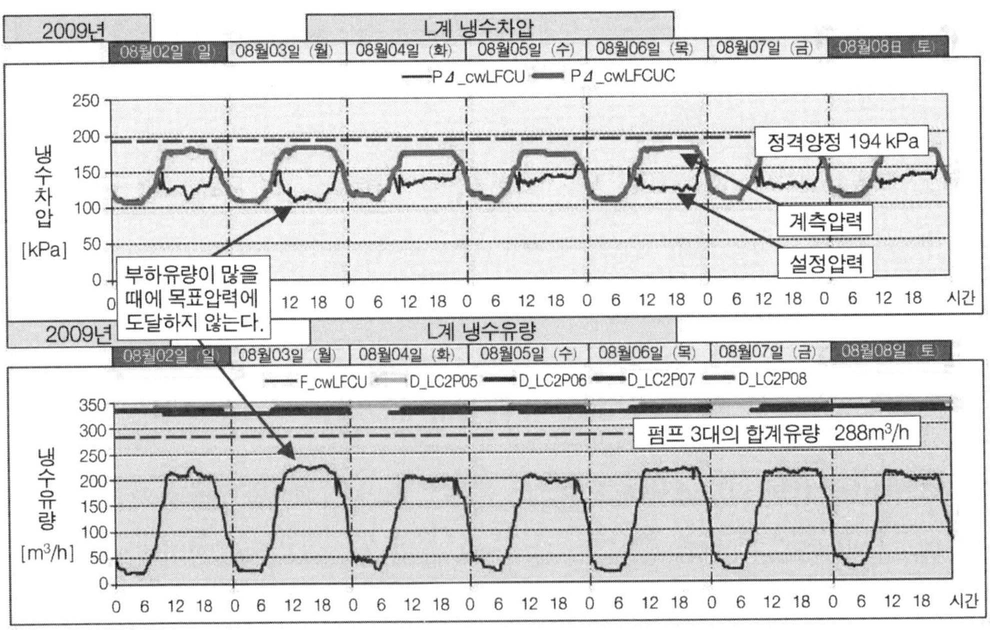

그래프1.05 차압 설정값에 도달하지 않는 예

① 스트레이너의 막힘
② 배관저항의 계산 실수
③ 펌프의 능력부족

제2.1항의 사례 1의 경우에는 펌프 운전대수를 늘리면 해결할 수 있지만 이 경우에는 그 정도로 해결되지 않는다. 배관저항 계산이 틀렸을 가능성이 높다. 덧붙여 그래프1.06은 동일한 건물의 M계 1일 트렌드이다. 최대압력이 200kPa로 설정되어 있으며 설정압력과 부하유량과의 캐스케이드도 정해져 있으며 정상적인 동작을 하고 있다.

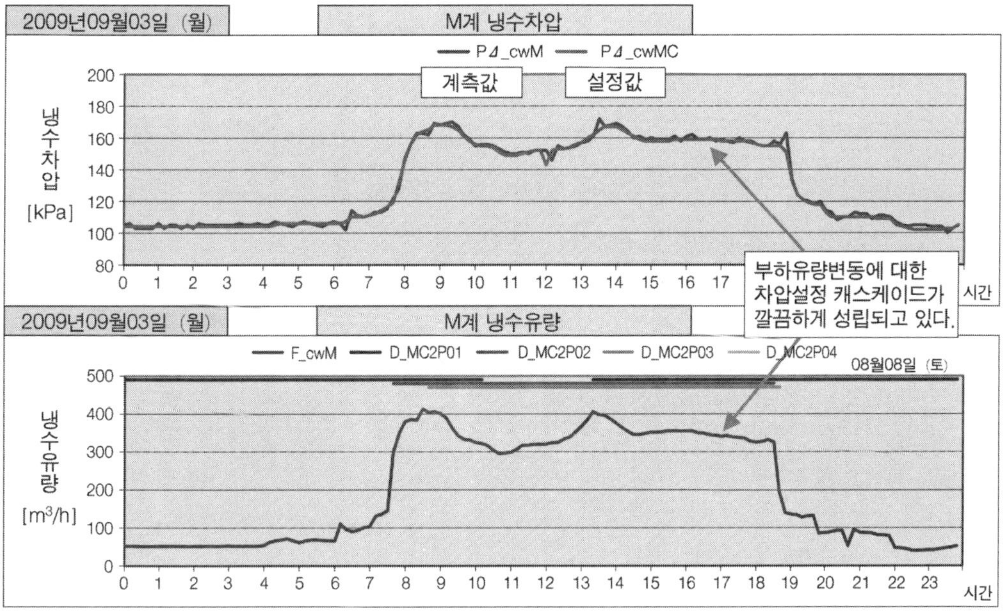

그래프1.06 유량 캐스케이드와 차압설정이 정상적인 계통

1.2.5 적절한 송수압력(사례 5)

적절한 송수압력이라는 관점에서 이번에는 다른 사례의 말단압력과 송수압력을 계산한 결과를 소개하겠다. 그림1.38과 같이 펌프 전후와 18층에 있는 최상부의 공조기 전후의 차압을 계측한 결과가 그림1.39이다. ①의 송수압력은 유량의 많고 적음에 따라 변하지 않지만 유량이 커지면 ②의 최상부 차압은 작아진다.

이것은 그림1.28에서 제시한 압력 분포선도로 설명할 수 있다. 부하유량이 많을 때에는 먼 곳의 말단부분으로 갈수록 배관저항이 커지게 되어 차압이 작아지게 되지만 부하유량이 적을 때에는 최상부의 펌프 토출부분에서도 차압에 변화가 없는 양상을 보이고 있다.

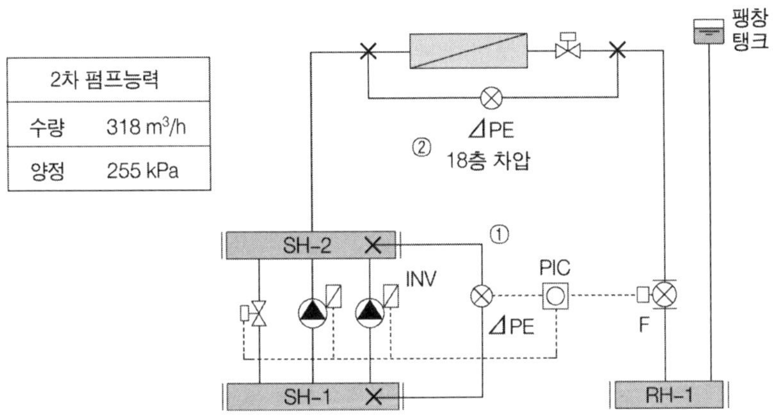

그림1.38 말단과 송수압력계측

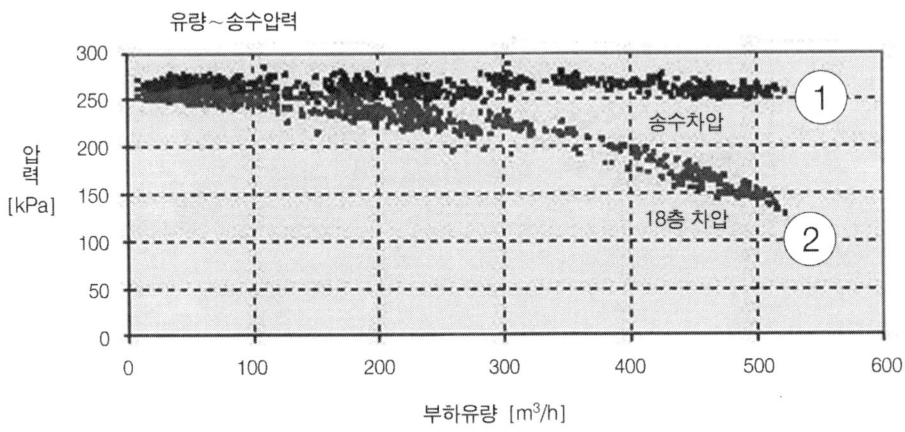

그림1.39 최상부와 송수차압의 계측결과

이러한 이유로 인해 송수압력의 결정은 부하유량이 최대값일 때를 기준으로 정해야 하는데 사례 1~3은 압력설정값이 너무 작아 이러한 부분 이해하고 설정한 값이라고 보기 힘들다.

아울러 이러한 「부하유량에 따른 압력의 캐스케이드 제어」의 경우, 그림1.38 ②의 위치에서 측정한 압력신호를 이용하여 제어를 하면 캐스케이드는 필요하지 않지만, 가장 먼 말단과 인버터 사이에 케이블을 연결하는 공사가 오히려 더 번거로울 수 있다. 또한 변압력 제어에 대해 「말단압력 예측제어」 등과 같은 거창한 명칭을 붙이는 사람도 있지만 압력과 유량의 관계는 절대적인 것이므로 적절한 명칭이라고는 할 수 없다.

1.2.6 설비 규모

송수압력이 적절하도록 펌프양정을 산출하는 것이 기본이므로 정격압력은 제어압력과 동등하게 취급되어야 한다.

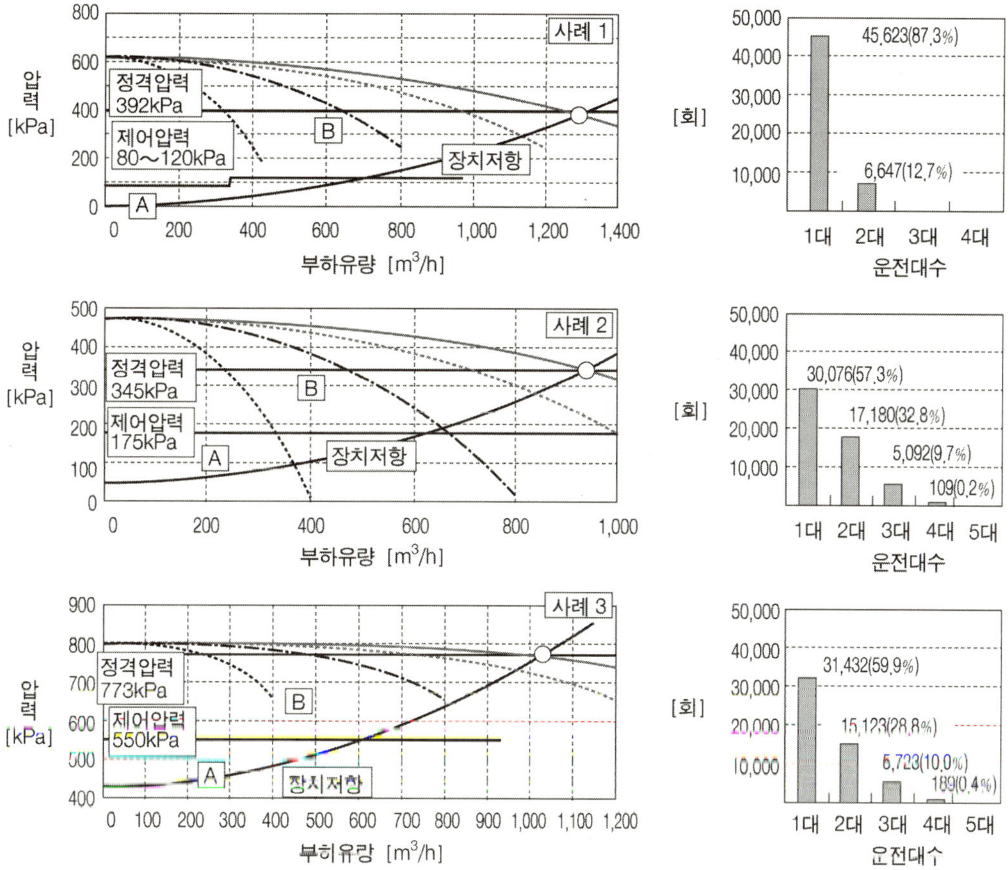

그림1.40 2차 펌프 선택의 적정성

그림1.40은 사례 1~3에 해당하는 펌프사양의 내용이다. 계획상 설비규모는 영역 B이나, 실제 압력설정값을 보면 영역 A의 규모를 사용하고 있다. 영역 B의 설비를 가지고

있지만 영역 A로도 충분한 상태인 것이다. 또한 펌프 운전대수를 보면 전체 대수를 운전하는 일은 거의 없다. 사례 1과 같이 이 정도의 압력설정으로 충분할까라는 의문도 있지만, 이 정도 수준에서도 물이 순환한다는 것에 설비설계자들은 주의를 가져야 할 필요가 있다.

이러한 이유로 제1.2－(2)항 중의 그림1.8에서 제시한 팽창탱크의 위치 역시 어디에 위치되더라도 무방할 것으로 판단된다.

1.2.7 DHC유입 부스터펌프(사례 6)

그림1.41과 같이 부스터펌프의 에너지를 절감할 때, 가장 먼 말단부분의 남은 압력을 거의 다 소비할 정도로 작게 하고 송수압력도 최소로 하는 것이 바람직하다.

즉, 그림1.41의 ①이 계획 당시의 펌프에 의한 승압이라고 한다면 ②의 값이 에너지절감을 위해 수정한 압력설정이 된다. 그래프1.07 상단 그래프에서는 가장 먼 거리에 있는 말단의 압력이 300kPa로 추이되어 있음을 알 수 있다. 하지만 하단 그래프에서 압력설정을 100kPa로 할 때에 마이너스값이 되었음이 보인다. 따라서 이 시스템에서는 잔압을 100kPa로 할 수 없다는 것을 알 수 있다. 이 시험을 할 때 압력데이터 샘플링 주기를 10초로 설정하였다. 10분의 샘플링 주기에서는 이러한 현상을 파악하기 힘들다.

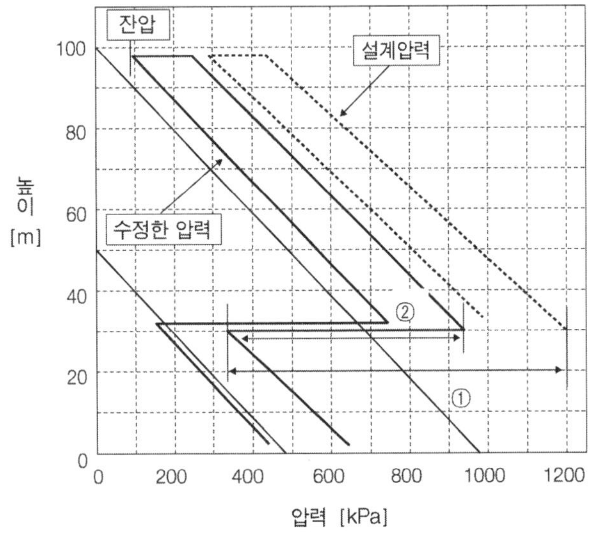

그림1.41 압력설정의 수정

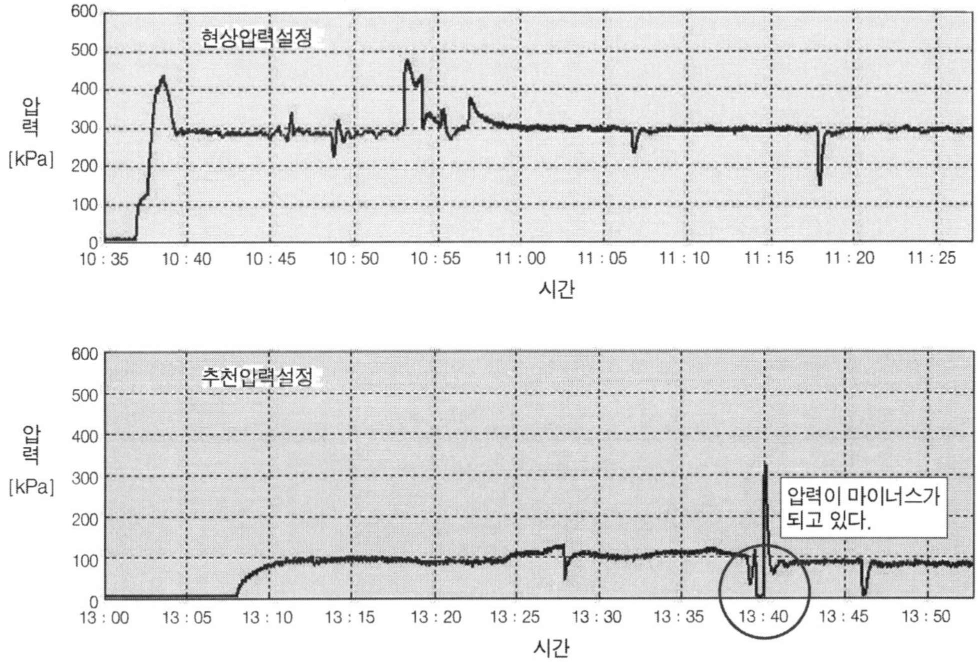

그래프1.07 가장 먼 거리 말단부분의 잔압

1.3 2차 펌프의 동력산출 시뮬레이션

여기서는 그림1.42와 같이 구성된 2차 펌프 시스템에서 Q－H특성에 따라 인버터를 이용할 때 전력소비량을 산출하는 Excel 프로그램(매크로 이용)을 소개하고자 한다.

2차 펌프 능력	
유량	257 m³/h
양정	343 kPa
동력	37 kW

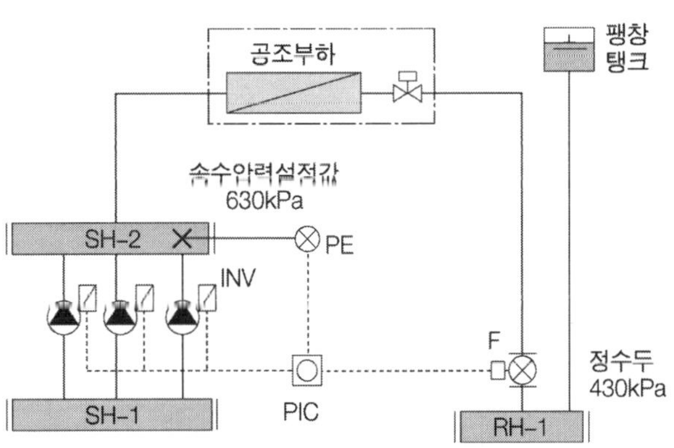

그림1.42 검토시스템

이 프로그램은 트렌드 그래프 프로그램과 마찬가지로 일본 재단법인 에너지절감센터의 홈페이지(http://www.eccj.or.jp)에서 다운로드 받을 수 있다. 홈페이지에서 제공하고 있는 샘플 예시에 따라 설명해 보도록 하겠다.

1.3.1 복합Q-H특성의 Excel화

(1) Q-H특성의 읽기와 쓰기

Q-H특성을 이용하여 유량과 압력데이터를 읽은 후, 표1.1의 Excel 워크시트(설정)에 있는 「원(元)데이터」셀에 입력한다. 또한 정격 2차 펌프의 능력을 「2차 펌프능력」란에 입력한다. 이 항에서 사용하는 단위는 다음과 같다.

유량 : m^3/h 압력(양정) : kPa

표1.1 마스터 데이터 써넣기

	B	C	D	E
3		마스터데이터		
4				
5		원(元)데이터		
6		유량	압력	
7		m³/h	kPa	
8		0.0	470.4	
9		100.2	460.6	
10		199.8	392.0	
11		300.0	249.9	
12		330.0	188.2	
13				
14				
15				
16		2차 펌프 능력		
17		유량 m³/h	257.0	
18		양정 kPa	343.0	
19				
20		장치특성		
21		펌프대수	3	
22		제어압력 kPa	630.0	
23		최소압력 kPa	480.0	
24		정수두 kPa	430.0	
25		동력 kW	30.0	
26		최소동력 kW	5.0	
27				

(2) 장치특성 입력

「장치특성」란에 펌프대수、제어압력、최소압력、정수두、동력、최소동력을 입력한다.

- **제어압력과 정수두**

  이 시스템의 정수두는 430kPa이므로 제어압력은 송수압력 최대값을 630kPa(정수두 + 200kPa)로 설정한다. 이 값으로 설정하는 이유는 제1.2−(1)항 및 제2.6항 등을 참조하도록 한다.

- **최소압력**

  최소압력을 480kPa로 하고 부하유량이 아무리 적을 때라도 50kPa 이상의 압력을 부여한다.

- **동력**

  송수압력이 773kPa인 것을 630kPa로 줄였기 때문에 정격 37kW의 동력소비량을 32kW로 대체하였다. 이는 펌프양정 343kPa에서 기인한 것이며 부하가 적어졌기 때문이다.

- **최소동력**

  최소동력이란 "0"에 가까운 저유량 영역이 될수록 인버터나 펌프 등의 효율이 나빠져 동력소비량이 "0"이 될 수 없음을 고려한 것이다.

(3) 데이터(유량) 파일의 읽기

그림1.43과 같이 샘플로 제공되고 있는 1년간의 부하유량 데이터파일을 선택한다.

입력 후 「입력종료」를 클릭하면 그림1.44의 펌프특성 그래프가 「Q−H특성」 시트 위에 만들어진다. 여기에서 얻어진 x−y 상관그래프 근사곡선의 곡선계수 y_1、y_2 … 들이 펌프 복합특성을 작성할 때에 활용된다.

데이터 파일
F.￥TKHS￥에너지절감센터￥12_2차 펌프SIM_2006.xls

그림1.43 부하유량 데이터 파일의 지정

	B	C
4	2차 펌프 능력	
5	유량 m³/h	257.0
6	양정 kPa	343.0
7	곡선계수 ×³	-0.000003
8	곡선계수 ×²	-0.002012
9	곡선계수 ×	0.129066
10	곡선계수 b	470.477465

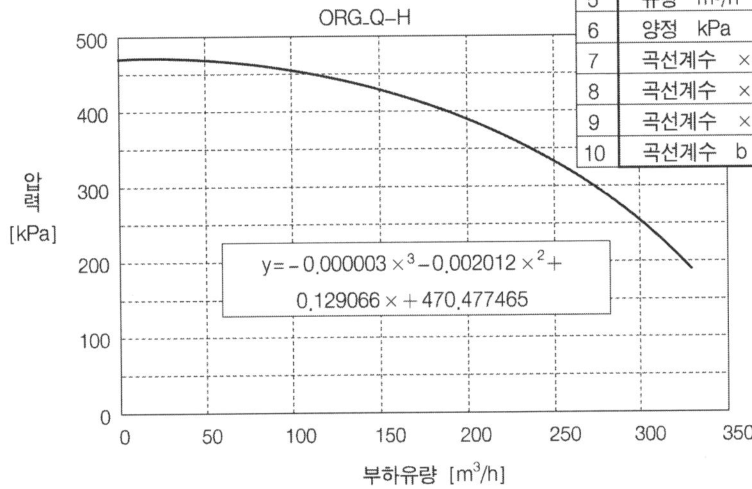

그림1.44 펌프특성의 Excel 그래프화

1.3.2 계수 데이터의 의미

이러한 입력정보를 바탕으로 표1.2와 같은 계수데이터를 산출한다. 아래의 설명은 시뮬레이션 프로그램 중의 셀 번호에 해당한다. 이 수치를 통해 표1.3의 「2차 펌프 산출표(데이터)」를 얻어 그림1.45의 「2차 펌프 산출표(그래프)」를 작성한다.

표1.2 계수 데이터

	B	C
12	장치특성	
13	정격유량 m³/h	771.0
14	펌프대수	3
15	배관저항계수	0.000336451
16	설정압력계수	0.000252338
17	제어압력 kPa	630.0
18	최소압력 kPa	480.0
19	정수두 kPa	430.0
20	동력 kW	30.0
21	최소동력 kW	5.0
22	동력계수	0.000020654
23	kPa→mAq 변환계수	0.102000

표1.3 그래프데이터 산출표

	E	F	G	H	I	M	N	O	P	Q
2	유량	압력	유량				배관저항	변압력	일정압력	정격압력
3			1대	2대	3대					
4	0.0	900.5	0.0	0.0	0.0		430.0	480.0	630.0	773.0
5	30.0	902.5	30.0	60.0	90.0		430.3	480.2	630.0	773.0
6	60.0	900.3	60.0	120.0	180.0		431.2	480.9	630.0	773.0
7	90.0	893.7	90.0	180.0	270.0		432.7	482.0	630.0	773.0
8	120.0	881.9	120.0	240.0	360.0		434.8	483.6	630.0	773.0
9	150.0	864.7	150.0	300.0	450.0		437.6	485.7	630.0	773.0
10	180.0	841.4	180.0	360.0	540.0		440.9	488.2	630.0	773.0
11	210.0	811.7	210.0	420.0	630.0		444.8	491.1	630.0	773.0
12	240.0	775.1	240.0	480.0	720.0		449.4	494.5	630.0	773.0
13	270.0	731.0	270.0	540.0	810.0		454.5	498.4	630.0	773.0
14	300.0	679.0	300.0	600.0	900.0		460.3	502.7	630.0	773.0
15	330.0	618.7	330.0	660.0	990.0		466.6	507.5	630.0	773.0
16	360.0	549.5	360.0	720.0	1,080.0		473.6	512.7	630.0	773.0
17	390.0	471.1	390.0	780.0	1,170.0		481.2	518.4	630.0	773.0
18	420.0	382.8	420.0	840.0	1,260.0		489.3	524.5	630.0	773.0
19	450.0	284.2	450.0	900.0	1,350.0		498.1	531.1	630.0	773.0
20	480.0	175.0	480.0	960.0	1,440.0		507.5	538.1	630.0	773.0
21	510.0	54.5	510.0	1,020.0	1,530.0		517.5	545.6	630.0	773.0
22	540.0	−77.7	540.0	1,080.0	1,620.0		528.1	553.6	630.0	773.0
23	570.0	−222.1	570.0	1,140.0	1,710.0		539.3	562.0	630.0	773.0

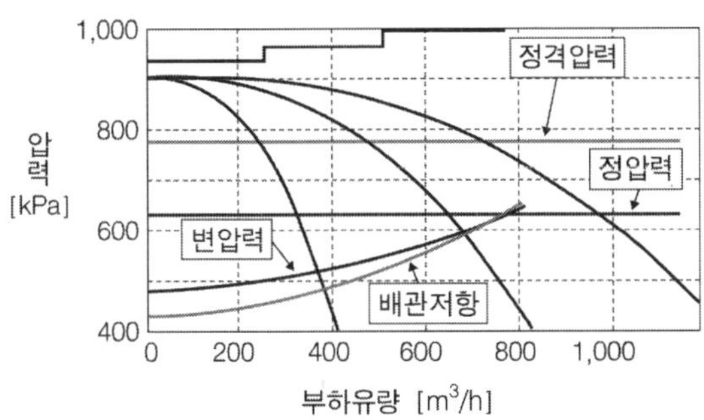

그림1.45 복합특성과 변압력제어 특성

(1) 배관 저항계수 산출

배관 저항계수란 배관의 저항을 구하기 위한 계수이며, 이를 이용하여 최종적으로 그림1.45와 같은 배관 저항곡선을 작성한다. 이것은 ($C$17−$C$19)/$C$13^2 의 식으로 구한 것이다. 따라서 표1.3의 각 유량에서의 배관저항은 다음의 식으로 구할 수 있다.

$$\text{배관저항} = \text{배관저항계수} \times \text{유량}^2 + \text{정수두}$$

(2) 설정압력계수의 산출

최소압력 480kPa를 고려한 저항계수로서 그림1.45의 변압력 곡선을 구하기 위함이며 ($C$17−$C$18)/$C$13^2 의 식으로 구한 것이다. 따라서 각 유량에서의 변압력설정값은 다음 식이 된다.

변압력설정값 = 설정압력계수 × 유량^2 + 최소압력

(3) 동력계수

유량에 대한 동력소비량을 구하기 위한 계수로서 다음과 같다.

($C$20 × $C$14 − $C$21)/(1000 × $C$13/3600 × ($C$17 − $C$19)/$C$23 × 9.8)

축동력 = a × (p × 유량 × g × 양정) 식에서 a를 구하기 위한 것이다. 따라서 각 유량에서의 동력소비량은 다음 식으로 구할 수 있다.

동력소비량 = 동력계수 × 유량 × 변합력설정값 + 최소동력

표1.3의 셀에 커서를 맞추면 수식바(bar)에 산출 계산식이 표시된다. 이것을 그래프화한 것이 그림1.45이다.

1.3.3 부하유량에 대한 동력소비량

제1.4항에서 서술한 바와 같이 각 제어방식별 부하유량에 대한 동력소비량은 그림1.46과 같다. ①은 바이패스 제어밸브 방식, ②는 1대에만 인버터를 채택하였을 때이다. ③은 모든 펌프에 인버터를 도입하고 정압력 제어로 하였을 때, ④는 모든 펌프에 인버터를 도입하고 변압력 제어를 하였을 때이다.

(1) 바이패스 제어밸브 ①

먼저 펌프 운전대수를 산출한다.

펌프 운전대수 = (부하유량/펌프정격유량)의 정수값 + 1
동력소비량 = 펌프 운전대수 × 동력(이 예에서는 30kW)

이 방식에서는 그림1.46의 ①과 같이 단계적으로 동력을 소비하게 된다.

(2) 1대에만 인버터 도입 ②

1대로만 운전할 때에는 정양정의 동력을 소비하며 2대째 이후 인버터의 주파수는 상용회전수(인버터가 없는 일반 펌프의 회전수 – 역자주)를 기본으로 하므로 바이패스 밸브를 이용하여 압력을 제어한다. 이 때의 펌프 운전대수 산출은 (a)와 동일하다.

> 1대 운전 시 :
> 동력소비량 = 동력계수 × 부하유량 × (제어압력 - 정수두) + 최소동력
> 2대 운전 시 :
> 동력소비량 = 펌프 운전대수 × 동력

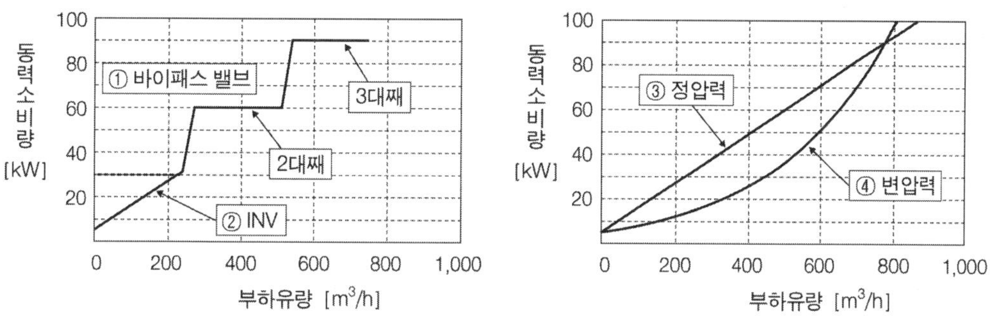

(a) 유량~바이패스 밸브 및 인버터 1대 동력의 관계 (b) 유량~전체대수 인버터 동력의 관계

그림1.46 유량에 대한 각 방식의 동력소비량

(3) 모든 펌프에 인버터를 채용한 정압운전 ③

> 축동력 = k × 부하유량 × 압력

이므로 압력의 양을 일정하게 하면 유량에 대한 동력소비량은 비례관계가 된다.

> 동력소비량 = 동력계수 × 부하유량 × (제어압력 - 정수두) + 최소동력

(4) 모든 펌프에 인버터를 채용한 변압력 운전 ④

압력이 유량의 제곱에 비례하므로 동력은 유량의 3제곱에 비례한다. 먼저 변압력값을 산출한다.

변압력값 = 변압력제어계수 × 부하유량^2 + (최소압력 − 정수두)
동력소비량 = 동력계수 × 부하유량 × 변압력값 + 최소동력

이것을 그래프화한 것이 그림1.46이다.

1.3.4 부하유량 데이터

실제 건물의 연간 부하유량 데이터를 이용하여 앞서 설명했던 각 제어방식별 동력소비량을 비교해 보기로 한다. 이 부하유량 데이터는 그래프1.08에서 제시한 여름철과 겨울철의 대표적인 부하를 보이고 있으며, 24시간 냉방부하가 발생하는 건물을 대상으로 한 것이다.

이 부하유량 데이터는 앞서 계산한 저항계수와 동력계수를 사용하고 있으므로 실제 부하유량에 대한 바이패스 제어밸브 및 인버터 등, 각 제어방식의 동력소비량을 동등한 조건에서 비교할 수 있다.

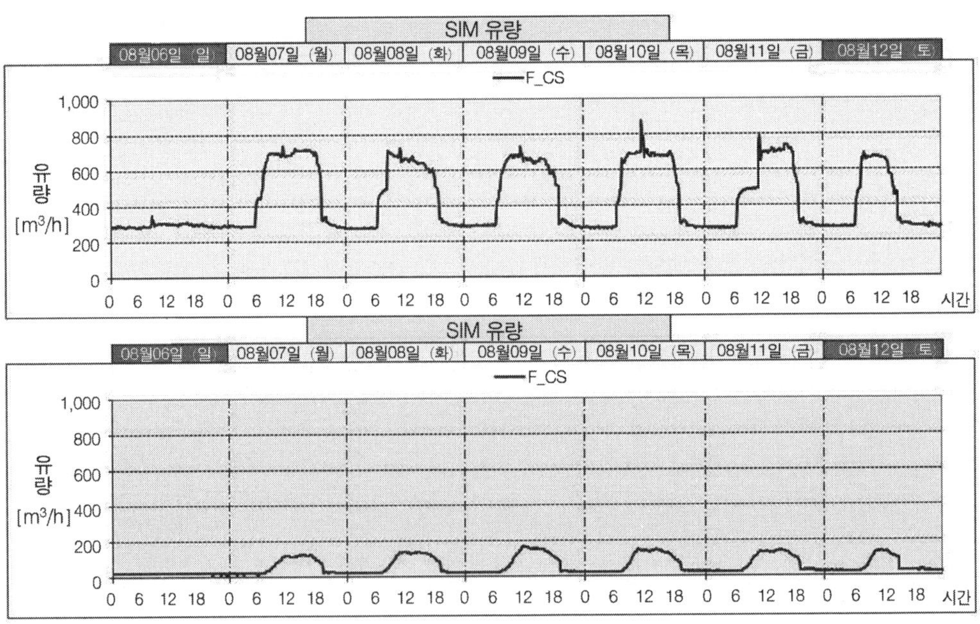

그래프1.08 샘플의 부하유량

1.3.5 산출결과 파일 작성

여기서 산출한 결과는 유량데이터가 포함된 파일에 기록된다. 따라서 그래프1.09와 같이 계산결과를 트렌드 그래프로 변환하여 볼 수 있다. 이번 사례는 부하가 많아 바이패스 제어밸브와 1대에만 인버터를 설치한 ①과 ②가 겹쳐서 표시되어 있으며, 정압력 ③과 변압력 ④의 차이가 어떤 시간대에 어느 정도인지를 확인할 수 있다. 이로써, 어떤 때에 에너지절감 조치를 취하면 효과적인지 검토가 가능하다

이 그래프의 최대 장점은 시뮬레이션을 확인할 수 있다는 것이다. 시뮬레이션과 같이 가상의 상황을 추측할 때에는 계산 프로세스에 대한 검증이 중요하다. 이 방법을 이용하면 프로그램의 실수는 물론, 종종 발견되는 데이터 누락 및 텍스트 깨짐 등을 발견하는데 큰 효과를 볼 수 있다.

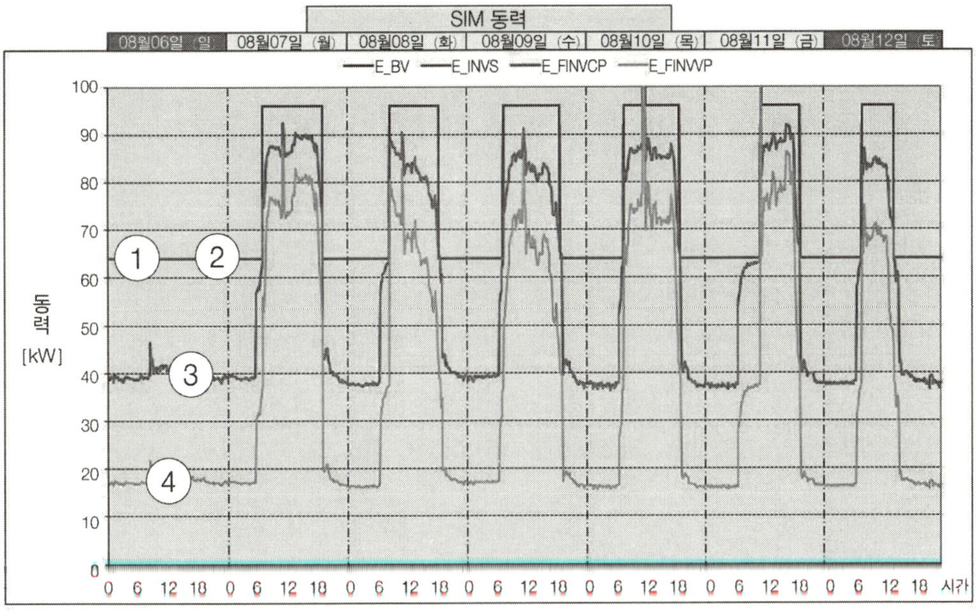

그래프1.09 각 방식의 동력소비량

1.3.6 시뮬레이션 계산식과 필드데이터 검증

여기서는 부하유량에 대한 압력 및 전력 소비량의 실측값과 계산값 비교에 대하여 설명하겠다. 유량과 송수압력은 BEMS 데이터를 이용하였고 전력계측은 동력반에서 기록

가능한 전력량계를 임시적으로 접속시켜 데이터를 수집하였다.

(1) 시뮬레이션 사례 A

이 사례는 정압력 운전과 변압력 운전의 실증으로 볼 수 있다. 정압력 계측은 4일간, 변압력 계측은 8일간 실시한 것이다. 그림1.47(a)의 압력그래프를 보면 변압력에서는 계산식보다 실측데이터의 값이 높은 것을 알 수 있다(이 사례에서는 최소압력을 60kPa로 설정하였다). 그림1.47(b)는 전력량 그래프이다. 변압력에서는 대부분의 영역에서 계산값이 실측데이터보다 높은 값을 나타내고 있으며, 정압력에서는 유량이 적은 영역에서 오차가 크게 나오고 있다. 저유량 영역에서 효율저하가 크기 때문이다. 정압력을 계측할 때는 유량이 큰 영역까지 계측되었지만, 변압력의 유량 데이터는 그 값이 적다. 변압력을 계측한 시기에는 이미 기온이 낮아져 버렸기 때문인 것으로 보인다.

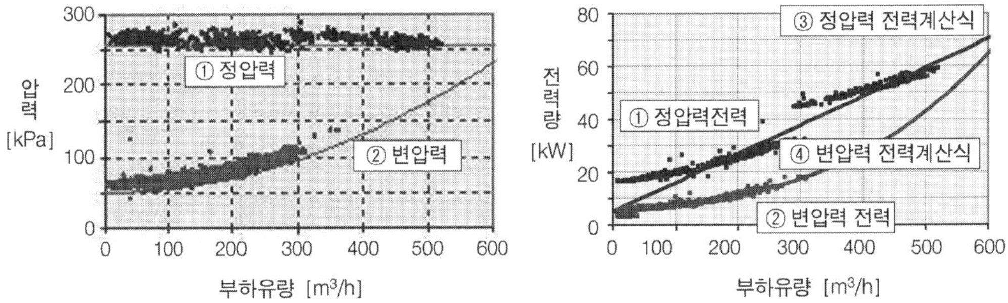

(a) 유량~송수압력의 관계 (b) 유량~전력량의 관계

그림1.47 사례 A의 부하유량에 대한 압력과 전력소비량

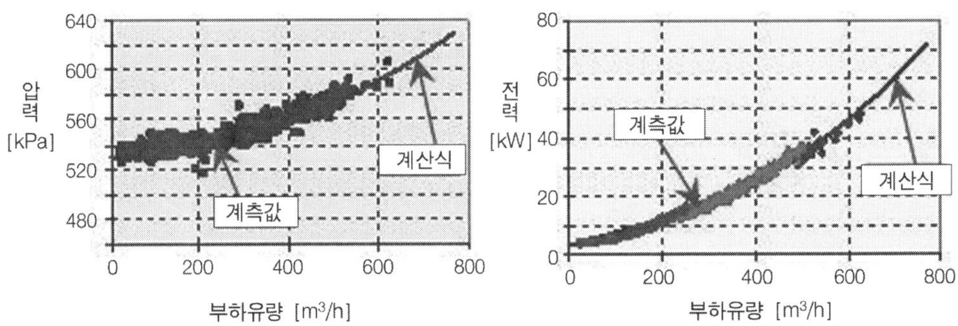

(a) 유량~변압력의 관계 (b) 유량~인버터동력의 관계

그림1.48 사례 B의 부하유량에 대한 압력과 전력소비량

(2) 시뮬레이션 사례 B

그림1.48은 제3항의 시뮬레이션에 이용된 건물의 변압력 제어사례로 약 1개월간의 실측데이터를 바탕으로 한 것이다.

압력그래프와 전력그래프 모두 계산값과 실측결과가 거의 일치하고 있다. 운전대수도 1~3대 영역까지의 부하변동을 커버하고 있으므로 이 시뮬레이션은 상당히 정확도가 높은 것으로 볼 수 있다.

1.3.7 동력소비량의 집계

시뮬레이션 사례 B의 건물은 1년 간 부하유량 데이터가 있었던 관계로 이를 이용하여 시뮬레이션 프로그램을 실행하였다.

동력소비량을 집계한 것을 표1.4와 같이 1일별 일람표로 만들었다. 여기서도 데이터 누락 및 텍스트 깨짐을 체크할 필요가 있다. 시뮬레이션에서 이러한 체크를 소홀히 해서는 안 된다. 그리고 이것을 월별로 집계한 것이 표1.5이다. 이것을 정리하여 그래프화하면 그림1.49를 얻을 수 있다.

표1.4 각 방식별 동력소비량 일별 집계

	월합계	1일	2일	3일	4일	5일	6일	7일	8일	9일	10일	11일
1월	21 621	693	645	576	576	576	768	763	688	299	597	768
	7 501	161	150	139	140	256	289	238	160	68	264	322
	7 501	161	150	139	140	256	289	238	160	68	264	322
	4 469	121	113	102	103	155	165	150	121	52	139	175
2월	20 912	763	768	768	677	565	768	768	768	763	763	768
	8 025	304	323	326	233	132	286	297	329	306	333	188
	8 025	304	323	326	233	132	286	297	329	308	333	188
	4 546	168	175	176	139	99	163	167	176	169	178	137
3월	23 712	763	768	768	768	768	768	768	768	768	768	768
	10 023	303	323	328	272	187	358	338	385	353	332	297
	10 023	303	323	328	272	187	358	338	385	353	332	297
	5 449	168	175	176	160	137	186	179	196	184	177	168
4월	24 949	763	768	768	768	757	768	768	768	768	768	768
	13 905	304	242	423	424	401	408	380	321	196	384	432
	12 439	304	242	423	424	401	408	380	321	196	384	432
	6 280	170	151	207	211	199	204	193	176	139	195	211
5월	37 157	1 109	1 067	768	768	1 056	1 237	1 200	1 206	1 280	1 307	1 467
	00 710	007	070	210	240	010	1 145	1 222	1 308	1 304	1 411	1 409
	26 529	886	653	218	246	596	894	841	1 084	1 048	1 114	1 155
	13 037	457	295	145	152	274	436	359	534	497	560	616
6월	46 619	1 243	1 557	1 429	1 040	1 371	1 536	1 168	1 317	1 520	1 531	1 531
	46 739	1 265	1 565	1 427	952	1 374	1 544	1 185	1 325	1 522	1 531	1 531
	34 664	1 154	1 203	927	713	1 138	1 163	1 085	1 101	1 129	1 054	882
	19 037	623	666	412	310	591	615	540	553	571	515	380

바이패스 밸브 방식에서 인버터 방식으로 하면 동력을 상당히 절감할 수 있는데, 제어 방식이 정압력에서는 62.9%인 것에 반해 변압력에서는 35.1%가 된다. 즉, 적절한 방식으로 제어하지 않으면 값비싼 인버터를 도입한 의미가 사라져 버릴 수 있다.

표1.5 각 방식별 동력소비량 월별집계

	바이패스 밸브	1대 인버터	정압력	변압력
1월	21,621	7,501	7,501	4,469
2월	20,912	8,025	8,025	4,546
3월	23,712	10,023	10,023	5,449
4월	24,949	13,905	12,439	6,280
5월	37,157	33,719	26,529	13,037
6월	46,619	46,739	34,664	19,037
7월	53,803	53,885	38,803	23,276
8월	55,499	55,547	41,296	26,788
9월	46,384	46,380	34,499	19,187
10월	34,619	30,352	24,450	11,804
11월	25,605	15,852	13,579	6,633
12월	23,627	8,804	8,804	5,060
합계	414,506	330,731	260,612	145,565
비율	100	79.8	62.9	35.1

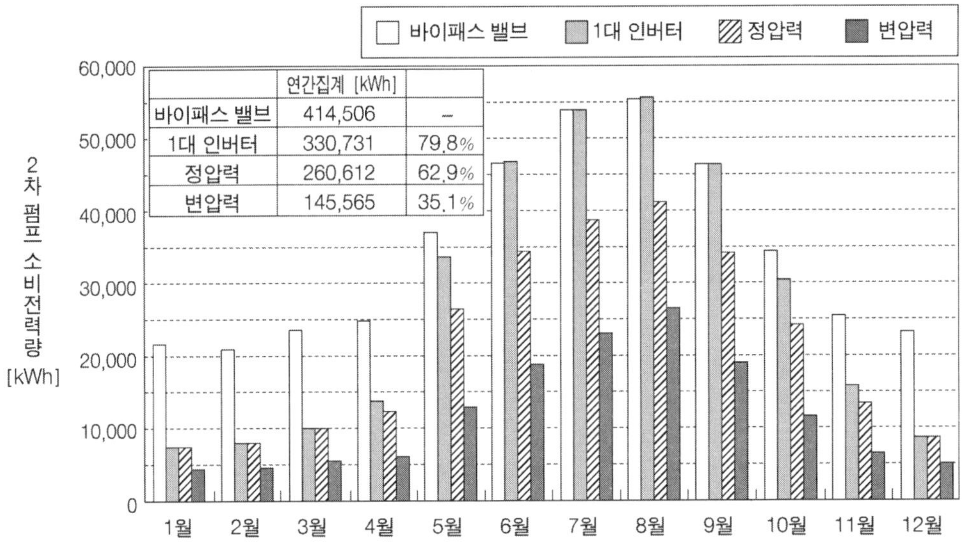

	연간집계 [kWh]	
바이패스 밸브	414,506	–
1대 인버터	330,731	79.8%
정압력	260,612	62.9%
변압력	145,565	35.1%

그림1.49 종합 막대그래프

제2장

냉동기 냉각수 및 냉수 온도제어

2.1 냉각수와 냉수온도 조건

냉동기의 카탈로그를 보면 냉각수 입구의 온도조건은 32℃, 출구온도는 37℃로 표기되어 있는 경우가 많다. 또한 냉동기의 냉수 출구온도 조건은 7℃, 입구온도는 12℃로 표기되어 있다. 이것은 냉동기를 선택할 때 능력 표시를 동일한 조건으로 하기 위한 것이지(터보냉동기의 경우 JIS B 8621에서 능력표시조건을 규정하고 있다), 이러한 조건을 유지하면서 운전하지 않으면 냉동기가 고장난다는 의미가 아니다.

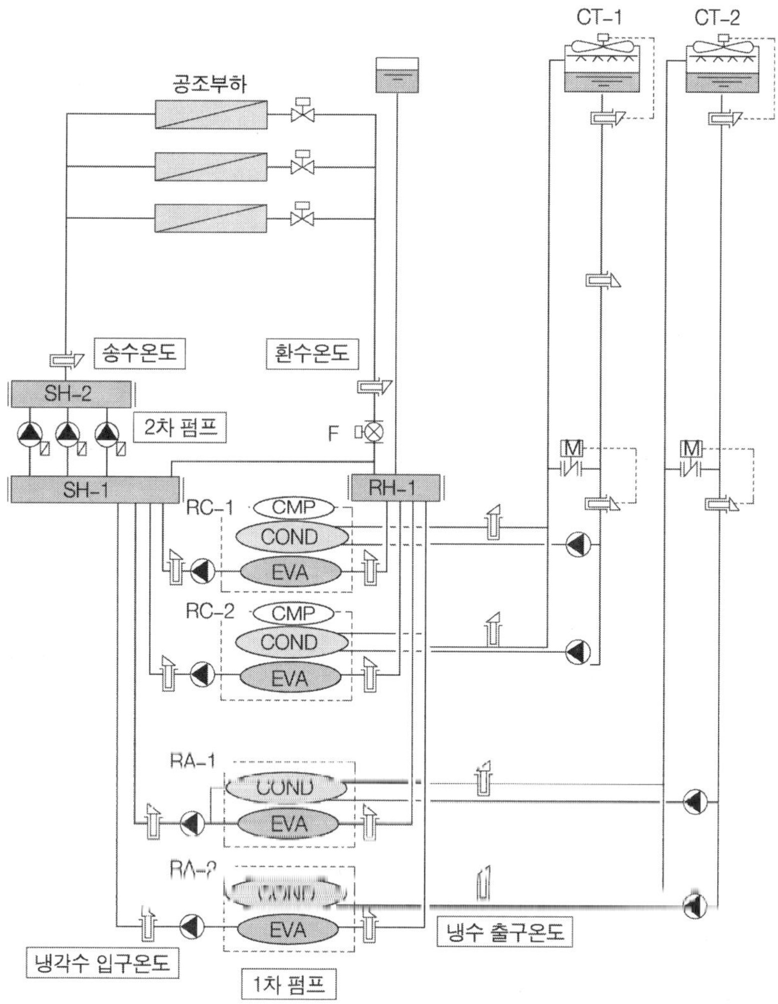

그림2.1 검토 모델의 열원시스템

냉동기의 냉각수를 낮은 온도로 사용할 수 있는 조건이라면, 가능한 그렇게 하는 편이 에너지 효율을 높일 수 있다. 반대로 냉수의 경우에는 높은 온도로 운전하는 편이 에너지 효율이 좋아진다. 이런 부분은 누구나 알고 있는 것이지만 한편으론 냉각수 온도를 낮추려면 냉각탑 송풍기의 능력을 증가시켜야 하고 냉수온도를 높이려면 송수펌프의 동력을 늘려야 하는 상반된 측면도 존재한다. 이렇듯 최소의 에너지로 운전 가능한 포인트를 파악하는 것은 그리 간단하지가 않다.

본 항에서 검토하는 내용은 제10장 자료편의 「냉동기의 원리」를 참조하도록 한다.

2.2 냉각수 온도와 냉동기 에너지 소비량

냉각수 온도의 설정값을 낮추면 동일한 부하열량에 대하여 적은 에너지 소비량으로 운전할 수 있다. 하지만 냉각탑 선정은 냉동기 설계조건에 맞추어 이루어지므로 항상 낮은 온도의 냉각수를 얻을 수 있는 것은 아니다. 4계절의 온습도 변화가 있는 곳에서는 냉각수 온도설정을 낮게 해주는 것만으로도 해당 계절에 낮은 온도의 냉각수를 얻을 수 있다. 물론 한여름 등의 부하가 큰 계절에는 냉각탑 능력의 사양대로 본래의 32℃에 가까운 냉각수 온도가 되겠지만 이 외에도 에너지절감의 여지가 있을 수 있다.

2.3 냉각수 온도의 실상

냉각수 온도는 외기 습구온도에 좌우된다고 생각해도 무방하다. 그래프2.1은 냉각수 온도를 제어한 예이다. 상단 그래프의 냉각수 입구온도를 살펴보면 22℃로 설정되어 있으며 하단 그래프의 외기 습구온도를 살펴보면 습구온도가 높은 날에는 냉각수 온도도 동일하게 높은 것을 알 수 있다. 냉각수 온도는 냉동기가 허용하는 하한값으로 설정해 두면 된다.

그래프2.2의 상단 그래프는 외기의 건구온도와 습구온도이며 하단 그래프는 상대습도이다. ①의 부분에 주목해 보자. 낮에 비해 야간에는 건구온도가 내려가지만 상대습도는 역으로 올라간다. 주간、야간에 따라 습구온도가 변하는 것은 건구온도 변화만큼 그 폭이 크지 않다. ②의 부분은 건구온도와 습구온도가 동일하고 상대습도가 100%이므로 비가 오는 날로 생각할 수 있다.

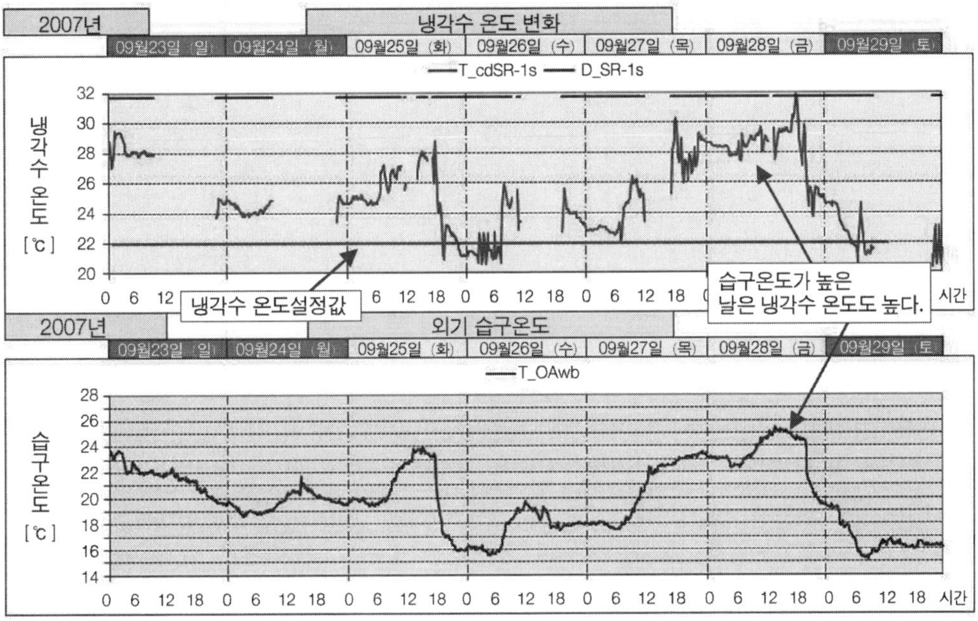

그래프2.1 냉각수 온도와 외기 습구온도

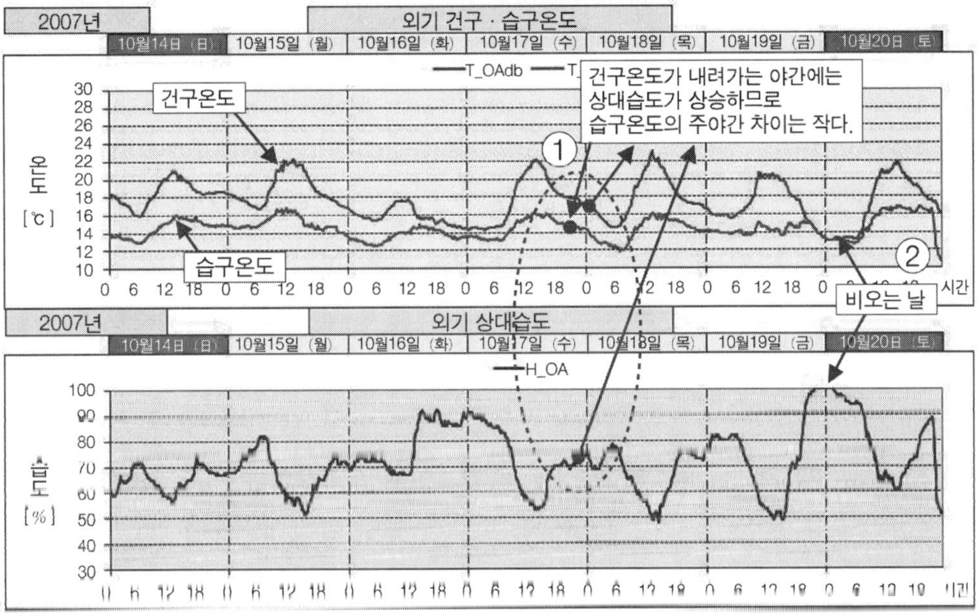

그래프2.2 건구온도와 습구온도의 관계

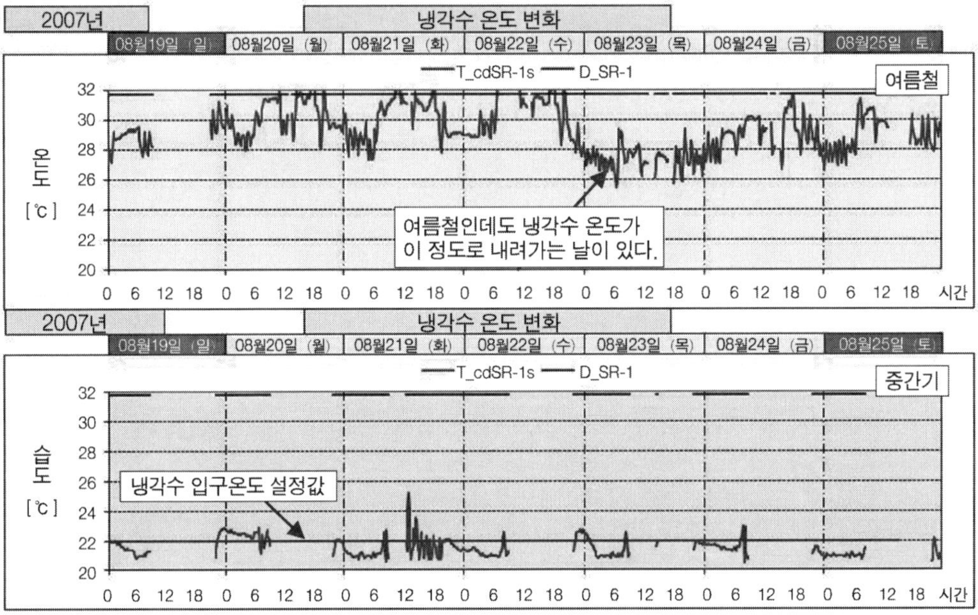

그래프2.3 냉각수 온도 22℃ 설정 사례

그래프2.3의 상단 그래프와 같이 8월의 한여름에도 열부하가 적은 날이 상당히 있는데 냉각수 온도는 여름철이라고 해서 반드시 32℃가 되는 것은 아니다. 하단 그래프는 중간기에 해당하며 중간기에는 거의 모든 기간에 22℃로 운전되고 있음을 알 수 있다.

2.4 냉각수 온도 설정 시 주의사항

냉각수 온도 제어는 그림2.2와 같이 냉각수 펌프 주변의 바이패스 밸브와 냉각탑팬의 ON/OFF로 이루어진다. 냉각탑 팬 대수가 2대 이상인 경우에는 베이스가 되는 첫 번째 팬의 OFF점과 바이패스 제어밸브의 설정값을 A와 동일하게 한다. 냉동기의 응축기(COND)는 냉수를 제조하고 있는 동안에는 반드시 열이 발생하므로 B와 같이 바이패스 제어밸브 설정값이 베이스가 되는 팬의 OFF점보다 낮으면 ON/OFF 빈도가 격렬해지게 된다. 냉각탑 팬의 벨트가 빈번하게 끊어지는 냉각탑은 이런 운전을 하는 경우가 많다. 그래프2.4의 사례도 이런 운전이 오랫동안 이루어지면 위험한 경우의 한 예이다.

단, 겨울철 등과 같이 냉수 운전을 하지 않는 시스템에서는 바이패스 밸브를 설치하지 않고 팬의 운전·정지만으로 대체하는 경우가 있다. 흡수식 냉동기와 터보 및 스크류 냉동기가 혼재하는 시스템에서 흡수식 냉동기는 겨울철에는 운전하지 않는 것으로 간주하여 흡수식 냉동기에 바이패스 밸브를 설치하지 않는 경우가 많다.

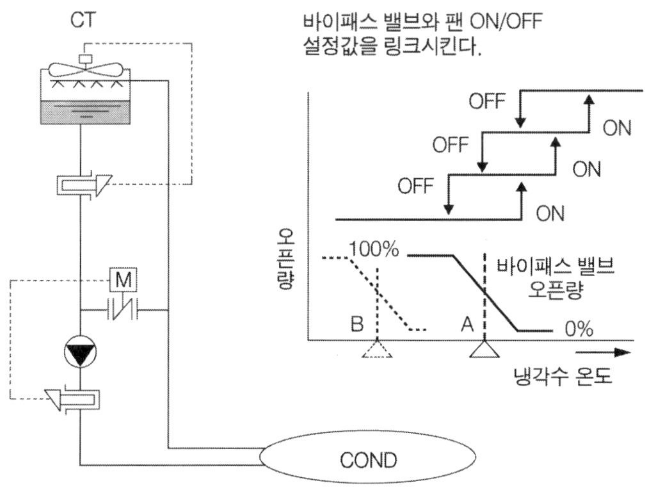

그림2.2 냉각수 온도 제어방법

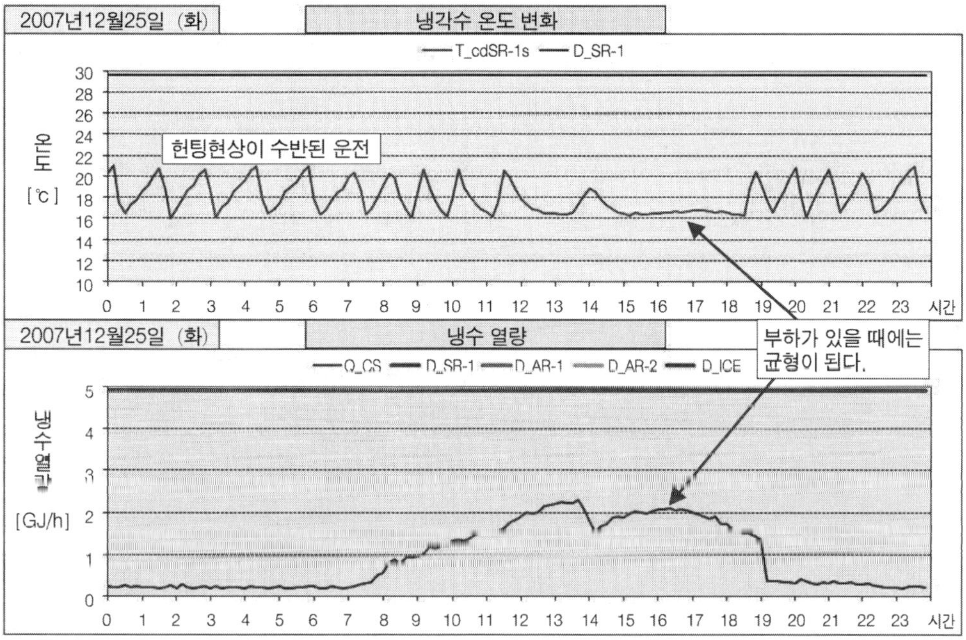

그래프2.4 냉각탑 팬 운전·정지의 헌팅 사례

2.5 냉수 송수온도 상한값

냉동기의 냉수 출구온도를 높일수록 동력소비량을 줄일 수 있다. 일반적으로 냉동기의 출구온도 설정은 냉동기 제조사의 영역이며, 건물관리자가 여기에 손을 대는 일은 거의 없어 기본 사양값인 7℃로 운전되는 경향이 있다. 하지만 실제로 공조기로 보내는 냉수 송수온도를 살펴보면 다른 발상을 할 수 있다.

그래프2.5는 사람의 판단으로 냉동기 운전대수를 정하는 건물의 예이다. ①의 날짜에는 냉동기를 1대 운전하고 있지만 ②의 날짜에는 2대로 운전하고 있다. ②의 날에는 송수온도와 냉동기 출구온도가 겹쳐져 있으며 냉수온도는 7℃이다. 이 때, 그림2.3에서의 연결통로관의 흐름방향은 A의 순방향이다. ①의 냉동기 출구온도는 10℃로 되어 있고 공조기로 보내는 송수온도는 11.5℃까지 상승하고 있으므로 그림2.3에서 연결통로관에 흐르는 냉수의 방향은 B와 같이 역방향이 되어버리는 것이다. 즉, 냉동기의 출구온도 설정값을 변경하지 않더라도 실질적으로 냉수 송수온도를 높여서 운용하는 예라고 할 수 있다.

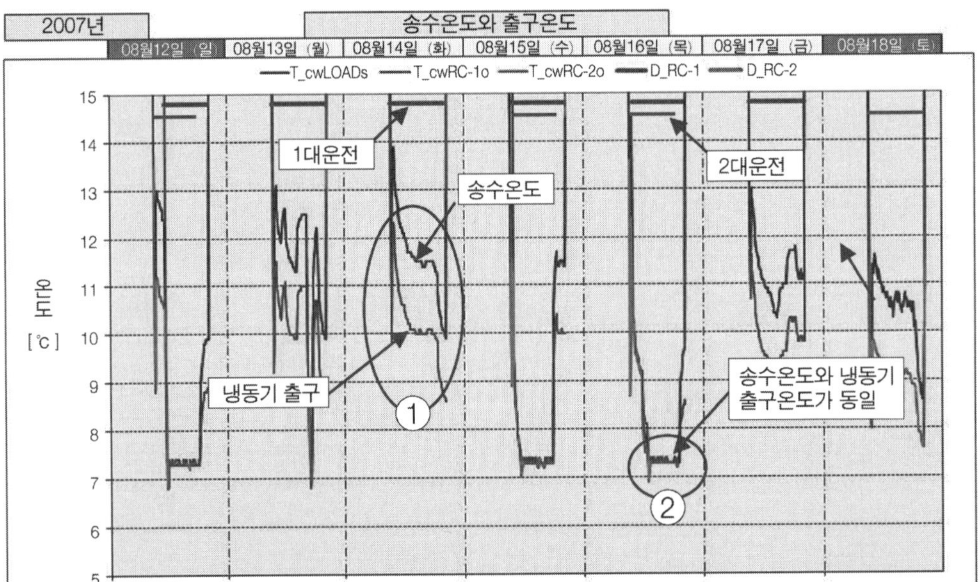

그래프2.5 냉수 송수온도와 냉동기 출구온도

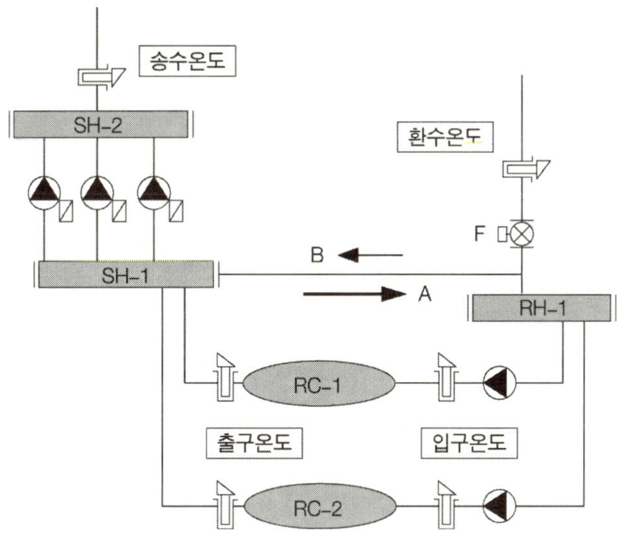

그림2.3 연결통로관의 흐름방향

연결통로관을 흐르는 수량은 그림2.4와 같이 생각할 수 있다. 순방향으로 흐르는 경우에 부하유량이 QL이라고 하면 1차 펌프의 유량은 Q2가 된다. 따라서 연결통로관의 유량(Qb)은 Qb = Q2 − QL이 되어 왕복헤더 간의 압력은 동일한 값으로 유지된다. 이때, 그림2.3에서의 SH쪽이 RH보다 압력이 높으므로 연결통로관의 흐름방향은 A가 되며, 이 경우 송수온도는 냉동기 출구온도와 동일해진다. 그림2.3의 시스템과 관련하여 일반적으로 공조관련 교과서에서는 이러한 케이스밖에 설명하지 않는다. 하지만 실제로는 역방향으로 흐르는 케이스가 있다.

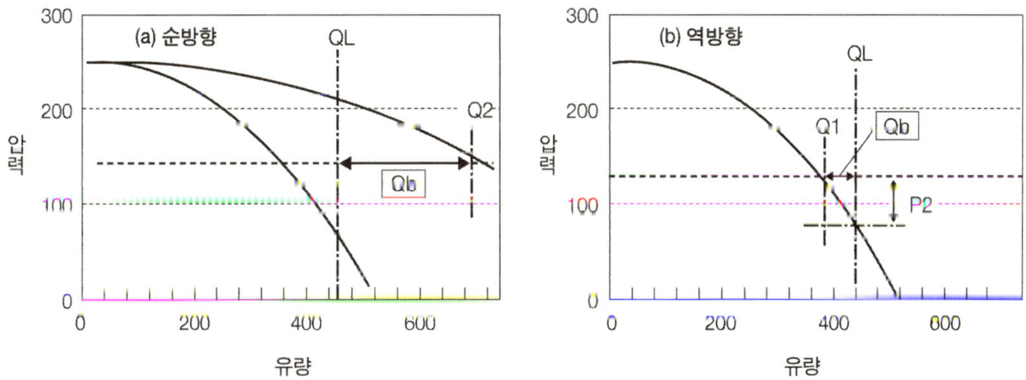

그림2.4 연결통로관의 흐름방향과 유량

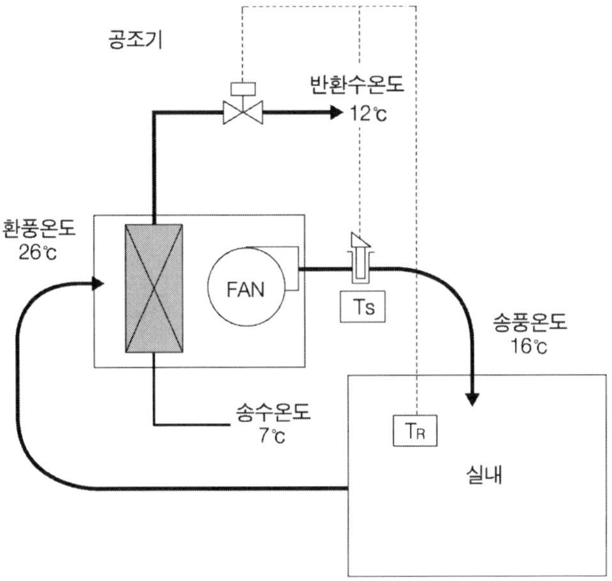

그림2.5 공조기 주변의 온도조건

그림2.4(b) 「역방향」과 같이 동일한 부하조건일 때에 냉동기 운전대수를 1대로 하면 펌프 특성상 압력점은 P2가 된다. 하지만 이 시스템에서 SH와 RH의 압력은 연결통로관을 통해서 정수두 지점으로 유지하려 하므로 역방향인 Qb만큼 물이 흘러서 압력이 유지된다.

따라서 이런 조건 하에서의 송수온도는 냉동기의 냉수 출구온도보다 연결통로관에 흐르는 반환온도의 영향을 받은 만큼 높아진다. 그 결과가 그래프2.5의 ①의 날짜와 같이 되는 것이다.

일반적으로 냉수 송수온도는 7℃로 설계되는 경우가 많은데, 과연 몇 도의 송수온도가 적정한지를 공조설비 전체의 메커니즘 관점에서 생각해 보자. 설비설계자는 그림2.5와 같은 온도 수치를 생각하지만, 공조기 및 팬코일의 송풍온도가 유지된다는 전제에서 냉수 입구온도는 사실 몇 도가 되던 무방하다. 그래프2.5에 나타난 11.5℃의 송수로도 16℃의 송풍온도에 미치는 영향이 없다면 무방한 것으로 결론내도 문제는 없다. 중간기나 겨울철에는 송풍온도를 높여도 되므로 송수온도 역시 높게 설정할 수 있다.

또한 제7장 2항 「공조기 잠열부하의 저감으로 인한 에너지절감」에서도 서술하겠지만 송수온도를 높인다는 것은 잠열부하를 줄이는 것으로 이어지므로 이런 면에서도 에너지를 절감할 수 있는 요소가 된다.

2.6 냉수온도 변경사례

2.6.1 출구온도 설정 변경시험

여기서는 실제 운전 중인 건물을 대상으로 하여 그래프2.6과 같이 송수온도의 설정을 변경하여 BEMS로 계측한 열량데이터와 현장에 임시로 설치한 전력소비량 계측 데이터를 통해 COP를 산출한 사례를 살펴보기로 한다. 대상으로 삼은 냉동기의 표준사양은 표 2.1과 같다.

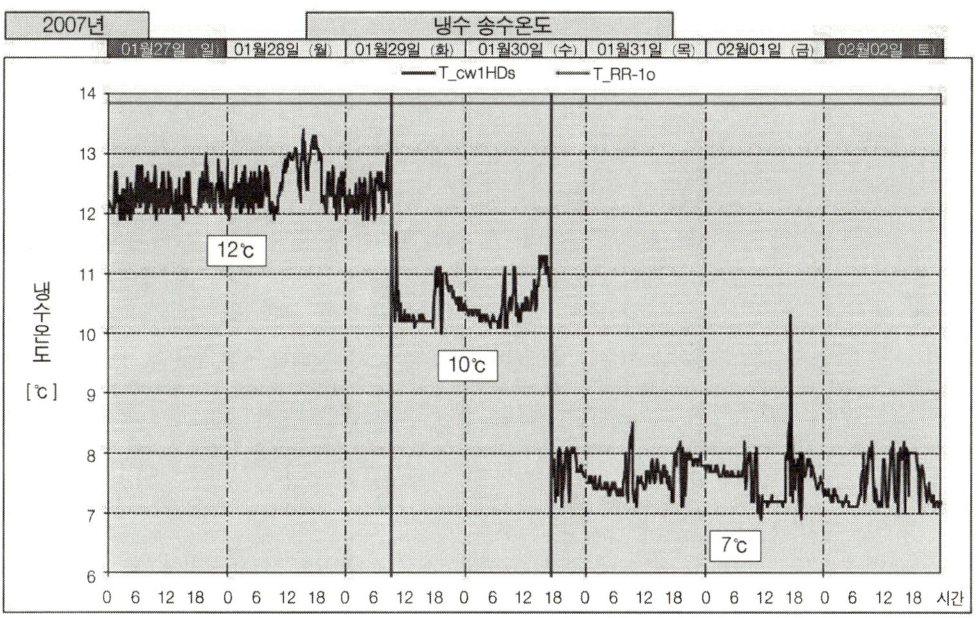

그래프2.6 온도설정 변경시험

표2.1 냉동기의 표준사양(360USRT)

압축기	스크류 방식
냉동능력	1266kW(4557MJ/h)
소비전력	300kW(75W×4대)
표준COP	4.22

(주) 냉수출구온도 : 7℃, 냉각수 입구온도 : 32℃

표2.2 시험결과 데이터(부하열량 2GJ/h 이상을 집계)

제조 냉수온도	COP	데이터 수	송수 (평균값) [℃]	열량 (평균값) [GJ/h]	전력량 (평균값) [kW]	냉각수 (평균값) [℃]	COP 비율
12℃	6.38	368	12.6	2.48	107.9	21.6	1.32
10℃	5.37	755	10.4	2.44	126.2	21.6	1.11
7℃	4.84	548	7.5	2.42	138.9	21.6	–

(주) COP=열량(평균값)/(전력량(평균값)×0.86×4.187)

표2.3 부하유량을 추가한 시험결과 데이터

제조 냉수온도	COP	열량 (평균값) [GJ/h]	전력량 (평균값) [kW]	부하유량 [m^3/h]	2차 P전력 [kW]	합계 전력 [kW]	COP 비율
12℃	5.67	2.48	107.9	239	13.5	121.3	1.25
10℃	4.90	2.44	126.2	207	12.0	138.2	1.08
7℃	4.53	2.42	138.9	142	9.3	148.3	–

이 건물은 24시간 운전을 실시하나 야간의 열부하는 극단적으로 적으므로, 냉동기 능력을 비교하는 데 있어서 적절하다고 여겨지는 부하열량 2GJ/h 이상의 데이터만을 검토대상으로 하였다. 표2.2에서 송수온도 7℃일 때 COP는 4.84이며, 표2.1의 표준값 4.22보다 비교적 높은 것은 냉각수 온도가 약 21℃로 설계치보다 상당히 낮은 값이었기 때문인 것으로 추정된다.

표2.2에서 각 온도대에 속하는 데이터의 평균값을 구하면, 7℃에서의 COP값 4.84을 기준으로 12℃의 COP값은 6.38이 되어 송수온도가 높아질수록 효율이 향상되고 있음을 알 수 있다. 그러나 송수온도가 높아지면 냉수의 유량은 증가한다. 이 건물의 경우, 2차 펌프는 인버터에 의한 변압력 시스템을 채택하고 있다. 시험데이터에 부하유량의 요소를 가미하면 표2.3과 같이 된다. 2차 펌프 전력 산출은 제1장 3항 「2차 펌프 동력산출 시뮬레이션」에서 설명한 프로그램으로 구한 것이다. 유량이 증가하여 2차 펌프의 전력량이 증가한 만큼 COP비율도 나빠지지만 냉방 시스템 전체에 미치는 영향은 적다.

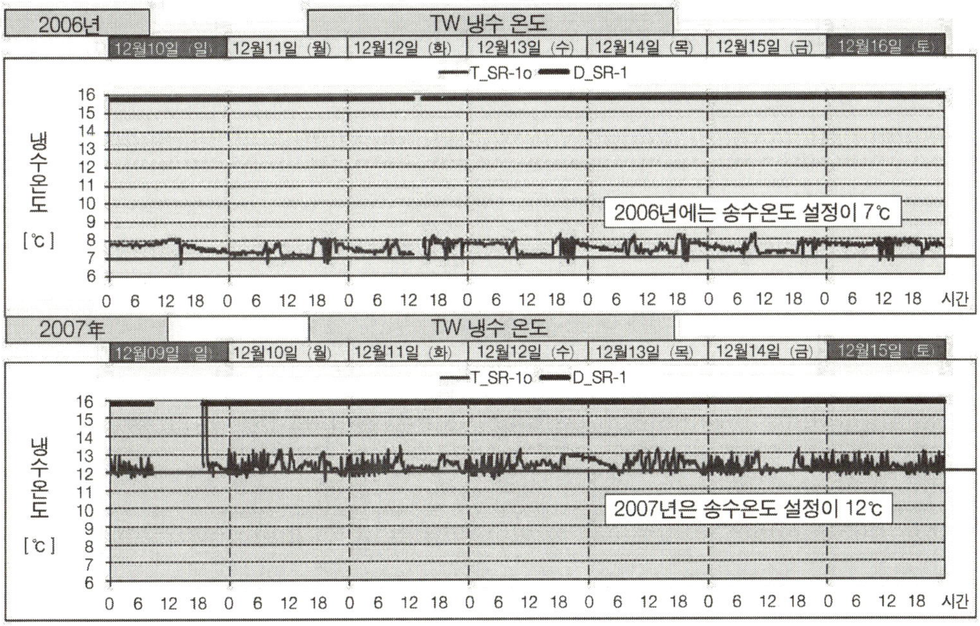

그래프2.7 2006년과 2007년의 냉수 송수온도

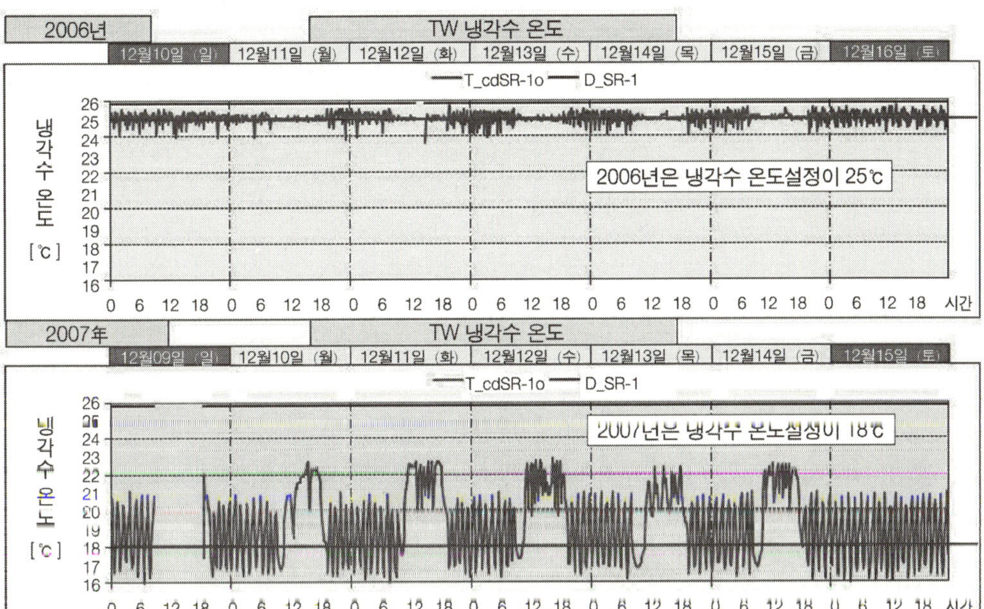

그래프2.8 2006년과 2007년의 냉각수 입구온도

2.6.2 겨울철 비교

이번에는 냉수 송수온도 및 냉각수 온도를 변경하여 운전한 2006년과 2007년 겨울철 데이터를 비교해 보도록 하겠다.

(1) 온도변경

그래프2.7에서 보듯 상단 그래프는 2006년의 송수온도를 7℃로 설정하였을 때이며 하단 그래프는 2007년의 송수온도를 12℃로 설정하였을 때의 온도제어 상황이다.

또한 그래프2.8의 상단 그래프는 2006년의 냉각수 온도 설정을 25℃, 하단 그래프는 2007년에 냉각수 온도 설정을 18℃로 하였을 때의 운전실적 데이터이다(2007년은 냉각탑 바이패스 밸브의 고장으로 인해 팬의 운전､정지로 제어하여 헌팅이 크다. 냉각수 온도의 바이패스 밸브 설정값을 그림2.2의 B와 같이 실시한 경우도 이렇게 된다).

(2) 전력소비량 실적

표2.4에서 2006년 겨울철(2006년 12월~2007년 2월) 냉동기의 총전력 소비량은 115,859kW이었던 것에 대비하여 2007년 겨울에는 72,659kW이었다. 단, 운전시간이 다르므로 전력소비량을 운전시간수로 나눈 값으로 비교하면 64.7/36.1kW이다. 이를 단순 비교하면 약 44%의 저감률로 해석할 수 있다.

표2.4 7℃와 12℃ 설정의 실적비교

년도	평균열량 [MJ]	전력 소비량 [kWh]	운전시간 [Hr]	전력량/시간 [kW]	COP	부하유량 [m3/h]	냉수온도 (평균값) [℃]	냉각수 온도 (평균값) [℃]
2006년	795	115,859	1,791	64.7	3.41	57	7.2	25.0
2007년	767	72,659	2,015	36.1	5.90	111	12.2	17.8

(주) 2006년은 2006년12월~2007년2월, 2007년은 2007년12월~2008년2월

(3) 송수 펌프동력의 수정

표2.4에서 부하유량의 평균값이 $57m^3/h \rightarrow 111m^3/h$로 늘어난 것을 알 수 있다. 따라서 2차 펌프 동력의 증가분을 줄여야 한다. 이 건물의 2차 펌프는 인버터로 제어하게 되어

있으며 유량과 동력의 관계는 그림2.6의 실측결과로 알 수 있다. 전항과 마찬가지로 「2차 펌프 동력산출 시뮬레이션」의 계산식에 따라 동력소비량을 구하면 송수온도 7℃일 때의 평균유량은 57m³/h, 전력소비량 6.7kW이며, 송수온도 12℃일 때의 평균유량은 111m³/h, 전력소비량은 8.5kW이며, 이 차이는 1.8kW이다. 이것을 고려한 저감률은 다음과 같이 된다.

실질저감률 = (2006년 − 2007년 − 송수동력증가분) / 2006년
= (64.7 − 36.1 − 1.8) / 64.7 × 100 = 41.5[%]

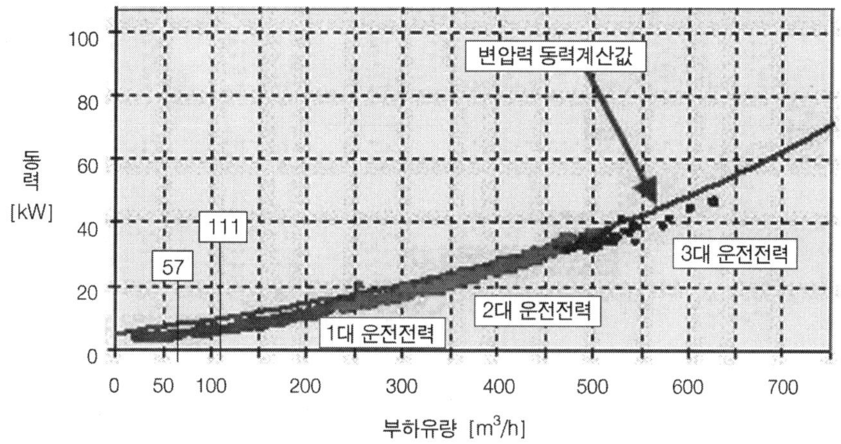

그림2.6 유량 및 인버터 동력의 관계(2008년 5월 9일~5월 31일)

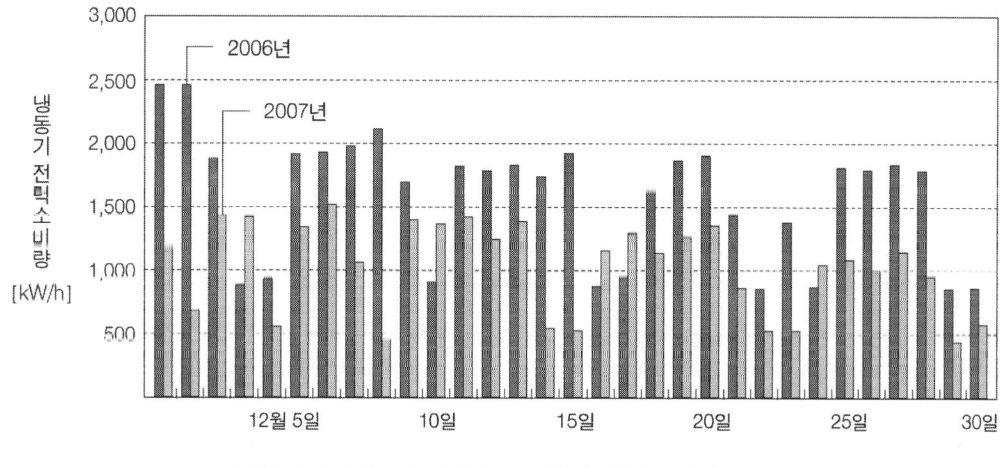

그림2.7 2006년과 2007년 12월의 전력소비량 비교

(4) 테스트와 실제 현장에서의 운전결과 비교

이상의 여러 테스트를 통해 COP비율 측면에서 약 25%의 효과를 얻을 수 있음을 알 수 있었는데, 현장에서 이와 같이 실제로 운용한 경우에도 그 이상인 41.5%의 실질적 동력 저감효과를 얻을 수 있었다. 테스트 시에는 평균냉각수 온도가 21.6℃이었지만 2007년의 데이터를 보면 18℃로 되어 있는 것과도 관련이 있는 것으로 보인다. 그림2.7은 2006년과 2007년 12월에 일별 전력소비량을 비교한 것이다. 어느 날을 비교해 보아도 결과는 일목요연하게 나온다. 단, 이번 검토를 함에 있어 냉각탑팬 동력의 증가까지는 파악하지 못했기 때문에 그 부분에 대한 감안은 필요하다.

일반적으로 스크류방식 압축기는 냉각수나 냉수의 온도조건 변화에 따른 대응능력이 좋다. 겨울철이나 야간에 냉수 요구가 있는 경우 등, 저부하 운용을 어쩔 수 없이 해야 하는 건물에서 높은 효율을 발휘한다.

2.6.3 흡수식 냉동기의 예

이번에는 표2.5의 사양을 지닌 흡수식 냉동기의 사례에 대해 설명하겠다. 부하가 안정되어 있는 조건에서 검토하기 위해 9시~17시까지 코어타임의 데이터만 분석하기로 한다. 냉동기는 동일한 크기의 2대로 구성되었으며 부하에 따라 자동으로 대수제어가 이루어지는 상황이다. 여기서는 그래프2.9와 같이 1주일씩 7℃와 12℃으로 설정하여 운전하였다.

표2.5 냉동기의 표준사양

냉동기종류	흡수식 2대
냉동능력	1,231kW(4,430MJ/h)
가스소비량	95.4Nm^3/h
정격COP	1.03

이 건물의 데이터는 15분 단위로 기록되어 있다. 부하열량에 편차가 많으므로 그림2.8과 같이 부하열량에 대한 가스소비량의 산포도를 작성하여 검토하였다. 우선 산포도를 통해 각각의 설정온도에 대한 1차 근사식을 구한다.

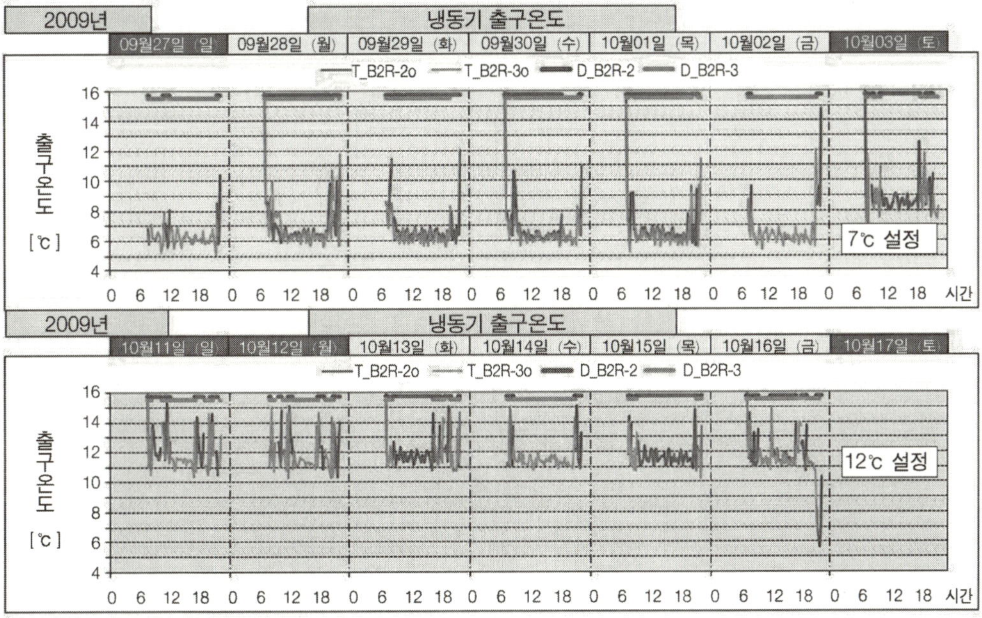

그래프2.9 7℃ 설정과 12℃ 설정의 냉수온도 제어상황

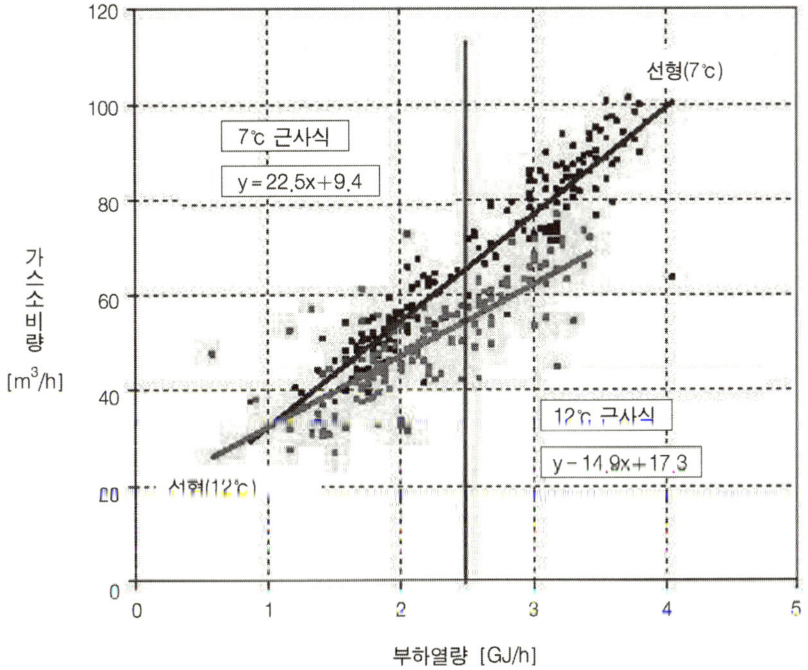

그림2.8 부하열량과 가스소비량(9시~17시의 15분 주기)

표2.6 가스소비량 비교

평균적인 부하열량	2.5GJ/h	
	7℃설정	12℃설정
COP	0.85	1.02
a =	22.5	14.9
b =	9.4	17.3
가스소비량[m^3/h]	65.7	54.6
가스열량[GJ/h]	2.95	2.45
에너지절감률 =		16.9%

(주) 가스열량 = 가스소비량 × 45/1,000, COP = 부하열량/가스열량

데이터를 수집한 기간의 평균적인 부하열량을 2.5GJ/h로 하고 이 때의 가스소비량을 다음의 식으로 구한다.

7℃ 설정 : 가스소비량 = 2.5 × 22.5 + 9.4 = 65.7[m^3/h]
12℃ 설정 : 가스소비량 = 2.5 ×14.9 + 17.3 = 54.6[m^3/h]

이것을 정리하면 표2.6이 된다.

COP는 0.85 → 1.02가 되며 7℃를 기준으로 할 때 12℃에서는 가스소비량을 16.9% 감소시킬 수 있다.

2.7 냉수펌프 유량조절

펌프의 유량조절이라고 하면 무턱대고 전류값을 맞추기 위해 앞뒤에 있는 수동밸브를 잠그는 모습을 연상하곤 하는데 펌프가 사용되는 상황에 따라 조절방법도 달라진다.

그림2.9에서 보는 바와 같이 1차 펌프 주변에는 수많은 수동밸브가 설치되어 있다. 이것은 펌프나 냉동기의 고장수리 등을 할 때 대응하기 위해 존재하는 것이다. 한편, 냉동기의 냉수 유량은 정격값으로 제어해야 하는데, 이는 열량 = 유량 × 출입구 온도차이이므로 유량이 정격값보다도 커지게 되면 냉수 출입구 온도차이가 작아져 버리게 되기 때문이다. 따라서 수동밸브를 잠그고 유량을 조절하는데, 수동밸브로는 버터플라이 밸브(BV)

를 이용하는 경우가 많아 유량을 조절하는 데에는 적합하지 않다. 또한 유량을 조절하기 쉬운 글로브 밸브는 밸브 간 치수가 크므로 바람직하지 않다,

그림2.9의 BV2 부분에 그림2.10과 같은 유량조절을 고려한 버터플라이 밸브를 이용하면 이러한 난점을 극복할 수 있다. 이렇게 정류량 용도의 펌프에서도 인버터를 이용하여 유량을 조절하는 편이 에너지절감에 유리하다.

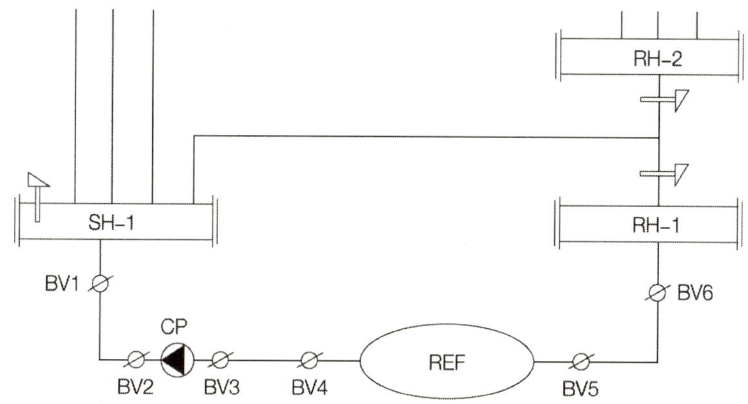

그림2.9 1차 펌프 주변의 수동밸브

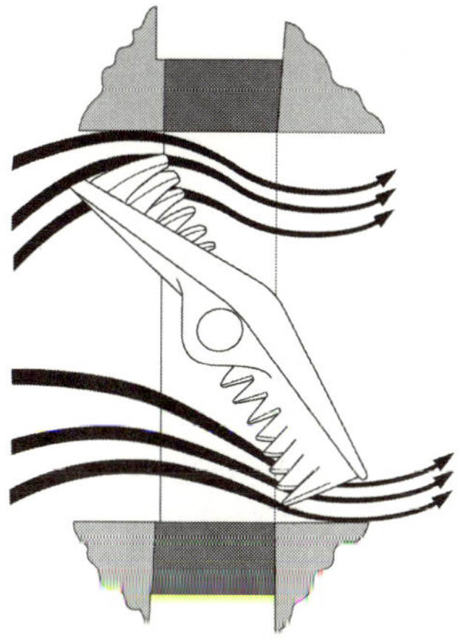

그림2.10 유량조절이 용이한 버터플라이 밸브

제3장

냉동기 대수제어

여러 대의 냉동기가 설치되어 있는 건물에는 반드시 냉동기 대수제어가 이용되고 있다. 그러나 이 제어기능을 활용하고 있는 예는 극히 드물다. 단일 기기로서는 건물 내에서 가장 커다란 에너지 소비원이므로 이 설비를 효과적으로 운용하면 건물의 에너지절감에 크게 공헌할 수 있다.

다만 최근에는 멀티 에어컨시스템이 증가하고 있으며 대도시에서는 지역냉난방시설(DHC : District Heating and Cooling)을 통해 열을 공급받는 경우가 많아져, 각 건물이 열원 설비를 구비하는 케이스가 급격히 감소하여 냉동기 대수제어에 대한 문제도 잊히는 경향이 있다. 그렇다면 DHC 시설에서는 냉동기 대수제어를 자동으로 하고 있는가 하면 이것 역시 사람의 판단에 따라 이루어지는 수동운전이 대부분이다.

제2장 5항에서 서술한 바와 같이 현재 일반적으로 보급되어 있는 대수제어 로직에서는 자동운전보다 운전관리자가 자신의 경험에 따라 운전하는 것이 에너지를 절감할 수 있는 경우도 있지만 대수제어 로직을 제대로 하면 사람의 판단 그 이상으로 효율적인 운전이 이루어진다.

여기에서 문제가 무엇인지 먼저 확인하고 대수제어 로직을 사용할 수 있는 수준으로 만드는 방법을 생각해 보기로 한다.

3.1 자동 대수제어

3.1.1 냉동기 능력의 변동

냉동기는 펌프나 전동기 등과 달리 능력이 일정하지 않다. 제2장에서 서술한 바와 같이 냉동기의 능력은 냉각수 온도가 낮을수록 향상되지만 응축기 오염 요소 등으로 인해 정격능력이 줄어드는 경우도 있다. 냉동기의 최대/최소능력 비율은 취급 방법에 따라 30% 이상이라고 생각하면 된다.

이에 대해, 현재의 대수제어 로직은 그림3.1과 같이 냉동기 능력과 부하열량을 단순 비교하여 운전대수를 정하는 것이므로 냉동기의 최소능력에 맞추어 대수전환 포인트를 설정해야 한다. 최소능력보다 큰 값으로 설정된 경우에는 그래프2.5에서 검토한 것과 같이 송수온도가 냉동기 출구온도보다 높아지기만 할 뿐 추가적으로 가동되지 않기 때문이다.

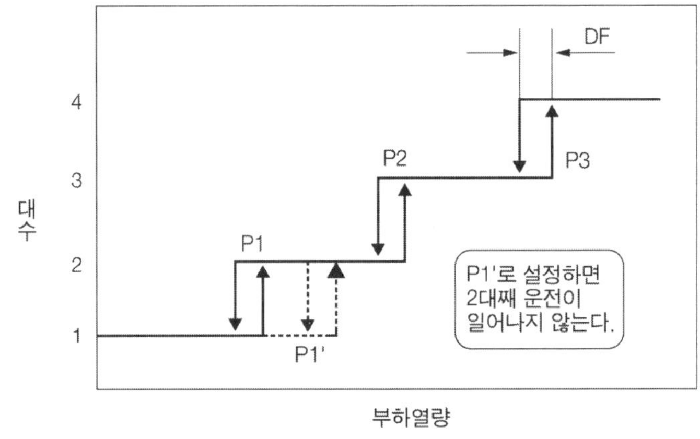

그림3.1 대수제어 로직

3.1.2 설계 · 시공상의 문제 1(반환수 헤더)

그림3.2의 나쁜 예와 같은 헤더로 구성된 경우, 부하로부터의 환수헤더(냉동기에서는 입구측)에는 반드시 연결통로관이 접속되므로 여러 대의 냉동기가 운전되면 연결통로관에 가까운 냉동기에는 연결통로관 온도의 영향을 받은 물이 흘러들어 온다.

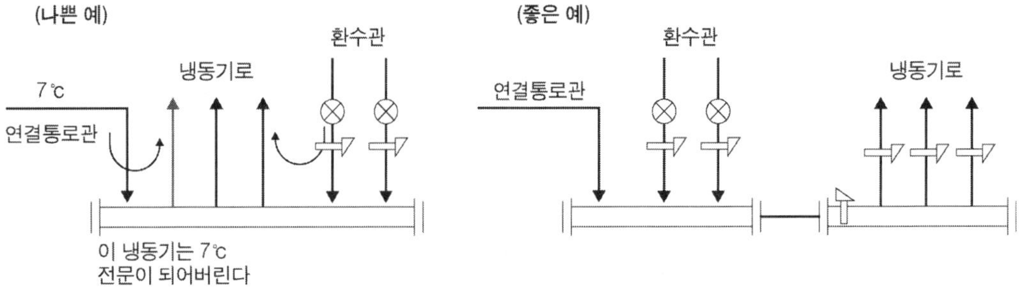

그림3.2 반환수 헤더 구성

그래프3.1은 그러한 예이다. 본래 이 2대의 냉동기 입구온도는 동일한 값을 나타내야 한다. 18시 이전 부하열량이 많을 때는 연결통로관의 흐름이 없어서 동일한 온도를 유지하고 있지만 부하가 적어지는 시간대가 되면 온도차이가 나타난다. 이것은 냉동기 운전대수에 대비하여 부하열량이 적어져 그림3.2(나쁜 예)와 같이 연결통로관의 영향이 증가했다는 것을 보여준다. 좋은 예와 같이 연결통로관과 부하로부터 돌아오는 물이 완전하게 뒤섞여 냉동기로 들어가도록 고려해야 한다.

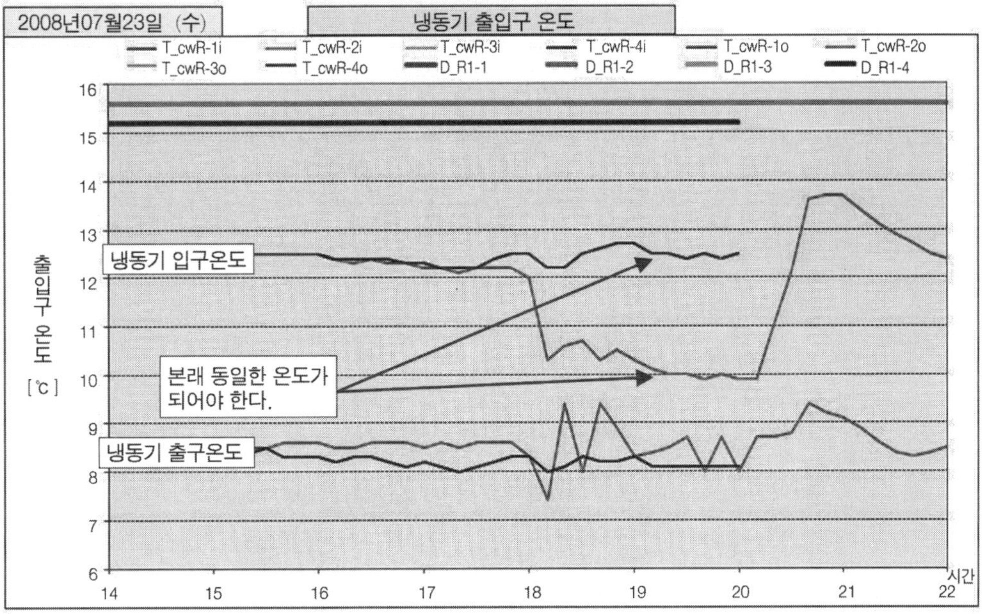

그래프3.1 연결통로관과 냉동기 입구온도의 관계

3.1.3 설계 · 시공상의 문제 2(송수헤더)

송수헤더도 마찬가지이다. 그림3.3과 같이 연결통로관이 역류할 때 부하 방향으로 이 온도의 영향을 받은 물을 전문적으로 흘려보내는 배관이 생겨 버린다. 그래프3.2는 이러한 데이터를 나타낸 것이다. 운전 중 냉동기의 합계유량이 부하유량보다 많을 때에는 연결통로관과 가장 가까운 계통의 송수온도가 상승한다(이 건물에서는 각 냉동기에 유량계가 붙어 있으므로 이러한 검토가 가능하다).

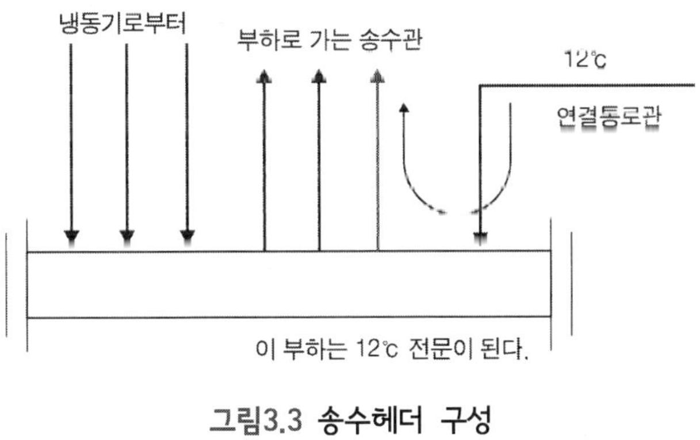

그림3.3 송수헤더 구성

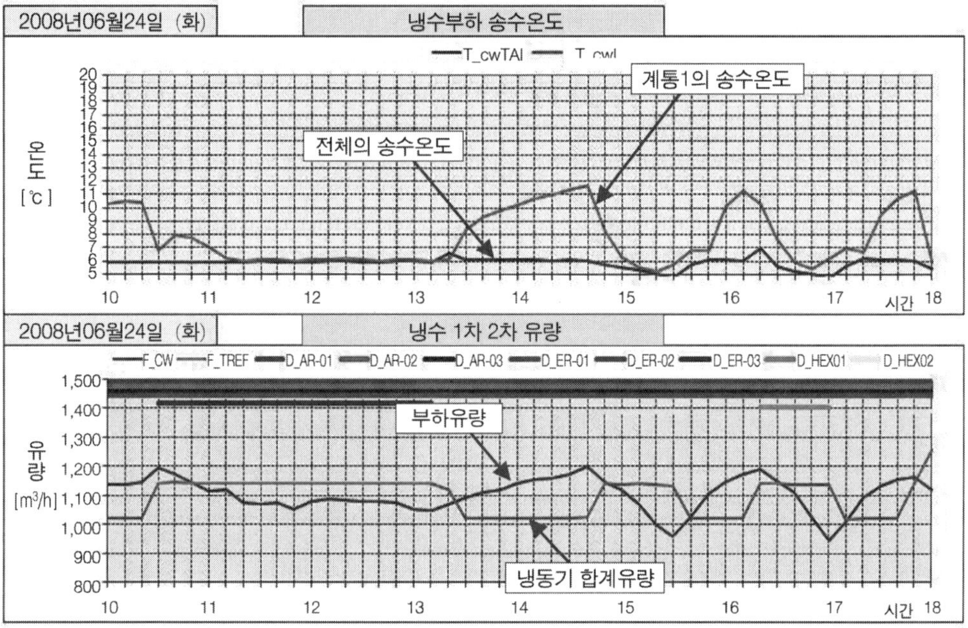

그래프3.2 1차 및 2차 수량과 송수온도

결국 이 건물에서는 어쩔 수 없이 사람의 판단에 의해 대수제어가 행해지고 있다. 이렇듯 헤더에 관한 시공상의 문제는 건물을 가동한 후에는 좀처럼 수정하기 힘들며 이것이 대수제어의 자동화를 불가능하게 하는 이유 중의 하나가 된다.

3.1.4 헌 팅

그래프3.3은 냉동기가 운전과 정지를 반복하는 헌팅현상이 발생한 예이다. 대수제어를 자동으로 실시할 때 자주 발생하는 예이며 부하열량과 냉동기 용량의 균형에 따라 언제라도 발생할 수 있는 트러블이다. 냉동기의 종류에 따라서는 기기수명을 줄이는 요인이 된다. 건물 관리자는 이러한 현상을 한두 번 겪으면 냉동기의 대수제어를 기피하게 된다.

3.1.5 자동 운전 및 정지

대수제어라는 것은 아무리 부하가 적을 때라도 반드시 1대 이상은 운전하는 것이 전제조건이다. 즉, 가동되고 있으므로 부하량이 '많다' '적다' 하는 판단을 할 수 있고 정지에 관한 판정은 가능하나 가동에 대한 판정은 불가하다.

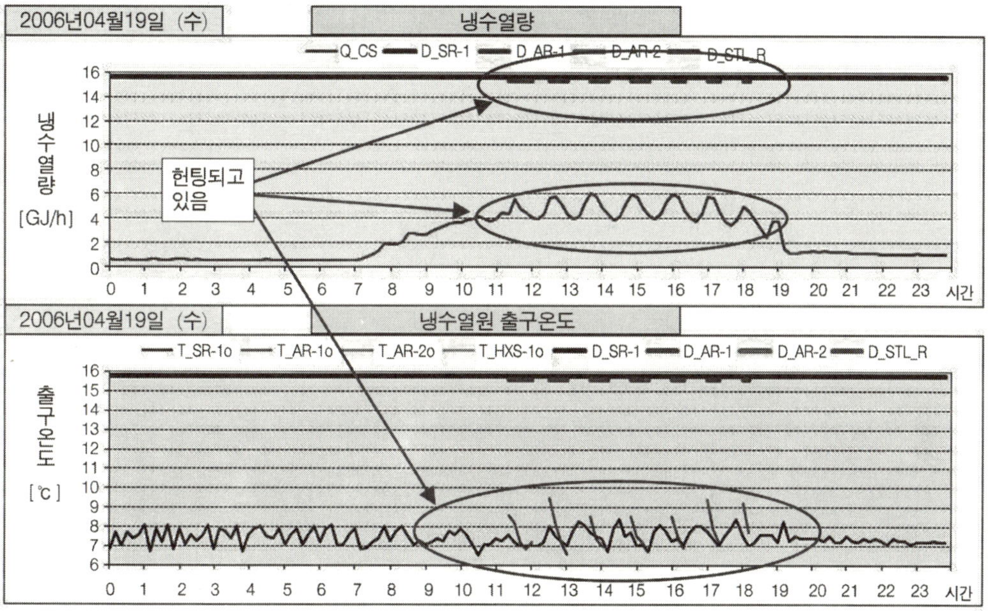

그래프3.3 헌팅운전이 되고 있는 예

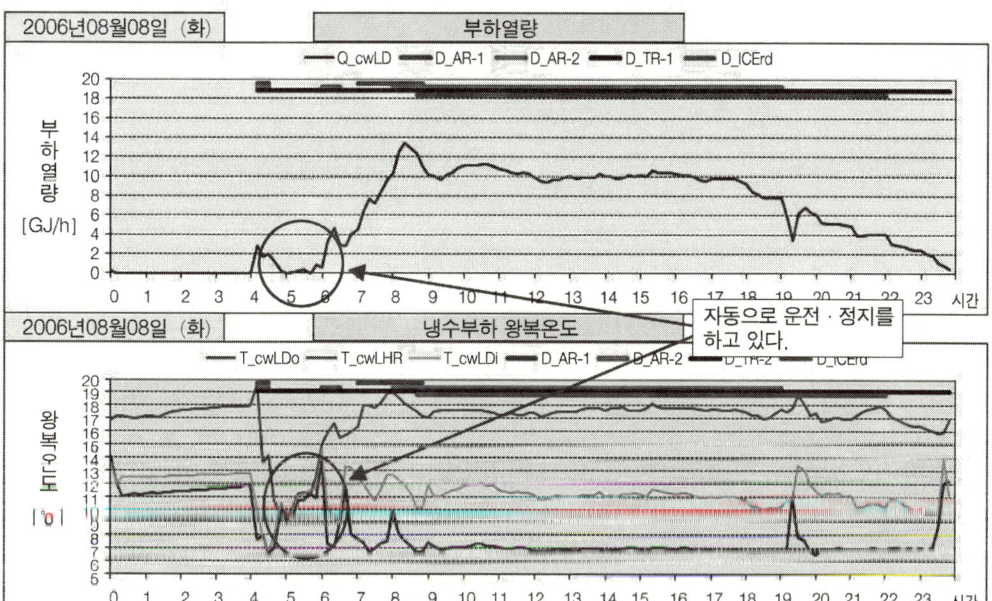

그래프3.4 냉동기의 자동 운전 · 정지 1

그래프3.4의 사례 역시 대수제어를 자동으로 하였으나 바람직하지 못한 결과가 나타난 예이다. 오전 4시부터 냉동기(열원) 운전을 시작하였는데 상단 그래프의 부하열량 그래프를 보면 5시에 부하열량이 "0"이 되어 있다. 하단 그래프의 냉수부하 왕복온도를 보면 이 시간대는 왕복온도에 차이가 없다. 열부하가 너무 적으므로 냉동기가 자동으로 정지되어 있는 것처럼 보인다. 6시에 송수온도가 상승하여 정상운전으로 복귀되었으므로 이러한 추측은 사실일 것이다.

주간 트렌드로 전환하여 확인하면 그래프3.5가 된다. 상단 그래프가 여름철, 하단 그래프가 중간기이며 거의 매일 이러한 운전이 반복되고 있다는 것을 알 수 있다. 경우에 따라서는 오전 4시부터 냉수를 요구하는 거주자 또는 점포가 있을 수 있다. 이 경우 에너지 낭비는 물론 냉동기 수명 단축의 우려가 있다.

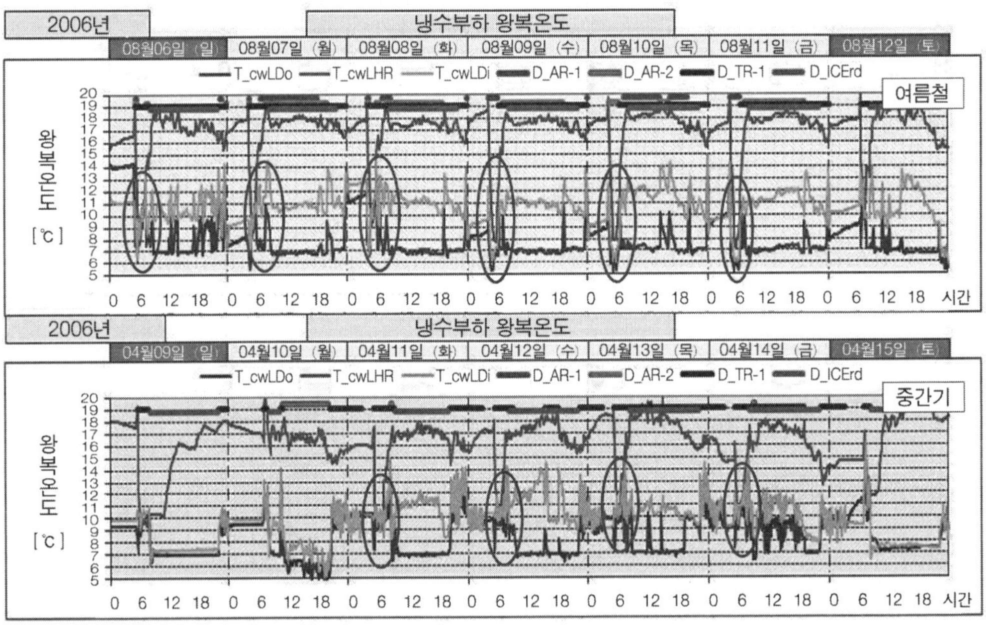

그래프3.5 냉동기의 자동 운전、정지의 주간 트렌드

그래프3.6은 야간에 자동으로 운전、정지가 이루어지는 다른 건물의 사례이다. 건물관리자의 입장에서는 연간 냉수를 필요로 하는 거주자 또는 점포와의 계약을 우선시하므로 상기의 기술적 측면만으로 냉동기를 인위적으로 정지시킬 수 없는 것이다. 초고층건물 등 고급 건물에서 이런 경향이 더욱 강하다.

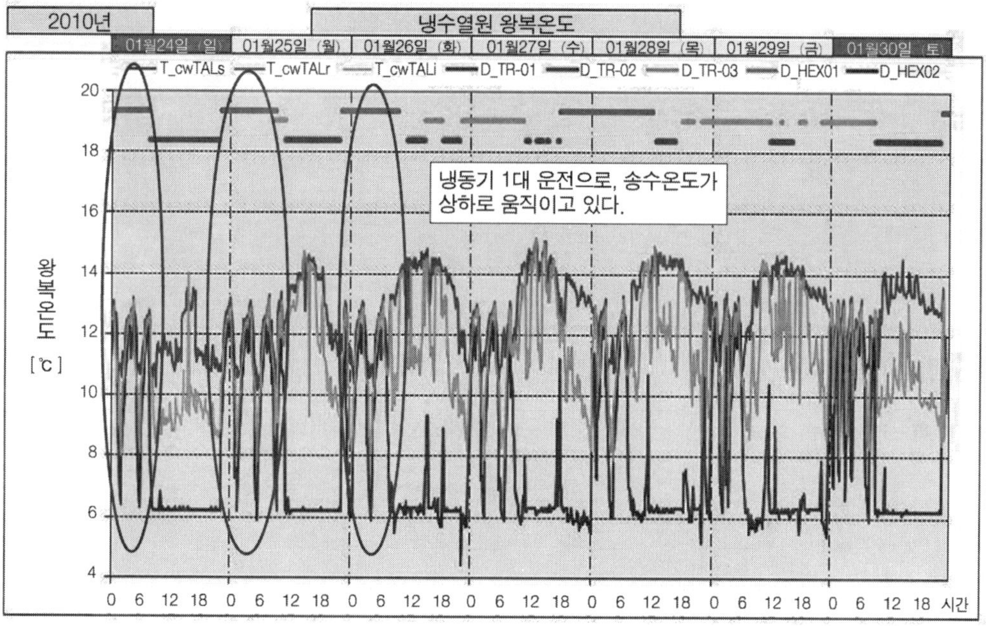

그래프3.6 냉동기의 자동 운전 · 정지 2

해결책으로는 적은 열부하량에 맞는 작은 냉동기를 증설할 수밖에 없다. 리모델링 및 냉동기 증설 시에는 이러한 상황도 고려하여 냉동기를 선택해야 하는데 의외로 이 부분이 간과되어 동일한 용량의 냉동기만을 교환하는 경우가 많다.

3.1.6 불필요한 운전을 하기 쉬운 시간대

일반적인 건물의 냉수 열부하 패턴은 그림3.4와 같은 형태를 많이 보인다. 운전 개시부터 오전까지는 열부하가 증가하지만 저녁부터 야간으로 갈수록 부하는 계속해서 감소한다. 오전에 열부하가 증가하는 패턴에서는 송수온도가 상승하므로 이것을 지표로 하여 냉동기를 추가하여 운전하면 된다. 하지만 열부하가 감소하는 오후 패턴에서는 냉동기는 용량제어 기능을 가지고 있으므로 용량을 줄여 운전한다.

가령 10이라는 부하에 대해서는 3.3씩 3대로 운전하는 것도 가능한 방법이다. 냉수제조능력이 적을 때에는 에너지 소비량도 적어지는데 냉수/냉각수펌프 등의 영향도 있으며, 비례관계가 아니므로 효율이 나쁜 운전이 되기 쉽다. 일정 수준보다 낮은 부하상태에서 냉동기가 운전되고 있는지 간단하게 파악하는 방법은 그래프3.7과 같이 부하로부터의 반환온도와 냉동기 입구온도를 비교하면 된다. 냉동기 입구온도가 반환온도에 가까워지면 냉동기 부하율이 높고 이것이 송수온도에 가까워지면 냉동기 부하율은 낮아진다.

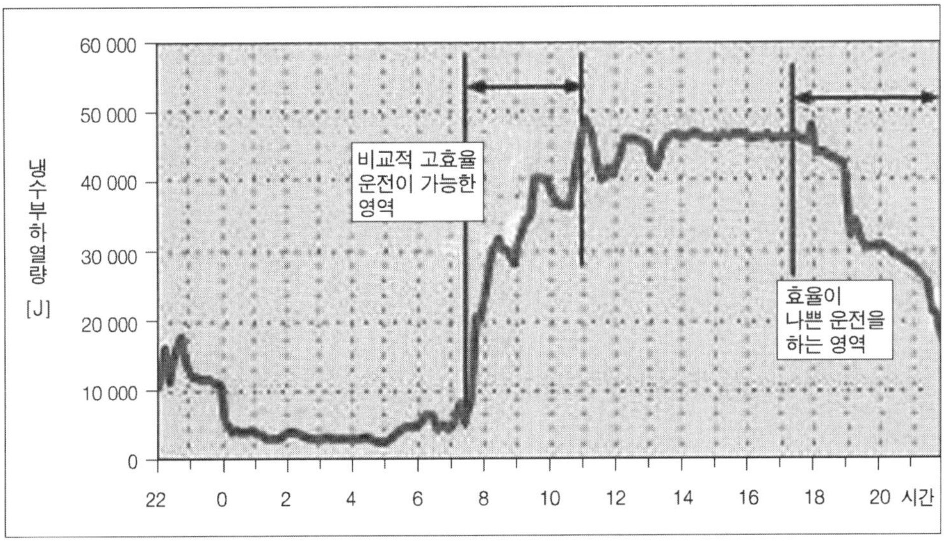

그림3.4 일반적인 냉수부하 패턴

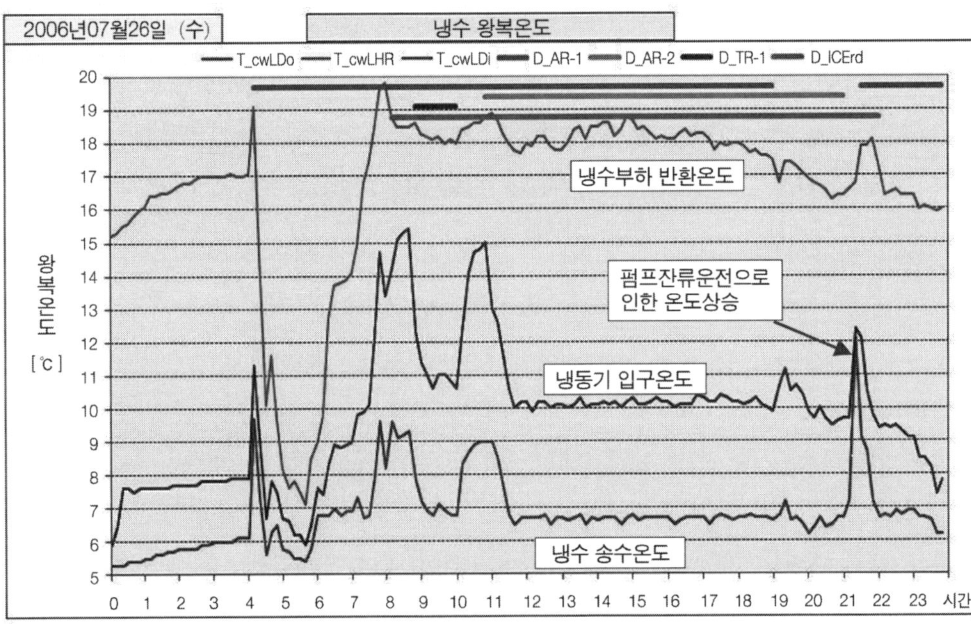

그래프3.7 부하측에의 왕복온도와 냉동기 입구온도

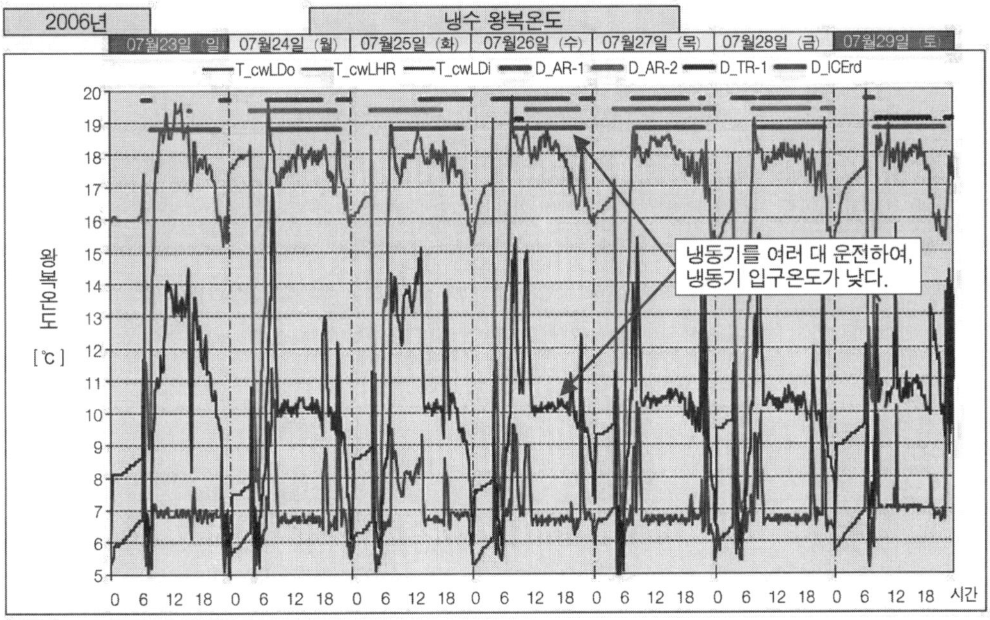

그래프3.8 냉동기 입구온도 변화

21시 경에 냉동기가 2대 운전에서 1대 운전이 되었을 때, 송수온도가 일시적으로 상승하는 것은 냉동기를 정지한 후의 펌프 잔류운전의 영향 때문인 것으로 보인다. 그래프3.8은 동일한 사례를 1주일 연속으로 파악한 것이다. 하루 동안 냉동기 운전대수가 많을 때에 냉동기 입구온도가 낮은데 매일같이 이런 운전이 반복되고 있는 것을 알 수 있다.

3.2 대수제어의 문제점 해결책

3.2.1 헤더의 문제

일반적으로 공조설비 계기장비도에서는 헤더 주변을 그림3.5(a)와 같이 표현한다. 도면이란 그림3.5(b)와 같이 그 기능을 확실하게 제시해 주지 않으면 안 된다. 이렇게 해 두면 시공단계에서 여러 가지 방안을 생각할 수 있다.

그림3.6은 실제 시공 사례이며 2층 건물 구조를 잘 이용하여 고려한 흔적을 엿볼 수 있다. 계기장비도를 알기 쉽게 만드는 것은 중요하며 기능 표현을 생략해서는 안 된다.

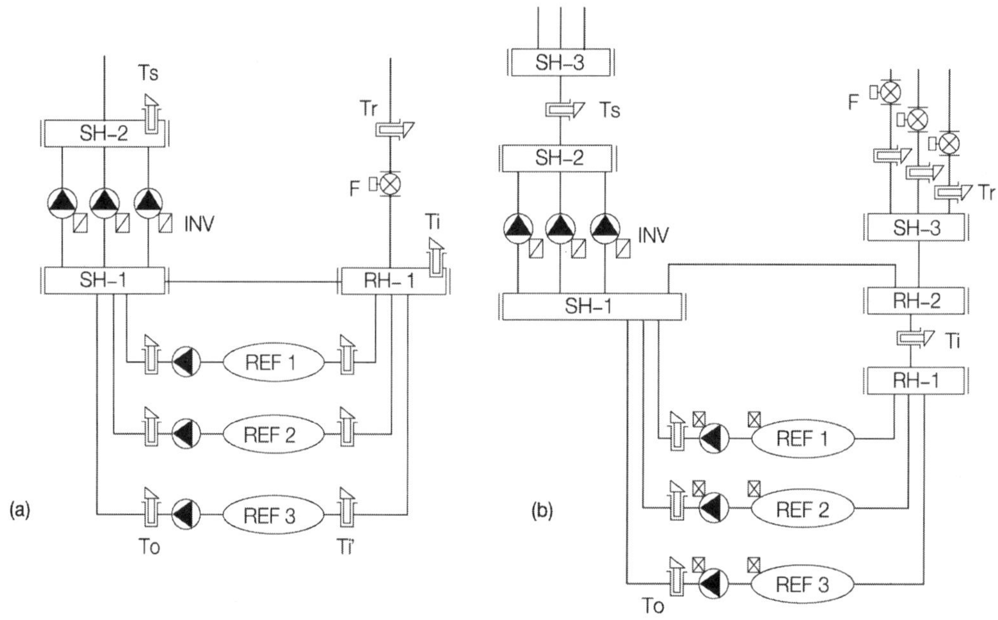

그림3.5 송수·반환수 헤더의 조립방법

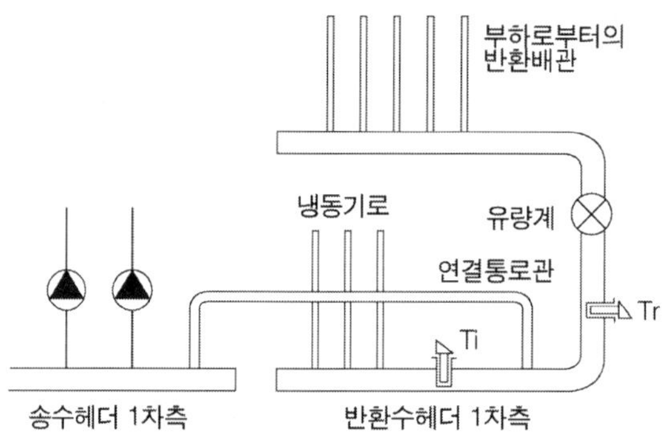

그림3.6 바람직한 헤더구성 사례

3.2.2 냉수부하 저온반송

열량만을 가지고 냉동기의 대수를 제어하는 판단을 하기에는 파라미터가 단순하기 때문에 적절하지 않으므로 송수온도·반환수온도·유량의 비교를 통한 로직구성이 바람직하다. 하지만 그림3.7과 같이 열량비교를 기본으로 하여 여기에 송수온도 체크를 추가하는 정도가 현실적으로 이루어지는 제어로직 수준이나, 이 로직의 결점은 부하로부터 반환되는 온도가 낮을 경우 대응하기 힘들다는 것이다.

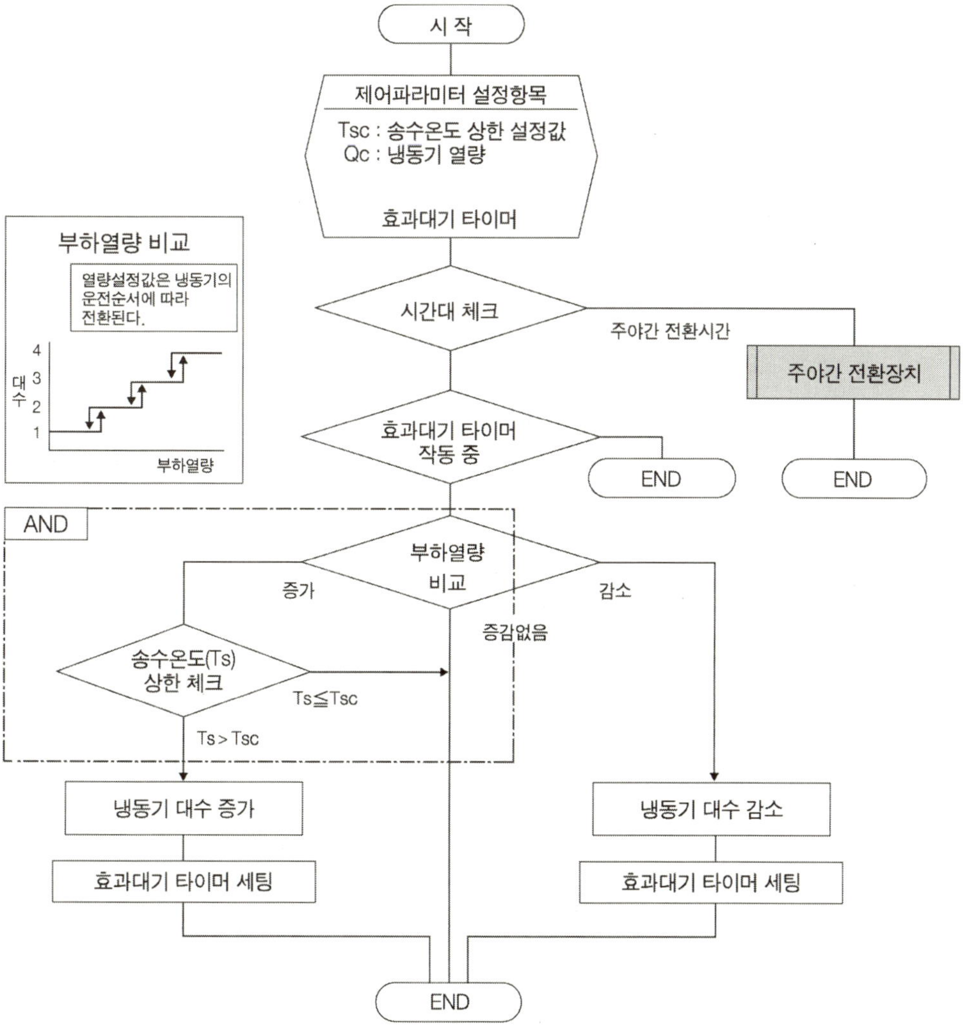

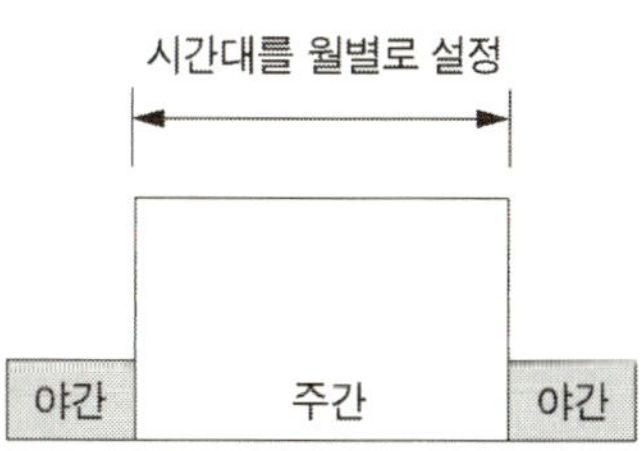

야간(월별 야간시간대)			
월	1대째	2대째	3대째
1월	ER		
2월	ER		
3월	ER		
4월	ER		
5월	ER		
6월	ER	AR1	
7월	ER	AR2	
8월	ER	AR1	
9월	ER	AR2	
10월	ER		
11월	ER		
12월	ER		

주간(월별 야간시간대)			
월	1대째	2대째	3대째
1월	ER		
2월	ER		
3월	ER		
4월	AR1	AR2	
5월	AR2	AR1	
6월	AR1	AR2	ER
7월	AR2	AR1	ER
8월	AR1	AR2	ER
9월	AR2	AR1	ER
10월	AR1	AR2	
11월	AR1		
12월	ER		

그림3.7 냉동기 대수제어 권장 로직 플로

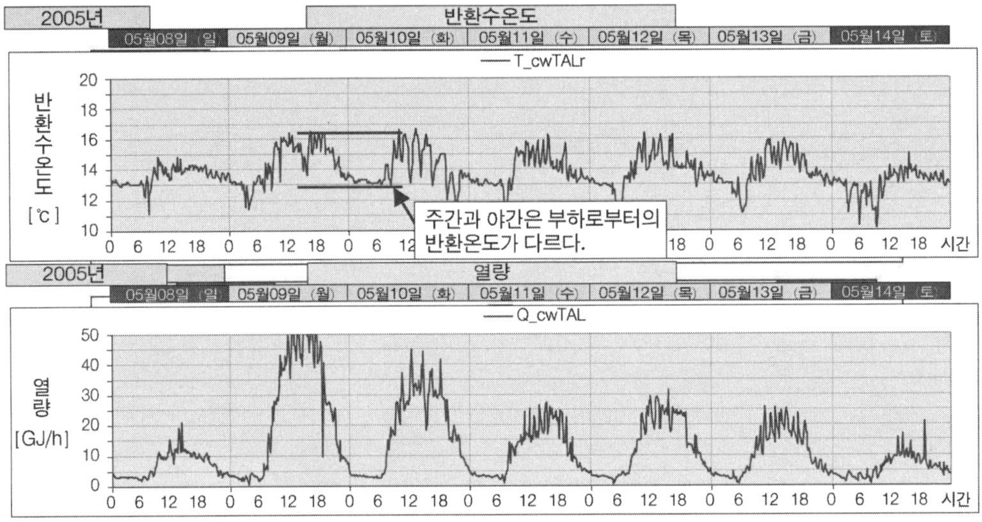

그래프3.9 야간의 냉수반환온도 저하

그래프3.9와 같이 부하측으로부터의 반환되는 냉수온도는 낮시간 동안 변동이 일어난다. 이는 공조기 제어 등의 영향을 받기 때문이다. 이 건물의 공조기 시스템은 VAV 방식이며 급기온도 설정을 12℃의 고정값을 사용하고 있어 열부하가 적은 야간에도 같은 온도조건으로 급기된다. 그 결과 실내온도가 점점 낮아지는 상황이 발생하는 것이다. 공조기의 온도 설정은 건물주 및 거주자와 직접 관련되는 문제이므로 열원의 조건으로 생각할 수 없는 경우가 많다. 이와 같이, 건물의 계획 및 시공 단계에서는 생각하지 못했던 방법으로 건물이 운용되는 경우가 자주 있으므로 이에 대응할 수 있는 방법으로 구성해 두는 편이 좋다.

3.2.3 바람직한 대수제어 로직

냉동기의 능력변동과 부하열량계측에 대한 문제점의 해결은 그림3.7과 같은 냉동기 대수제어 플로를 채택하여 해결할 수 있다. 이 플로는 부하열량에 따른 대수제어를 기본으로 하고 송수온도 상승 시에 추가적으로 냉동기를 가동하는 판단을 도입한 것이다. 대수 증가의 기준이 되는 냉동기 송수온도 설정값의 경우, 부하가 적은 계절에는 10℃정도까지 과감히 올려도 된다. 냉동기의 냉수 출구온도 설정도 이것과 연동시켜 효율을 더욱 높여야 한다. 이렇게 하면 냉동기 능력의 대소차이에 관계없이 추가적인 냉동기 운전을 요구할 수 있다. 또한 24시간 운전하는 건물에서는 야간과 주간의 대수제어 순위를 별도로 설정해 두면 대수제어를 효과적으로 할 수 있다.

제4장

축열 및 방열

4.1 축열조 운용의 문제점

축열조에 열을 저장하는 것에 신경을 쓴 나머지, 정작 저장된 열을 사용하는 것을 소홀히 하는 경우를 자주 보게 된다. 저장한 것은 제대로 다 사용해야 비로소 의미가 생기는 것이므로 여기서는 주로 방열기술에 대한 설명을 하려고 한다.

일반적으로 축열조 용량이 최대부하까지 커버할 수 있을 정도로 크고 그 이외의 열원이 없는 경우에는 축열조를 효과적으로 사용하는 비율이 높아진다. 또한 축열조 용량이 최대부하의 30% 정도라고 해도 겨울철이나 중간기에는 축열조만으로 전체 부하를 커버할 수 있는 날이 있으므로 축열조 시스템에서는 이러한 부분까지 염두에 두어야 한다.

터보 냉동기 방식이나 흡수식 냉동기 방식과 같이 전력이나 가스 등의 외부에너지로 움직이는 열원은 에너지원의 공급이 끊어지는 일은 생각하지 않아도 된다. 하지만 축열조는 다 사용하게 되면 더 이상 열원이라고 할 수 없다. 게다가 저장된 열은 모두 다 사용하는 편이 효율이 좋고, 열량을 남기는 것은 좋지 않은 등의 복잡한 측면이 있다.

전지 등의 소규모 등을 제외한 전력 에너지의 커다란 특징은 발전소에서 만들어져 수요측의 말단설비에 공급되기까지 저장할 수가 없다는 것이다. 즉 소비하는 전력량에 맞추어 발전량을 정해야 하는 복잡한 측면이 있다. 전력 수요는 그림4.1과 같이 주간이 야간의 2배 정도이다. 이 문제에 대해 주야간 전력 수요 비율을 개선하여 부하측의 전력소비 패턴 구조를 바꾸려는 대응책이 고려되고 있다. 이러한 발상은 태양광 발전 및 풍력 발전 등을 이용한 스마트그리드 등에서도 동일하게 작용된다.

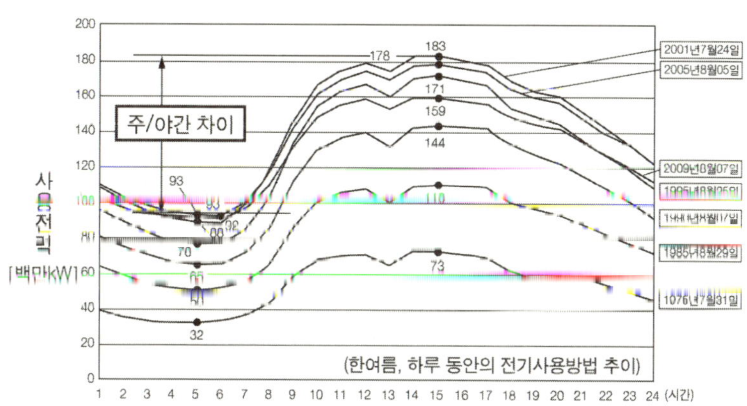

그림4.1 1일 시간별 발전량(출처: 일본전기사업연합회 홈페이지)

축열조의 운용을 통해 운용비용(Running Cost)은 절감할 수 있지만, 펌프동력이 증가하는 만큼 전체 에너지량도 늘어나므로, 엄연히 이야기해서 에너지절감이 되는 것은 아니다. 축열조를 효과적으로 이용하면 주야간 비율이 높은 전력소비 구조가 평준화되며, 이에 따라 발전시스템의 부하저감을 유도할 수 있다. 건물 단위가 아닌 거시적인 의미에서의 에너지절감이라는 것을 파악해 두어야 할 것이다.

4.2 축열시스템의 1일 시간단위

전력회사에는 22시~8시를 야간시간대(또는 심야시간대)라고 하여 전력요금을 저렴하게 부과하는 체계가 있다. 또한 주간의 13시~16시를 전력을 가장 많이 소비하는 피크타임대로 정하고 있다. 이 피크시간대에 축열조 방열을 중심으로 운전에 대해 고찰해 보기로 한다. 이를 위해 그림4.2와 같이 1일을 야간、오전、피크、오후라고 하는 4모드로 구분한다. 기본적으로 야간 → 오전은 8 : 00, 오전 → 피크는 13 : 00, 피크 → 오후는 16 : 00, 오후 → 야간은 22 : 00으로 한다. 단, 이러한 구분은 상황에 따라 유동성을 발휘할 수 있도록 한다.

또한 여기서는 축열의 경우 빙축열과 수축열로 나누지만, 방열은 동일하게 취급한다.

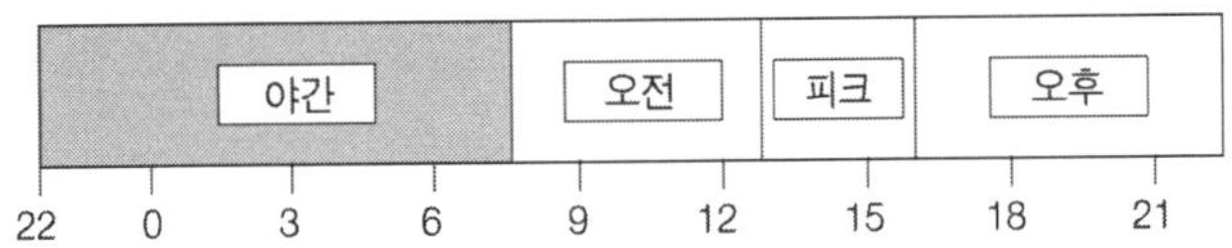

그림4.2 검토하고자 하는 축열시스템의 시간구성

4.3 빙축열의 축열량 산출

부하측 열량계측 등과 달리 축열량의 계측은 가상 상태를 산출하는 방식이 될 수밖에 없다. 축열조에 저장된 열을 하루하루 모두 소진하는 것이 일종의 암묵적 약속처럼 되어 있는 시스템에서는 그래프4.1 상단 그래프와 같이 축열조 출구온도가 송수온도와 동일해지는 시점에서 방열완료를 하고 축열량을 “0”으로 정의해도 된다.

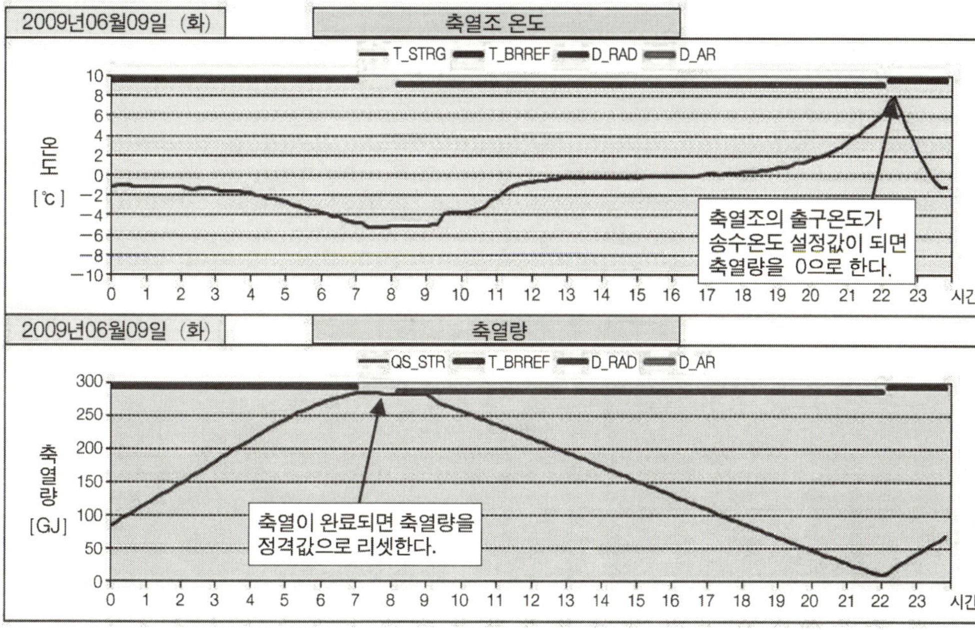

그래프4.1 축열량의 리셋

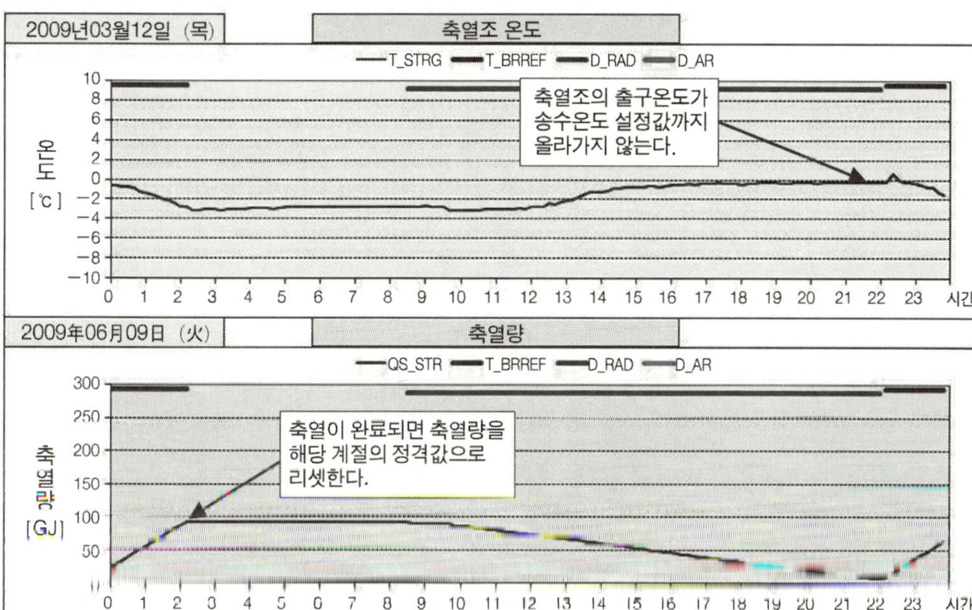

그래프4.2 축열조 출구온도가 송수온도까지 올라가지 않을 때

하지만 그래프4.2 상단 그래프에서와 같이 축열조 출구온도가 낮은 채로 운전종료시간을 맞이하게 되는 경우도 있다. 따라서 그래프4.1, 4.2의 하단 그래프와 같이 축열완료 시점을 기준으로 한 정격 축열량으로 리셋하는 방법이 무난하다.

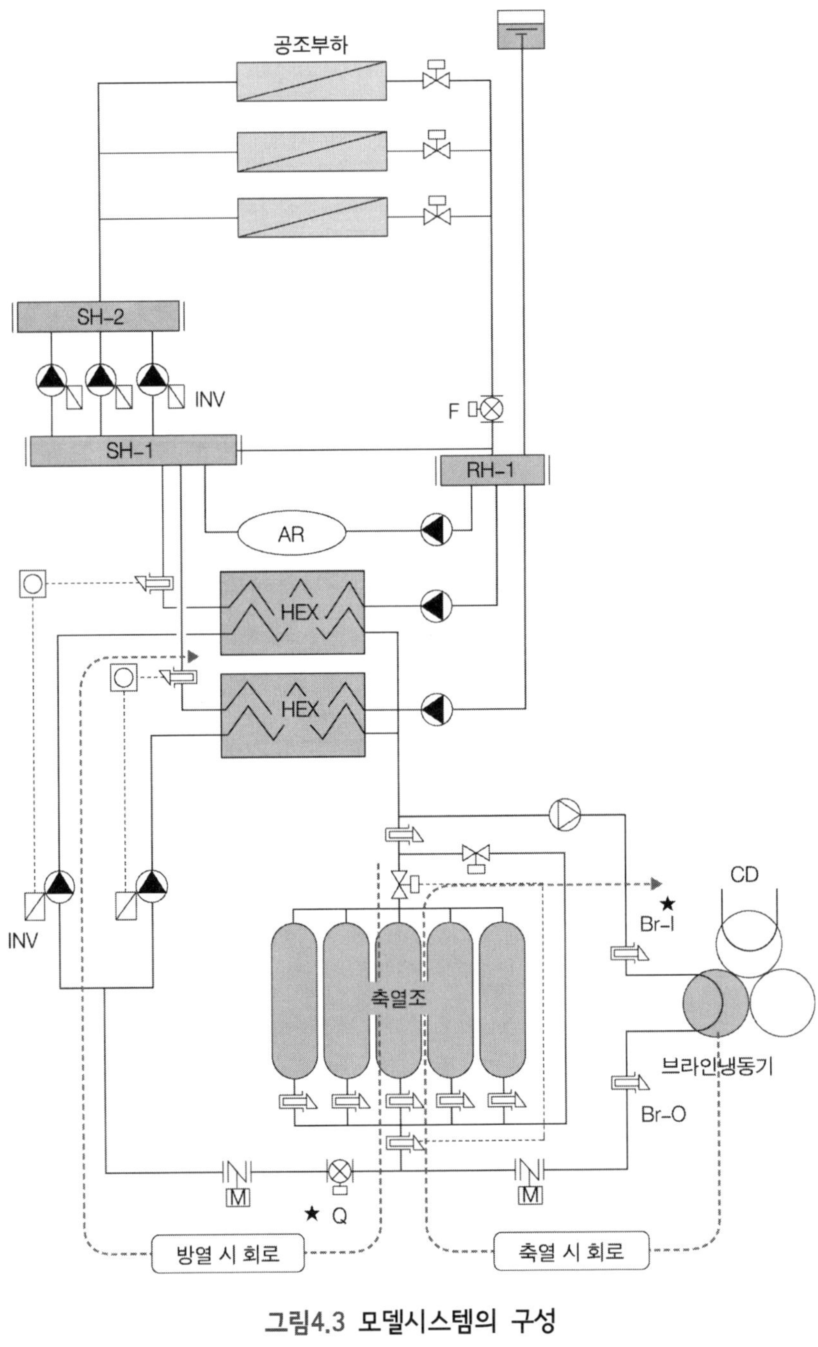

그림4.3 모델시스템의 구성

빙축열 시스템의 경우 그림4.3의 브라인 냉동기 입구온도(Br－1)가 일정 온도에 도달한 시점에서 축열을 완료하는 예가 많다. 따라서 이 시점에서 설정한 축열량으로 리셋하면 크게 무리가 없다. 이 값으로 방열한 열량을 순차적으로 줄여나가며 실시한 것이 해당 시점의 축열량(순간값)이 되므로 방열열량 계측(그림4.3에서의 열량계 Q)이 필요하다.

축열조온도가 (+)일 때에도 축열조 내에 얼음이 일부 남아있는 경우도 있으므로 축열량의 정의를 너무 엄밀히 할 필요는 없으며 기준 정도로만 생각해 두는 것이 좋다. 중요한 것은 항상 동일한 기준으로 측정한다는 것이다. 축열량 리셋값에 관해서는 제6항 「빙축열에서의 에너지절감 운전」을 참조하도록 한다.

4.4 방열제어

4.4.1 축열조 열량만으로 부하를 커버할 수 있을 때의 방열제어

보통 축열조 냉각용 냉동기는 22시～8시까지 10시간의 운전으로 축열 100%가 가능한 용량으로 선정한다.

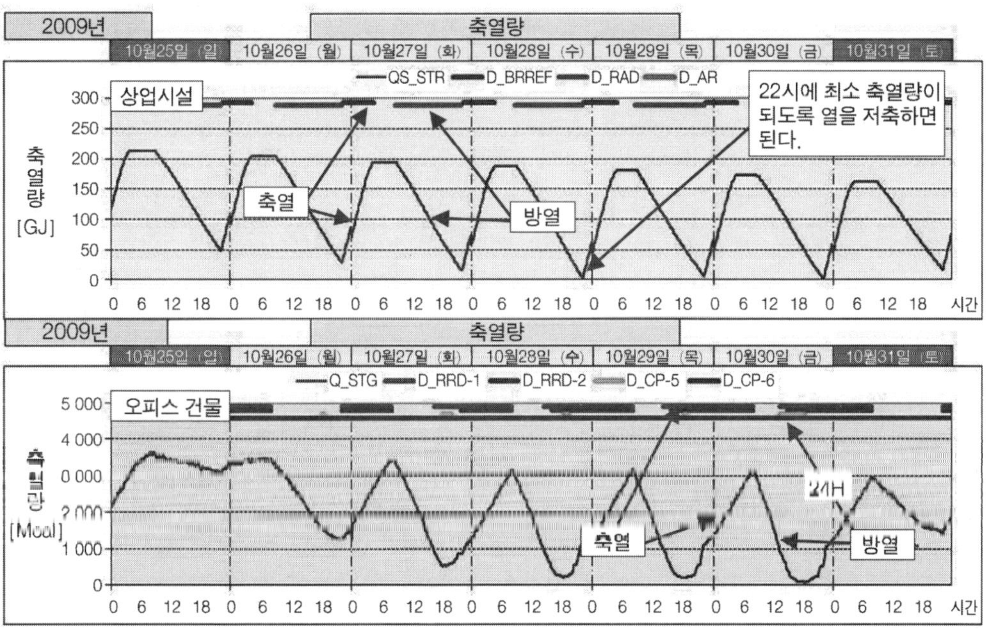

그래프4.3 부하열량이 축열조 용량보다 적을 때의 축열조 운용

그래프4.3은 상업시설(상단)과 오피스건물(하단)의 축열량 그래프이다. 부하열량이 축열조 용량보다도 적을 때의 운전상태로 주간에 냉동기 가동에 의한 추종운전이 필요 없는 예이다.

축열이 시작되는 22시에 축열량이 최소가 되도록 운전하면 되므로 상단 그래프의 상업시설 건물과 같이 휴일의 열부하가 평일과 비슷한 경우에는 방열운전이 용이하나, 하단 그래프의 오피스건물과 같은 경우는 휴일에 축열량을 다 소비하지 못할 때가 있다. 필요 축열량을 엄격하게 관리하기 위해서는 열부하를 예측할 필요가 있는데 이때 너무 정확하게 할 필요는 없다.

4.4.2 부하가 많을 때의 방열운전

주간시간대(8시~22시)의 부하열량 합계가 축열량보다 큰 경우, 22시~8시에 축열 냉동기 운전을 100%로 가동시키면 된다. 축열조에서 열교환기와 폐회로(Closed Loop) 계통의 흡수식 냉동기 운전시간을 조절하여 축열된 열을 모두 사용할 수 있도록 운전하는 것이 기본이다.

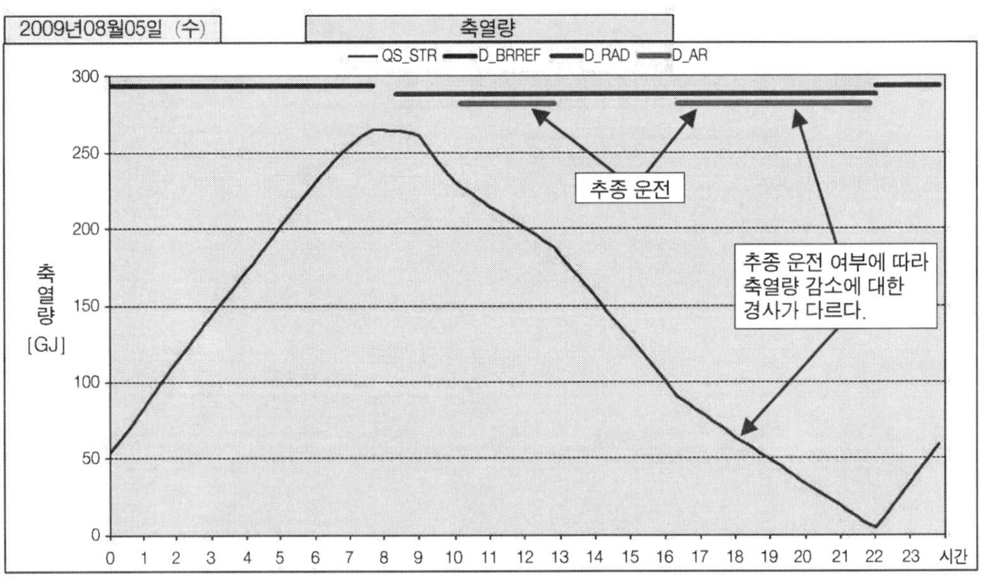

그래프4.4 부하가 많을 때의 축열조 운용(1일간)

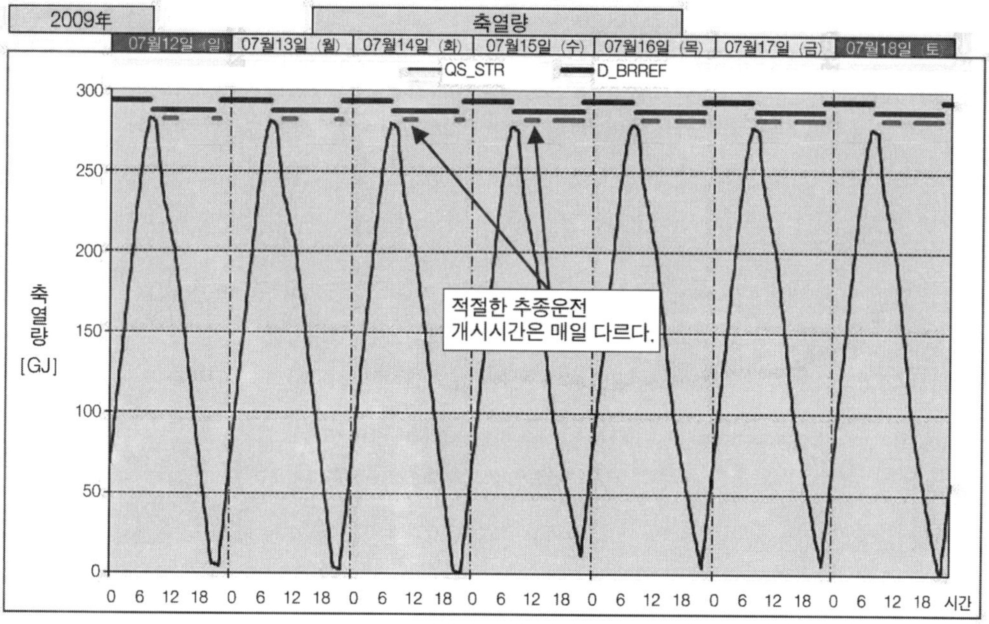

그래프4.5 부하가 많을 때의 축열조 운용(주간)

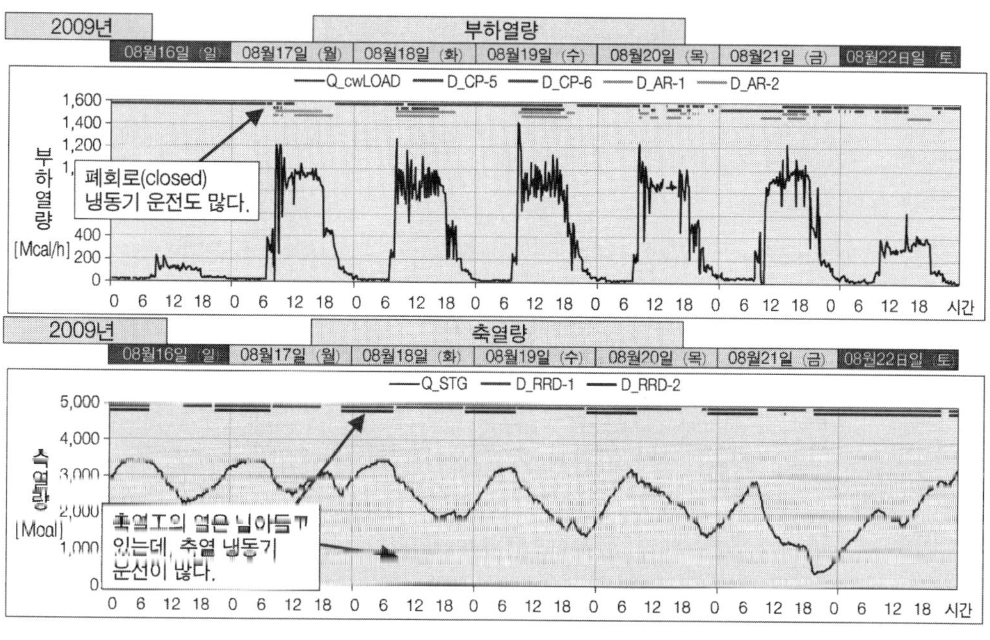

그래프4.6 축열조의 열을 다 사용하지 않는 예

그래프4.4는 그림4.3의 모델시스템에서 흡수식 냉동기 운전을 효율적으로 실시하여 22시에 최소 축열량이 되도록 컨트롤한 예이다. 13시~16시의 전력피크 시간대에 흡수식 냉동기를 정지시켜 전력소비를 최소로 하였다. 흡수식 냉동기를 운전하는 시간대에는 축열량이 감소되는 기울기가 완만해지고 있다. 이 데이터를 1주일 동안 나열한 것이 그래프 4.5이다. 추종운전 시작시간이 매일 조금씩 늦어지고 있는 것을 알 수 있다.

여기서도 열부하에 대한 정확한 예측이 요구되지만 22시의 시점에 남아있는 열량이 많거나 적다고 해서 운전시간을 그때마다 변경하는 것은 지양해야 한다.

그래프4.6은 저장한 열량을 모두 사용하지 못하고 남긴 예이다. 냉동기 운전이 너무 빈번히 일어나고 있으며 방열 타이밍에 대해 제대로 이해하지 못한 부분이 보인다. 또한 축열조에 열량이 남은 것과 상관없이 축열조 냉동기를 반복해서 운전하고 있다. 축열조 운용의 기본은 야간시간대가 시작되는 22시에 축열 운전을 시작하고 다음 날 22시에 축열조의 열량을 모두 소진하는 것이다.

4.4.3 부하열량이 적을 때의 방열제어

4계절이 뚜렷한 기후에서는 전체 열부하에 비해 축열조 용량이 적은 경우에도 효과적인 축열운전을 할 수 있다. 계절에 따라 1일목표 축열량을 조절하면 방열운전만으로도 건물의 부하를 모두 커버할 수 있는 것이다(제6장 「빙축열에서의 에너지절감 운전」 참조).

그래프4.7에서 보듯 야간에 냉방부하가 없을 경우에는 축열운전이 시작되는 22시부터 축열용 냉동기를 가동하여 축열이 끝나는 대로 바로 정지시킨다. 축열운전이 종료되고 나면 아침8시까지 축열량의 감소가 없으므로 축열시간의 앞부분에 축열운전이 실시되는 것이다. 이를 편의상 초반 축열운전이라 하자.

야간에 부하가 많고 축열과 방열이 동시에 가능한 시스템인 경우, 오전 8시 시점에 낮에 사용할 열량을 확보하는 후반 축열운전 방식을 실시해야 한다. 따라서 1일 소비열량을 예측하여야 한다. 그러나 야간 부하를 어느 정도 미리 예상하여 축열을 완료시키는 것도 나쁘지 않다.

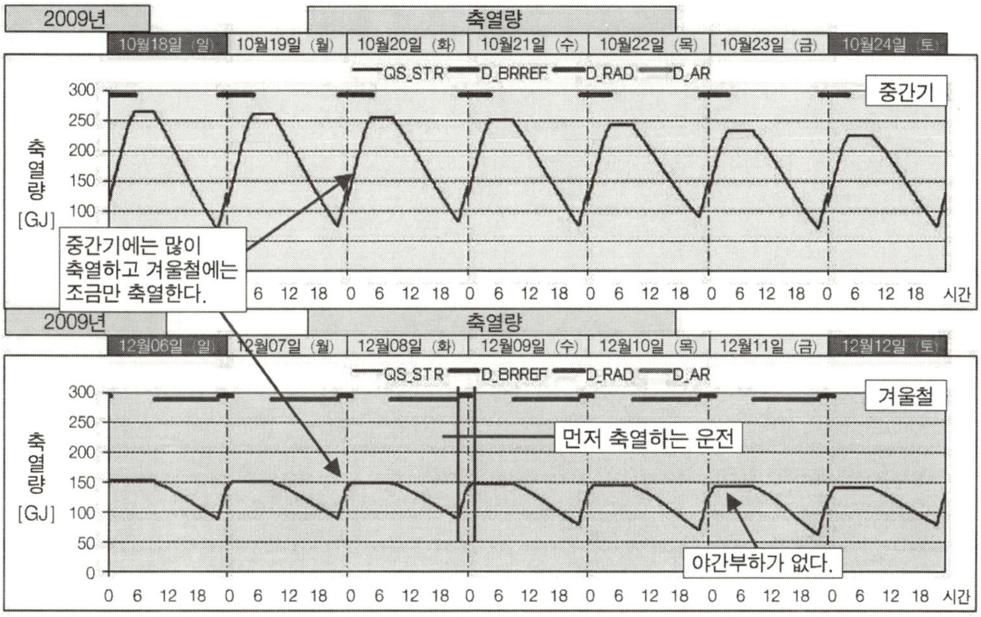

그래프4.7 부하가 적을 때의 축열량 관리(초반 축열운전)

4.5 열원 대수제어(폐회로계)

제3장 「냉동기 대수제어」에서 현재 일반적으로 널리 사용되고 있는 대수제어 로직보다 사람의 판단이 에너지절감에 유리하다는 취지의 설명을 한 바 있다. 그러나 축열조의 적절한 방열운전까지 고려하면 그림4.4와 같은 자동제어를 통하여 대수를 제어하는 것이 바람직하다. 대수제어 로직은 기본적으로 제3장 「냉동기 대수제어」에서 제시한 것과 동일하지만 1일 4패턴의 모드전환 시간과 방열종료에 따라 운전 열원기 전환이 추가된다.

(1) 모드전환 시간

그림4.2와 같이 1일을 4모드로 분할하여 생각하므로 모드전환 시간이 되면 그래프4.8과 같이 운전중인 열원기를 정지시키고 별도의 열원기로 전환하는 경우가 발생한다. 이 케이스는 8시에 열교환기 운전에서 흡수식 냉동기 운전으로 전환되고 13시에 흡수식 냉동기 운전에서 2대의 열교환기 운전으로 전환되고 있다. 당연히 8~13시 사이에 축열 열량의 감소는 없으며, 18시 경에 열부하가 적어짐에 따라 열교환기가 2→1대 운전으로 대수제어되고 있음을 알 수 있다.

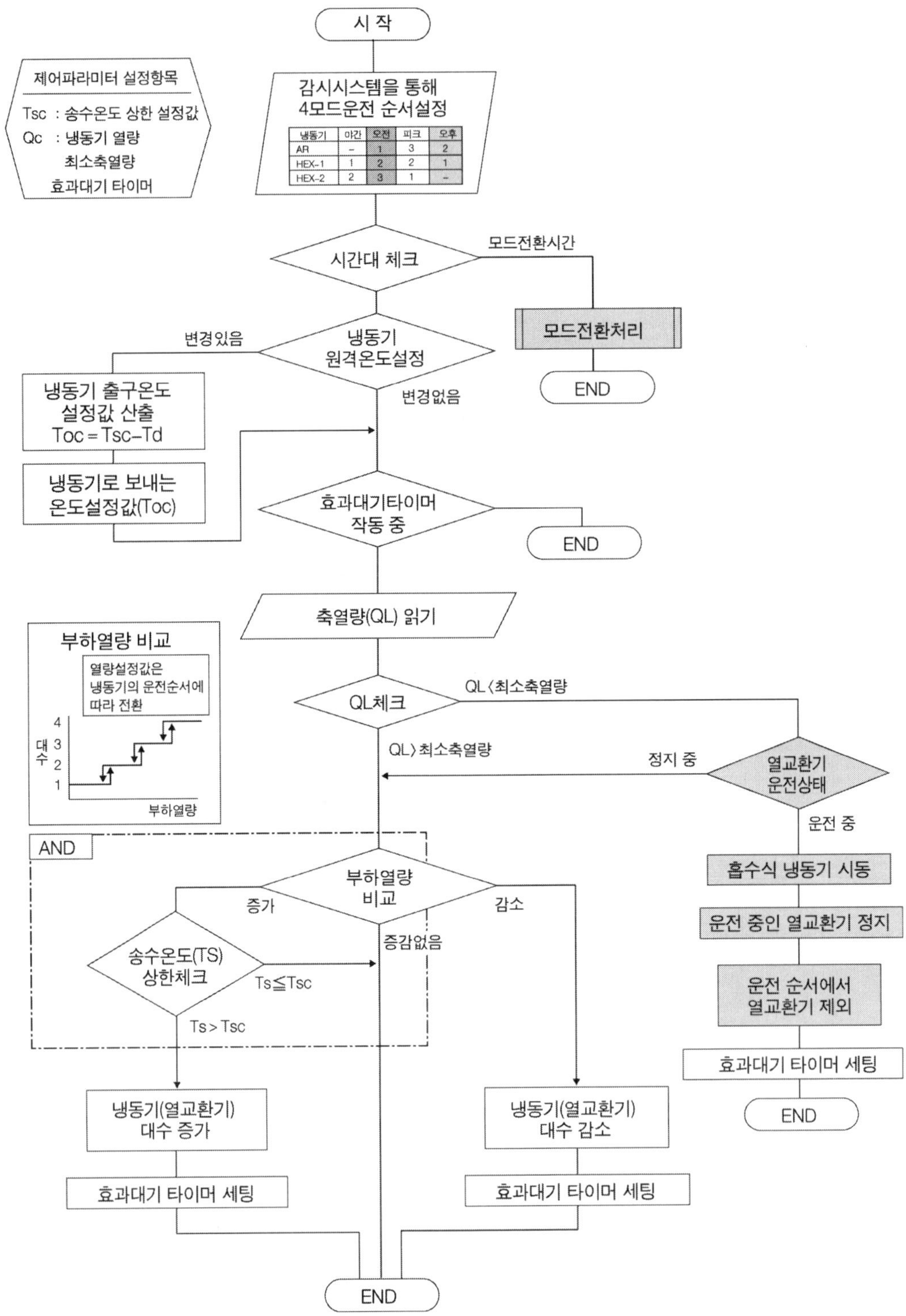

그림4.4 축열과 방열제어의 대수제어 로직 플로

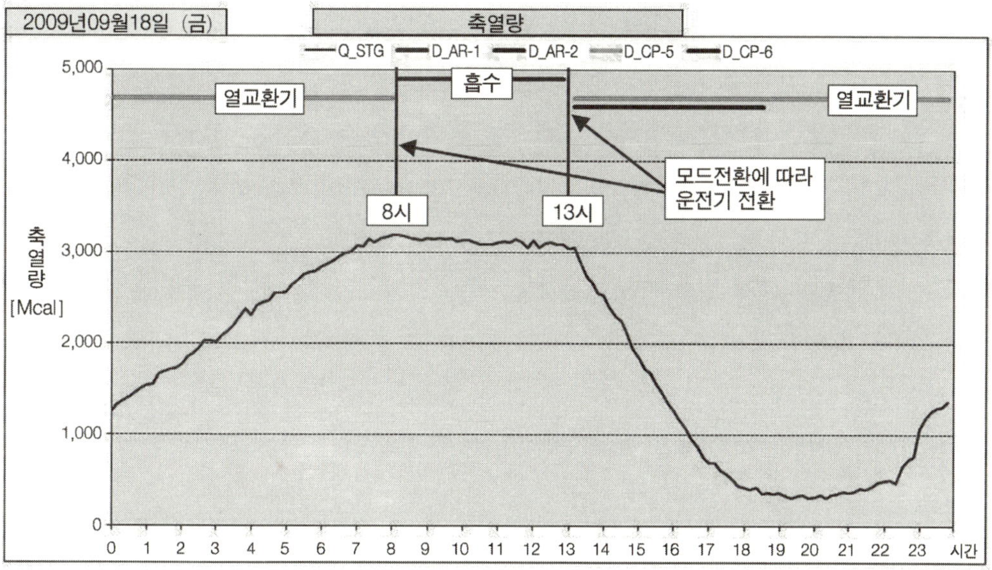

그래프4.8 모드전환에 따른 열원기의 운전정지

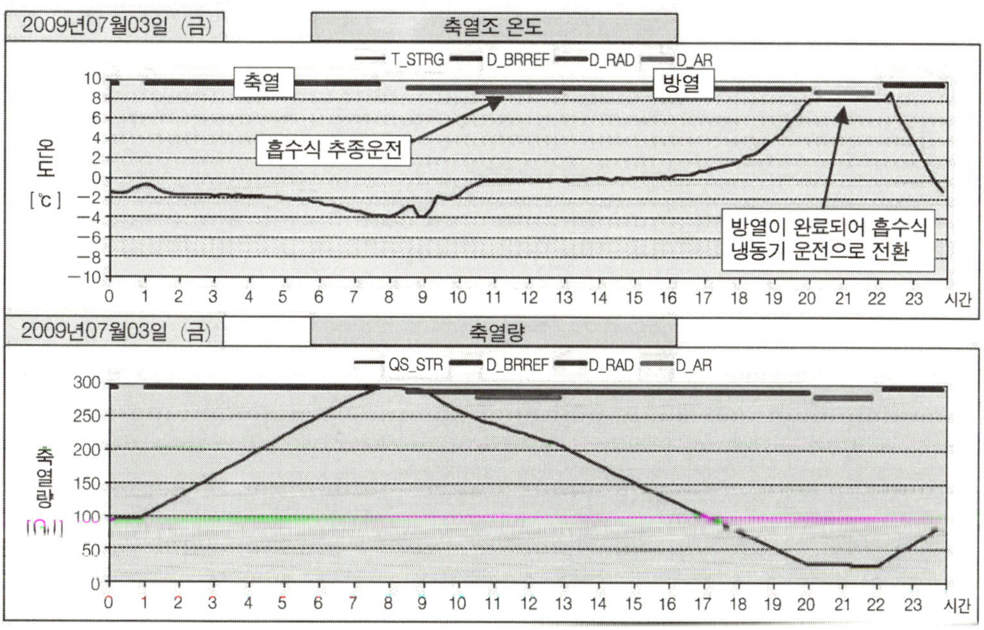

그래프4.9 방열완료에서 흡수식 냉동기로 전환

(2) 방열완료에 따른 운전기 전환

그래프4.9는 낮 시간에 방열운전과 흡수식 냉동기에 의한 추종 운전으로 방열량을 조절하였고, 다시 20시 무렵에 축열량이 "0"이 되자 열교환기 운전을 정지시켜 다시 흡수식 냉동기에 의한 운전으로 전환하고 있는 예이다. 방열운전이 의도대로 제어되지 않은 케이스를 보여준다.

따라서 축열운전을 통해 축열량을 회복하기까지 열교환기를 대수제어 순위에서 제외해야 한다. 로직을 이렇게 구성하면 축열조에 남아있는 열량이 전혀 없더라도 문제가 되지 않는다. 상단 그래프의 축열조 온도는 송수 설정온도인 7℃ 이상이며, 하단의 축열량은 원래 "0"이 되어야 하는데 그렇지 않은 것은 축열량 연산의 오차라고 봐야 할 것이다.

	야간(22~8시)		오전(8~13시)			피크(13~16시)			오후(16~22시)		
월	1대째	2대째	1대째	2대째	3대째	1대째	2대째	3대째	1대째	2대째	3대째
1월	—		HEX-1	HEX-2		HEX-1	HEX-2		HEX-1	HEX-2	
2월	—		HEX-1	HEX-2		HEX-1	HEX-2		HEX-1	HEX-2	
3월	—		HEX-1	HEX-2		HEX-1	HEX-2		HEX-1	HEX-2	
4월	—		HEX-1	HEX-2		HEX-1	HEX-2		HEX-1	HEX-2	
5월	—		HEX-1	HEX-2		HEX-1	HEX-2		HEX-1	HEX-2	
6월	AR		HEX-1	HEX-2	AR	HEX-1	HEX-2	AR	HEX-1	HEX-2	AR
7월	AR		AR	HEX-1	HEX-2	AR	HEX-1	HEX-2	HEX-1	HEX-2	AR
8월	AR		AR	HEX-1	HEX-2	AR	HEX-1	HEX-2	HEX-1	HEX-2	AR
9월	AR		AR	HEX-1	HEX-2	HEX-1	HEX-2	AR	HEX-1	HEX-2	AR
10월	—		HEX-1	HEX-2	AR	HEX-1	HEX-2		HEX-1	HEX-2	
11월	—		HEX-1	HEX-2		HEX-1	HEX-2		HEX-1	HEX-2	
12월	—		HEX-1	HEX-2		HEX-1	HEX-2		HEX-1	HEX-2	

그림4.5 운전 순위 설정 예

(3) 운전 순위 설정 예

그림4.5는 운전 순위를 설정한 예이다. 겨울철 및 중간기에는 오전부터 열교환기를 우선 가동 순위로 설정하고, 여름철의 오전과 피크 타임 때에는 흡수식 냉동기를 먼저 가동하여 축열의 감소량을 컨트롤하고 있다.

이 건물은 겨울철 및 중간기의 야간부하는 공조기를 이용한 외기냉방을 실시하므로 여름철 이외에는 야간에 냉동기를 운전하지 않는다.

4.6 빙축열의 에너지절감 운전

일반적으로 22시~8시를 야간시간대로 설정하고 있으므로 냉동기 용량은 축열조를 10시간 만에 냉열 100%로 축적할 수 있는 크기로 선정하는 경우가 많다.

그림4.6과 같은 터보식 냉동기는 브라인 출구온도(Br－O)를 일정하게 하도록 용량을 제어한다. 따라서 그래프4.10에서 보듯 출구온도가 설정값에 가까워지면 제조열량을 줄이게 되어 COP가 나빠진다. 빙축열 시스템에서 축열 완료 판정은 브라인냉동기 입구온도(Br－I)로 하는 경우가 많다. 이 사례에서는 Br－I가 －5℃가 되면 축열이 완료된 것으로 간주한다.

냉동기 능력이 감소하기 시작하는 6시 정도에 냉동기를 정지하면 효율적인 운전이 되지만, 이것으로는 축열량 100%를 만족시킬 수 없다. 마지막까지 100% 축열을 하고 싶다면 축열조나 냉동기를 크게 하는 수밖에 없다. 하지만 이 건물의 부하조건에서는 겨울철에 Br－I를 －3℃ 정도로 하더라도 부하열량에 대해 축열량은 만족할 수 있다.

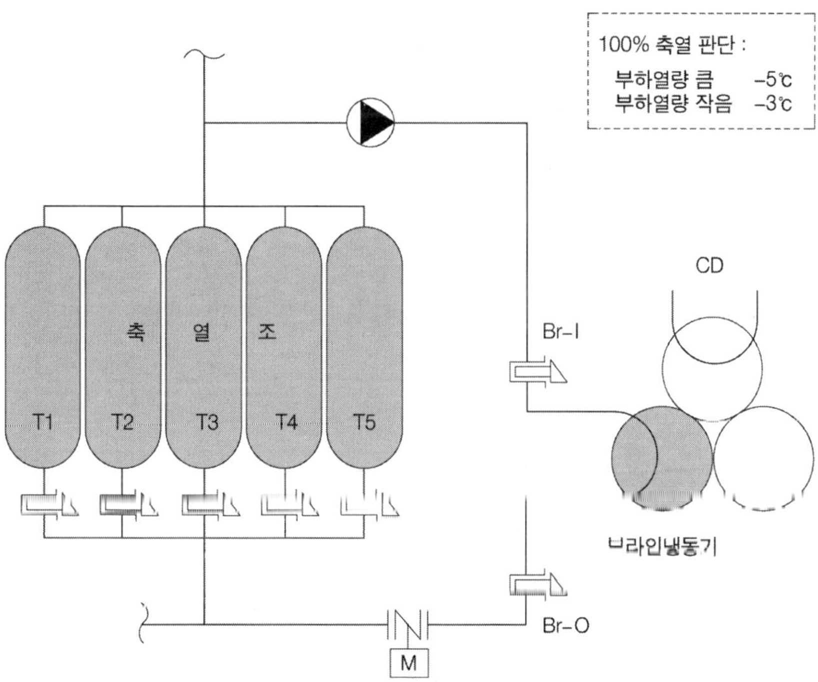

그림4.6 축열완료 판단

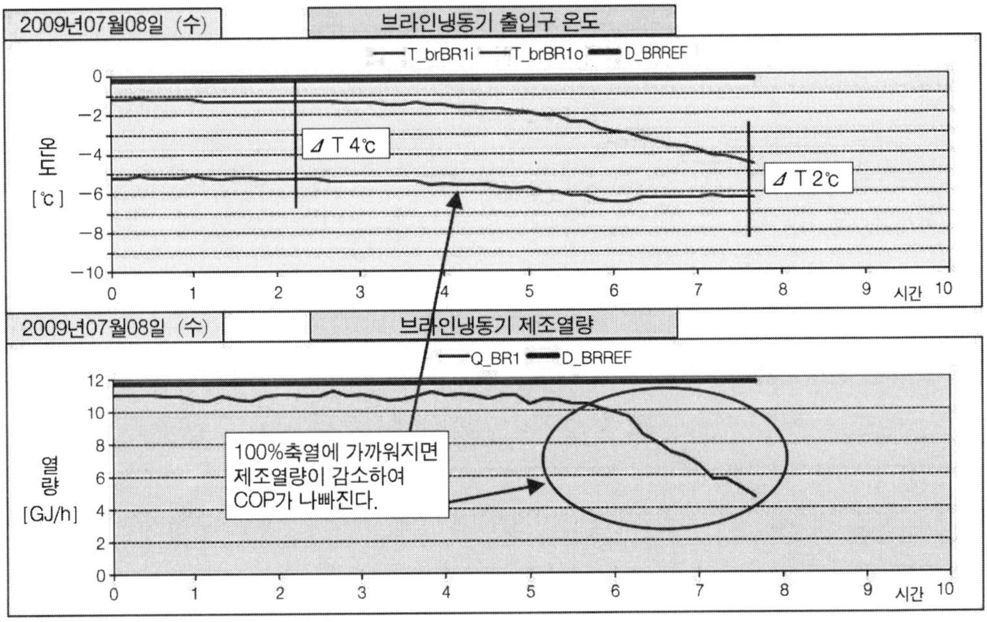

그래프4.10 만축열에 가까울 때의 냉동기 제조열량

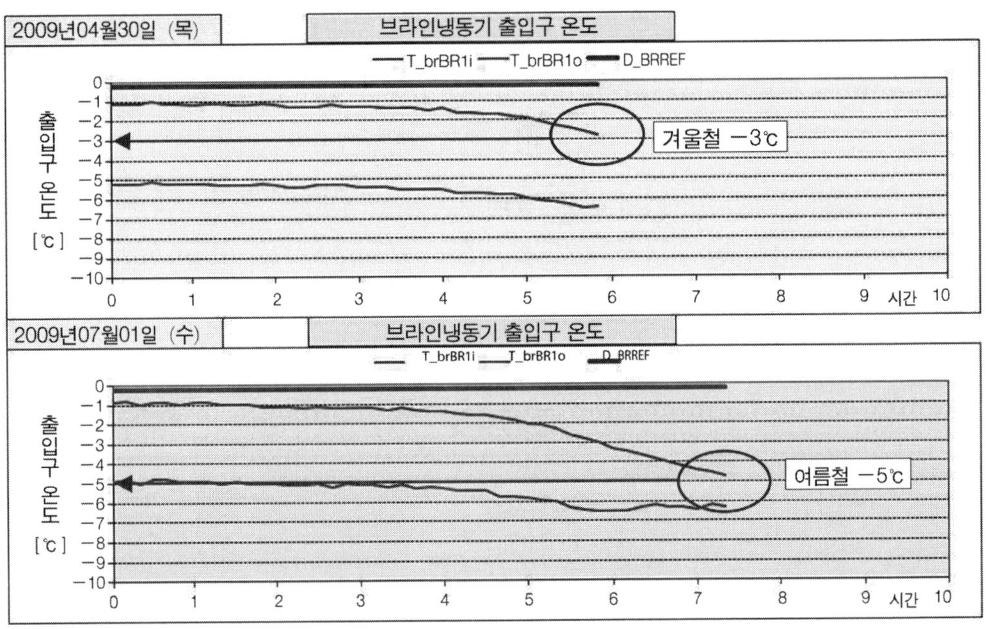

그래프4.11 축열완료 판정온도

그래프4.11은 축열완료 판정온도를 여름철에 −5℃, 겨울철에 −3℃로 전환하는 예이다. 봄과 가을에 한번씩 설정온도를 변경하여 에너지절감 효과를 크게 볼 수 있다.

이렇게 하면 겨울철 부하열량이 적을 때에는 정격 축열량까지 축열한 다음 며칠에 걸쳐 방열을 하는 것보다 사용할 만큼만 축열하는 편이 높은 COP값으로 운전할 수 있다. 이 예에서는 −5℃와 −3℃로 연 2회만 변경시키지만 그래프4.10에서 보듯 자주 변경해도 효과적일 수 있다.

4.7 수축열 제어

여기서는 그림4.7과 같은 수축열 시스템이 가진 고유의 제어방식에 대해 설명하고자 한다.

4.7.1 축열냉동기 입구온도 제어

축열조의 고온부분과 저온부분의 온도차이가 클수록 축열량을 높일 수 있다. 그러나 냉동기에서 만들어 낼 수 있는 온도차이는 일반적으로 5℃정도이다 (10→5℃가 많다). 이에 비해 건물의 2차측은 12→7℃의 경우가 많다.

열교환기(HEX)에 의한 열손실이 없다고 가정하면 12℃의 물이 축열조 고온부분으로 들어가게 된다. 이 온도차를 상쇄하는 것이 그림4.8「냉동기 입구온도 제어」이다. 출구온도의 정격을 5℃로 하는 냉동기의 경우 일반적으로 입구온도 설정값(TIC)은 10℃이다. 하지만 이렇게 하면 냉동기가 베인컨트롤 영역으로 들어가 버려 제6항에서 설명한 빙축열 냉동기의 COP가 나빠지는 운전이 되어버린다. 따라서 냉동기 출구온도 설정을 5℃로 하고 입구온도 설정값(TIC)을 11℃로 한다.

일반적으로 냉동기 출구온도 설정의 비례대는 2℃ 정도로 설정하는 경우가 많으며, 이를 응용하면 냉동기 베인 컨트롤을 최대로 오픈하여 운용할 수 있다. 축열용 냉동기의 용량은 야간시간대(22시~8시)인 10시간 동안 100% 축열이 되도록 선정하는 경우가 많으므로 압축기에 흐르는 물을 감소시키는 운전을 해서는 안 된다. 제8장 2.2항「P(비례)제어」를 참조하기 바란다.

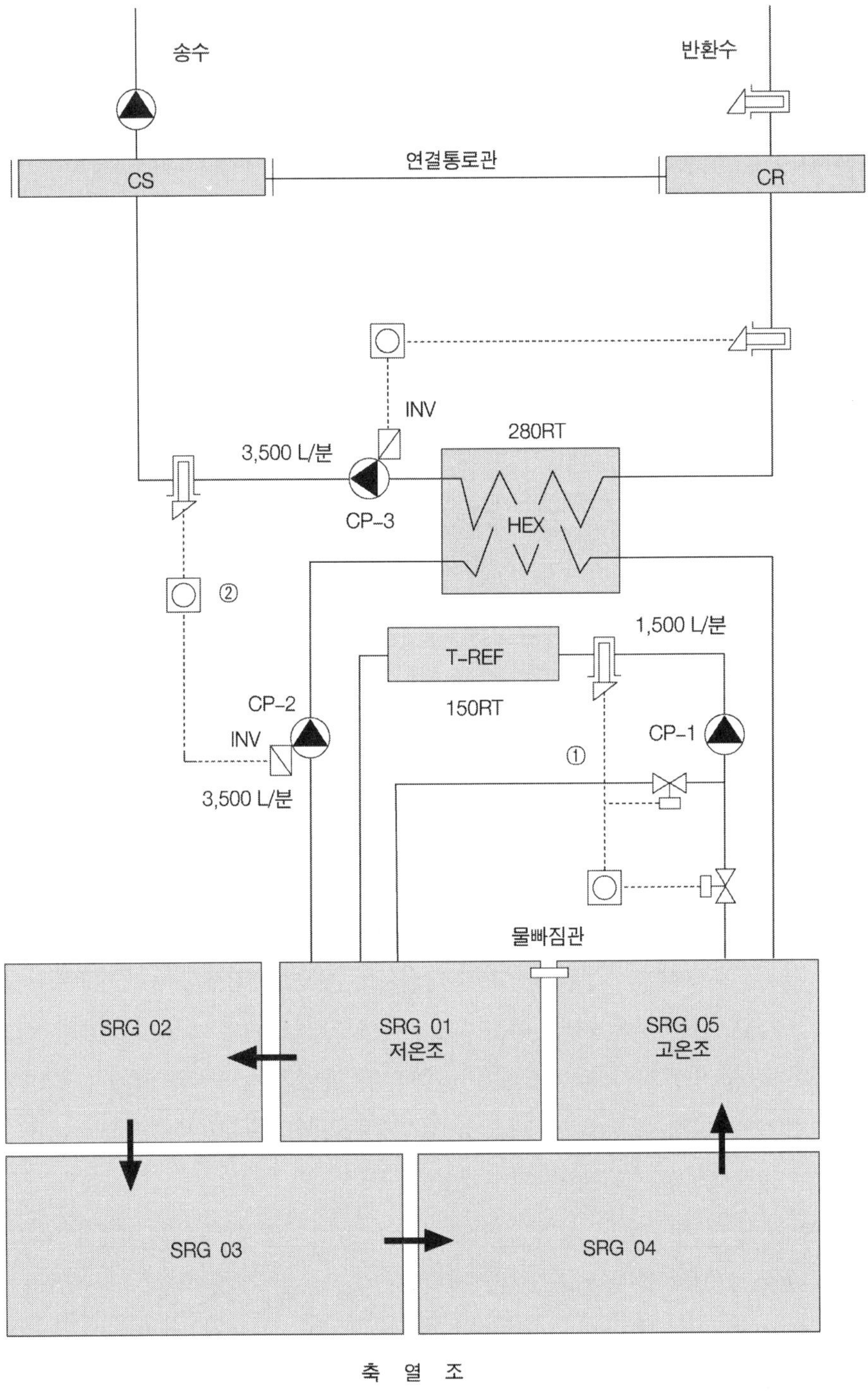

그림4.7 수축열의 제어시스템

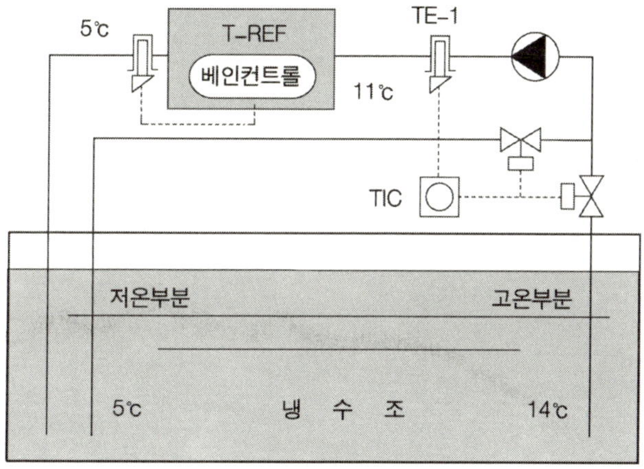

그림4.8 냉동기 입구온도 제어

4.7.2 방열용 열교환기(HEX) 제어

HEX 제어는 그림4.9(a)와 같이 계획하는 것이 일반적이다. HEX 2차측 출구온도를 유지하기 위해 온도제어밸브(TCV)를 사용하면 HEX용 펌프(CP－2)의 토출부분의 압력이 변한다. 이를 방지하기 위해 압력제어밸브(PCV)로 압력을 일정하게 하는 제어를 실시한다. 이것은 제2장 「2차 펌프의 제어」와 동일한 제어방식이며 이론적으로는 올바른 것이지만 열교환기 1대를 제어하는 것 치고는 너무 복잡하고 거창하다.

이 부분의 제어는 그림4.9(b)와 같이 HEX의 출구온도를 일정하게 하는 것이 목적이므로 CP－2에 인버터를 설치하여 회전제어밸브를 작동시키면 제어성능이 향상되고 동시에 펌프의 에너지를 절감할 수 있게 된다.

지금부터는 상기에서 설명한 제어가 제대로 작동되지 않아 축열조 자체가 단지 물을 저장하는 역할로 그친 사례를 그림4.9의 기법을 이용하여 소개하고자 한다.

이 건물은 연간 24시간 냉수 공급 조건으로 운용되고 있다. 그림4.10과 같은 시스템으로 구성되어 있으며 겨울철에는 냉수부하가 극단적으로 적어 HEX의 출구온도에 대한 요구는 TCV를 닫으라는 신호가 주어진다. 이에 대하여 CP－2의 토출압력설정은 최대부하일 때를 기준하므로 항상 열리는 신호가 작동하여, TCV의 모터 기능이 저하되고 축열조의 역할도 할 수 없게 되는 것이다.

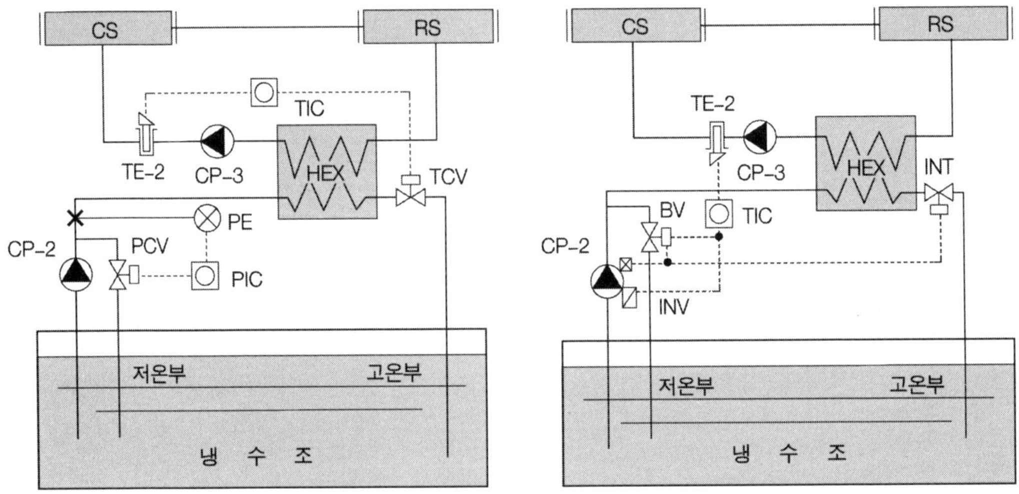

(a) PCV로 압력제어 (b) CP-2로 인버터 제어

그림4.9 방열용 열교환기 제어

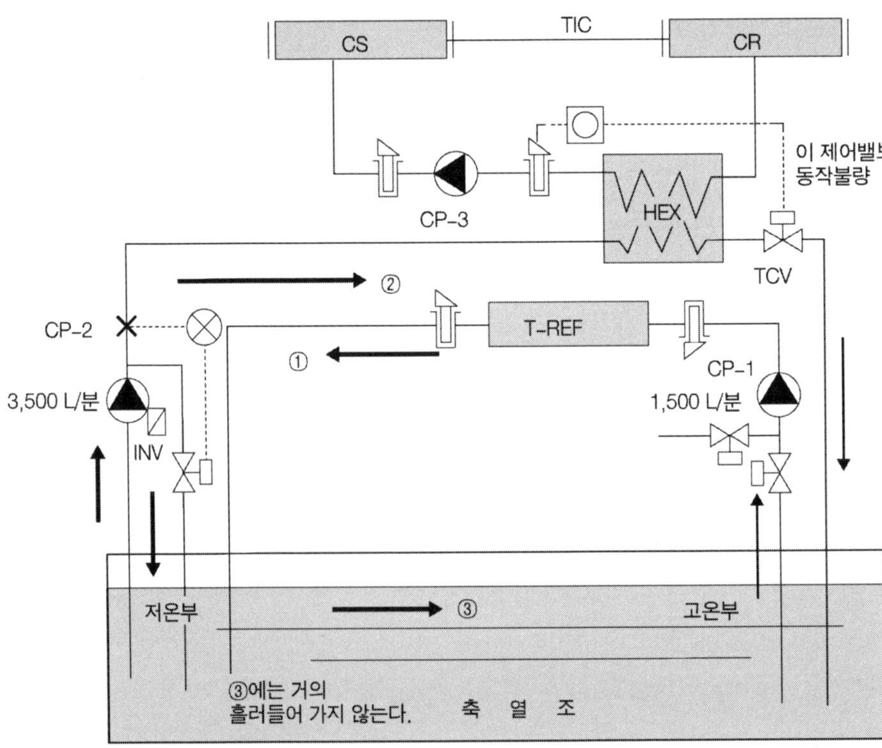

그림4.10 축열조가 성립되지 않는 예

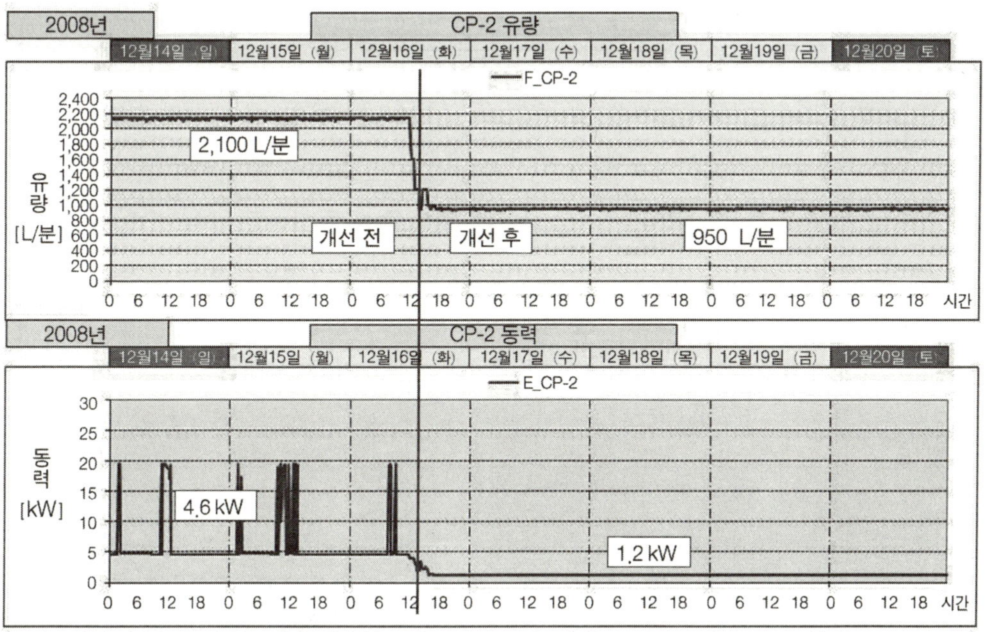

그래프4.12 제어회로 개선 전후의 유량과 동력량

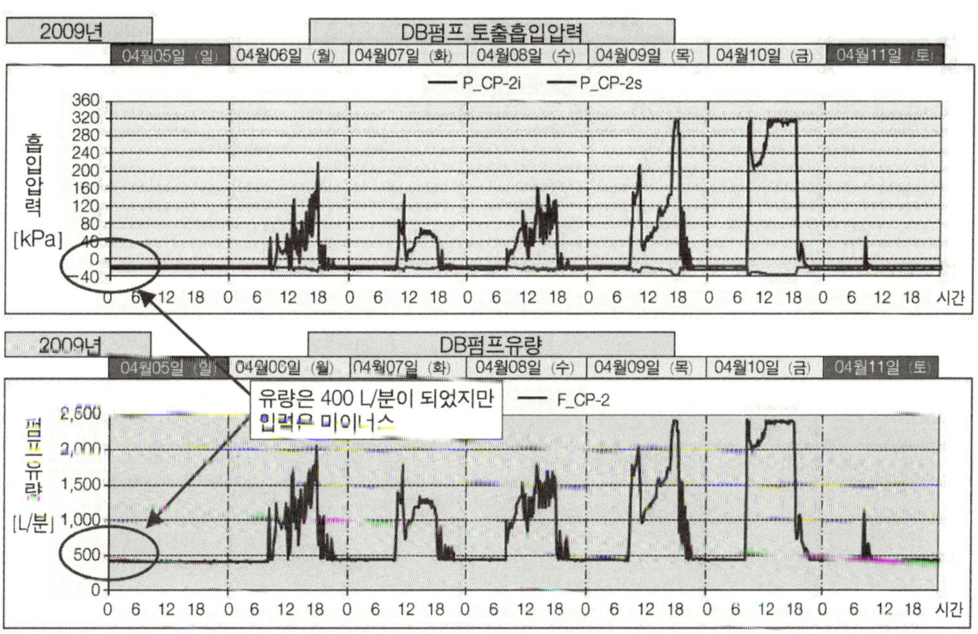

그래프4.13 최소주파수를 10Hz로 하였을 때

그래프4.12는 그림4.9(a)와 같이 구성된 제어회로를 그림4.9(b)와 같이 재구성하였을 때 CP－2에 걸리는 전후의 유량과 전력량이다. 개선 이전에는 CP－2에 2,100L/분 흘렀지만 개선 이후 950L/분까지 유량을 감소시킬 수 있었다. 이때 인버터의 회전수 출력은 20Hz를 나타내었다. 그림4.10에서 보듯 축열냉동기의 펌프 수량은 1,500L/분인데 반해 수조로 흘러들어오는 수량은 1,500 － 950＝550L/분으로 여전히 CP－2의 수량이 큰 것을 알 수 있다.

따라서 최저주파수를 10Hz로 하고 펌프의 토출 및 흡입부분의 압력계측을 하여 그래프4.13을 얻었다. 야간의 펌프유량은 400L/분이 되었지만 흡입뿐만 아니라 토출부분도 마이너스압력이 되었다. 펌프축의 패킹부분은 플러스 압력이므로 펌프축은 냉각되며 음압의 상태로 운전을 하는 것은 위험하다(그림4.11).

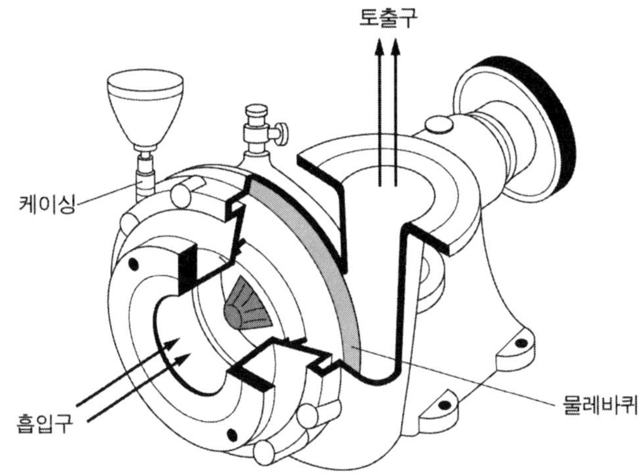

그림4.11 펌프의 구조

그림4.12는 CP－2의 유량과 토출압력의 관계를 나타낸 산포도이다. 유량은 800L/분 정도이며 토출압력은 마이너스이다. 따라서 그림4.13과 같이 CP－2 인버터주파수의 하한선은 20Hz로 하고 인버터로 제어할 수 없는 영역은 압력제어용 바이패스 밸브(BV)로 수조로 돌려보내 열교환기 출구온도를 유지하도록 하였다.

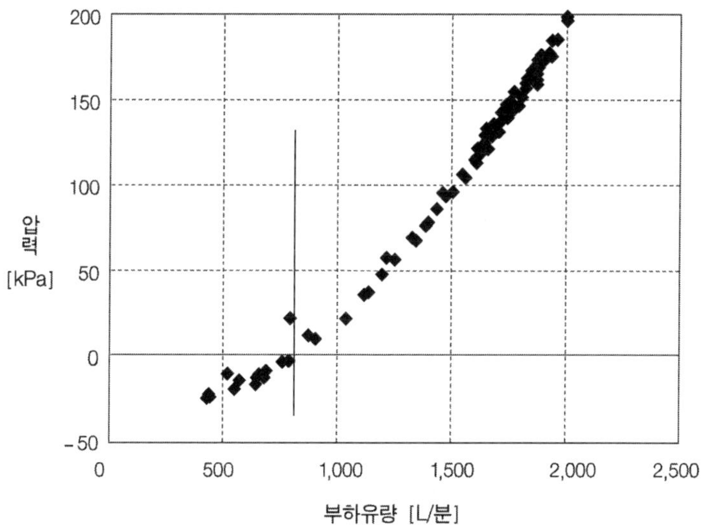

그림4.12 CP유량의 토출압력에 대한 관계

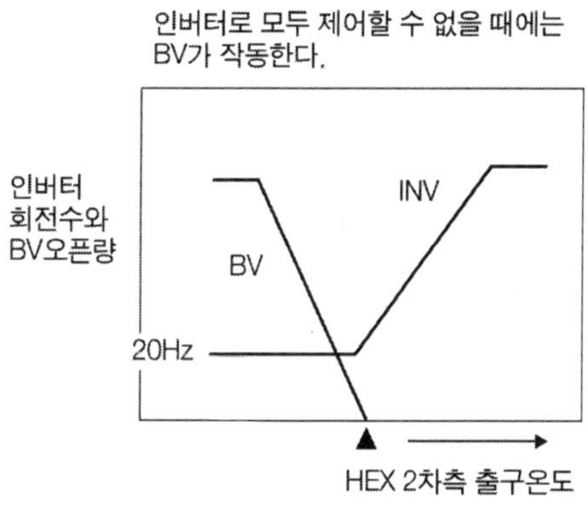

그림4.13 HEX 출구온도 제어

그래프4.14는 앞서 설명한 제어가 이루어지고 있는 상태이다. ①의 영역에서 야간에 부하열량이 적을 때 인버터는 하한값인 20%를 유지하고 BV도 완전히 열린다. ②의 영역은 인버터로 제어하고 BV는 완전히 닫혀 있는 상태이다. ③의 영역은 부하열량이 조금 존재하여 인버터가 하한값인 20%로 일정하게 운전되고 BV가 비례영역에서 대응되고 있는 상태이다.

이번에는 개선 전후의 축열조 온도변화를 확인해 보자. 그래프4.15(개선 이전)는 축열 및 방열 시 모두 온도의 변화가 적다(수조 번호는 그림4.7의 SRG01～05이다). ②, ③, ④의 중간수조 온도의 변화폭은 축열 및 방열 시 모두 적다.

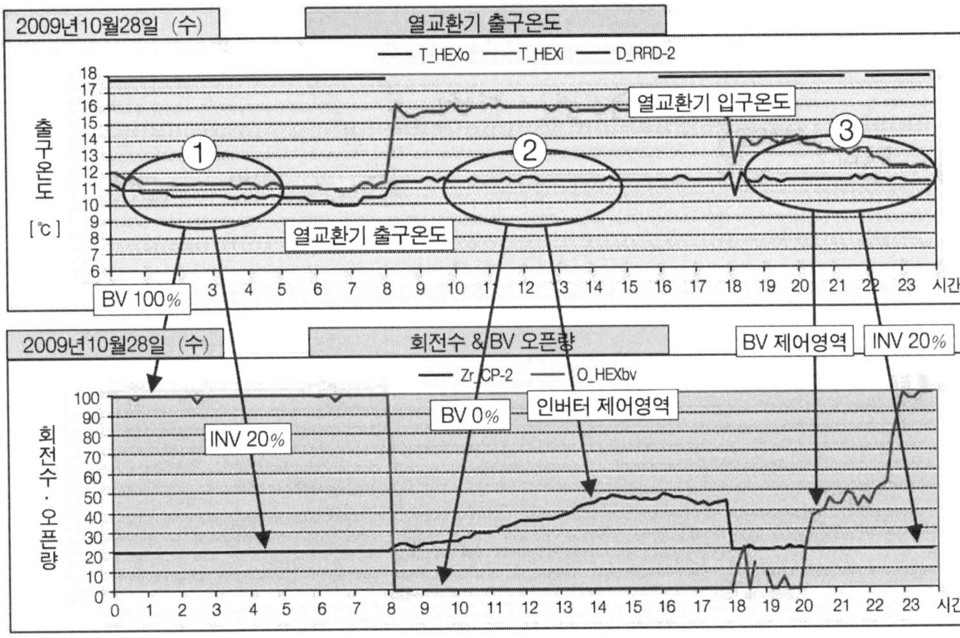

그래프4.14 인버터와 BV의 제어상황

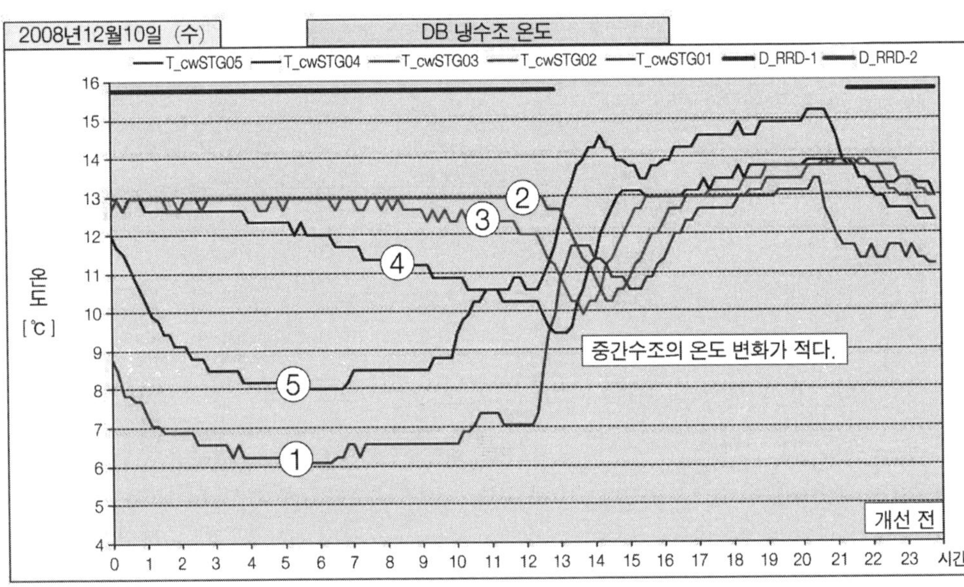

그래프4.15 개선 이전 축열조의 온도변화

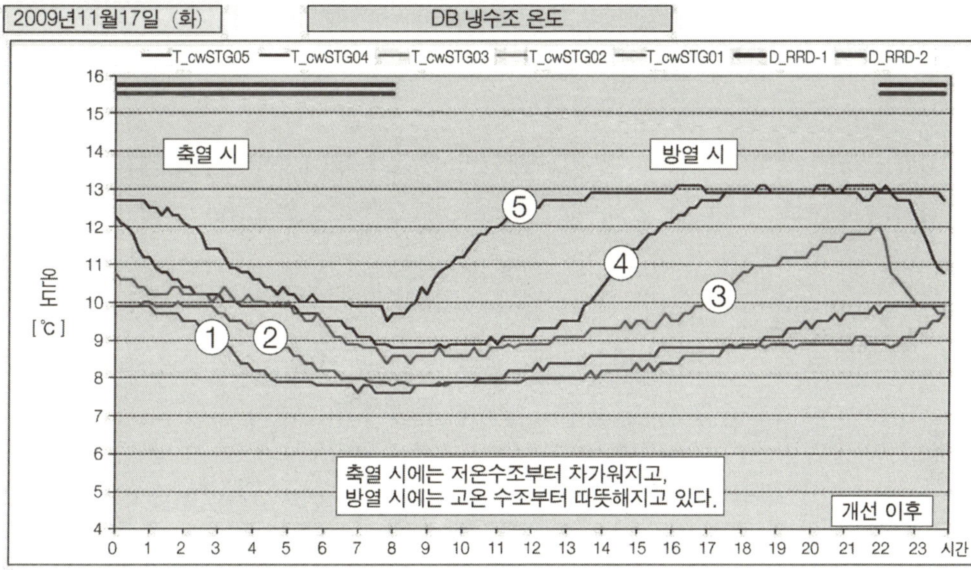

그래프4.16 개선 이후 축열조의 온도변화

이는 축열 시, 그림4.10에서 검토한 바와 같이 축열 냉동기로부터의 유량과 방열용 열교환기로부터의 유량이 상쇄되기 때문에 축열조의 중간수조로 흘러들어가는 양이 적어졌기 때문이다. 축열시간대의 ⑤의 방열조 온도가 중간수조보다 낮은 온도를 보이는 것은 물빠짐을 위한 연결통로관의 영향 때문인 것으로 유추된다.

그래프4.16(개선 이후)의 온도변화는 정상적으로 운전되는 축열조의 온도거동을 보이고 있다. 야간 축열 시에는 센서 번호가 빠른 저온 수조부터 순차적으로 차가워지고 있으며 방열 시에는 고온 수조부터 순차적으로 온도가 상승하고 있다. 저온 수조에 가까운 2개의 온도센서 ①, ②가 22시 시점에서 아직 값이 낮은 것은 야간의 축열운전이 너무 길다는 것을 의미한다. 개선으로 인해 이 시스템은 상당히 나아졌지만 효율향상의 여지가 남아있다. 이번 항에서 방열펌프(CP－2) 주변의 유량·토출·흡입압력 등의 데이터는 한 시적으로 계측기를 설치하여 측정한 것이다. 따라서 축열조 온도의 프로파일이 그래프4.16과 같이 정상적으로 된 시점에는 이미 계측이 이루어지지 않고 있으며, 그래프4.13이 현재에는 어떻게 되어 있는지에 대한 정보는 없다.

4.7.3 축열량 산출

수축열의 수조는 그림4.14 (a) 수평형과 (b) 온도성층형이 있다.

그림 4.14(a)의 수평형의 경우 축열량 산출은 다음과 같이 수조별로 산출한 축열량을 모두 합치는 형태로 계산한다.

축열량 = $\Sigma(T_c - t) \times v$

T_c: 고온부분 온도의 정격값

t : 각 온도계측값

v : 각 온도검출말단의 담당용적

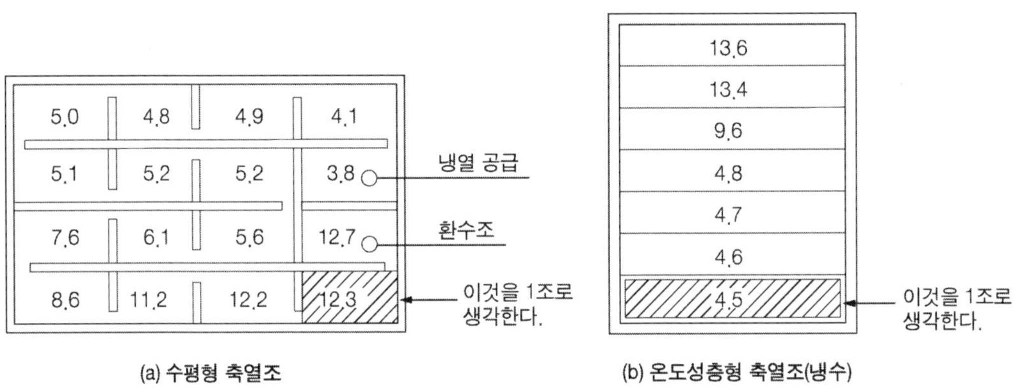

그림4.14 축열량 산출 관점

여기서 다시 한 번 축열량의 정의에 대해 생각해 보기로 한다. 축열량은 고온부분의 정격온도와 계측온도 차이에 용적을 곱한 것으로 이미 열량을 사용한 수조에서도 계측온도가 고온부의 정격온도보다 낮으면 축열량으로 산출되어 버린다. 여기에서 발생하는 오차를 없애기 위해, 예를 들어 수조 온도가 10℃ 이상인 수조는 방열 관점에서는 사용할 수 없는 수조로 카운팅하여 축열량을 "0"으로 한다. 이렇게 계산하면 이후의 방열량을 어느 정도로 사용할 수 있을지 판단할 수 있다.

그림 4.14(b)의 온도성층형 축열조의 경우에는 직렬 등간격으로 센서를 배치하는 경우가 많으므로 평형의 경우와 동일하게 생각하여 수조의 높이를 센서의 수로 나누어 하나의 온도센서당 열량으로 한다.

4.8 1차 에너지와 CO_2 배출량

전력과 가스라고 하는 이질적인 에너지원을 사용하는 경우 소비에너지 비용 측면에서 검토하고, 지구환경의 측면에서 추가 고려를 해야 한다.

표4.1은 공조설비에서 자주 사용하는 열량 환산량 (1차 에너지)이다. 전력을 열로 환산하는 경우 보통은 860kcal/kW라는 수치를 이용하는데, 표4.1에서는 J단위가 사용되고 있다.

1차 에너지는 발전소 송전 등도 포함하여 얼마만큼의 에너지가 실제로 사용되고 있는가라는 관점에서 환산수치를 부여하고 있다. 발전내역 요소 등도 고려되며 주간과 야간에 다른 값이 적용된다(이 값은 수시로 수정된다. 한국은 주간과 야간의 값이 일정하다 – 역자 주). 축열용 냉동기는 전력 종량요금의 경우 비교적 저렴하게 취급되지만 1차 에너지 관점에서 볼 때 야간전력 사용량은 주간과 비교하여 큰 차이가 없다. 가스의 경우에는 계약되어 있는 가스회사가 제시하는 값을 사용한다.

표4.2는 공조설비에서 자주 사용하는 에너지종류별 CO_2 배출량을 나타낸 것이다. 전력 중에서도 CO_2 배출량은 화력·수력·전력의 발전비율변동 등에 따라 변하므로 절대적인 수치는 아니다. 하지만 지구온난화문제에 있어 가장 대표적인 지표로 사용되고 있으며 앞으로도 그 중요성이 높아질 것으로 보인다.

표4.1 연료 등의 열량환산표

		발열량/환산계수	
전력	주간 전력	9.97GJ/천kWh	
	야간 전력	9.28GJ/천kWh	
	기타 전력	9.76GJ/천kWh	
DHC	냉수	1.36 또는 실적값	(환산계수)
	온수		
도시가스		실제수치 MJ/m^3 (참고 13A 45MJ/m^3)	

사용하고 있는 도시가스회사에 대한 문의

원유환산 kl	0.0258kl/GJ

(출전) 에너지 사용 합리화에 관한 법률시행규칙 별표 1～3(제4조 관계)에서 발췌

표4.2 CO_2 배출량

	배출량
전력으로 인한 배출	0.555t − CO_2/천kWh
열 공급으로 인한 배출	0.057t − CO_2/GJ
도시가스(13A)로 인한 배출	(2.23)t − CO_2/GJ

(주) 지구온난화대책 추진에 관한 법률시행령(2010년정령 제20호) 및 특정배출자의 사업활동에 따른 온실효과가스의 배출량 산정에 관한 성령(2010년 경제산업성)을 바탕으로 환경성이 작성한 「산정 、보고 、공표제도에서의 산정방법 、배출계수일람」에 준한다(발췌).

4.9 열부하 예측

해당 날짜의 부하열량 추이가 어느 정도인지 운전개시 전의 시점에서는 알 수 없으므로 열부하 예측에 대한 필요성이 생긴다.

가끔은 이와 같은 생각을 하는 사람도 있을 것이다. "하루 동안의 열부하 패턴을 공조 열부하의 단위로 본다면 공조 열부하는 그리 크게 변하지 않는다.", 또한 "오늘은 어제의 연속"이므로 어제의 부하패턴을 그대로 가져오면 된다. 그러나 토 、일요일이나 월요일은 그렇게 단순하게 결론내릴 수 없다. 또한 전날의 정보만으로는 오차의 우려가 있으므로 이틀 동안의 정보로 예측한다.

따라서 표4.3과 같이 각 요일의 특징을 고려하여 설정한다(숫자는 비율). 예컨대 수요일은 전날의 비율을 0.7로, 전전날은 0.3으로 하는 등이다.

표4.3 요일계수

	제 1 데이터		제 2 데이터	
월	지난주	0.8	지난주금요일	0.2
화	지난주	0.8	지난주금요일	0.2
수	어제	0.7	그저께	0.3
목	어제	0.7	그저께	0.3
금	어제	0.7	그저께	0.3
토	지난주	0.8	지지난주	0.2
일	지난주	0.8	지지난주	0.2

일반 오피스건물을 대상으로 할 때 토、일요일의 열부하는 고정부하로 상정하고 지난 주의 데이터를 사용한다. 월、화요일은 지난주의 같은 요일과 지난 주 금요일을 대상으로 한다. 기타 요일은 지난 이틀의 데이터를 이용한다. 이것을 정리하면 각 시간의 열부하 예측(QCY) 식 (1)을 얻을 수 있다.

$$QCY(i) = QC1(i) \times wek + QC2(i) \times (1 - wek) \tag{1}$$

QC1 : 제1데이터

QC2 : 제2데이터

wek : 비율

또한 건물을 운전할 때는 공휴일의 요소도 무시할 수 없다. 토、일요일의 경우에는 1주일 전 역시 토、일요일이지만 공휴일은 랜덤으로 발생한다. 예측하고자 하는 날이 공휴일인 경우와 예측용 데이터로 참고로 하는 날이 공휴일인 경우가 있으므로 주의가 필요하다.

식 (1)의 아이디어는 얼핏 단순한 것 같지만 실제로 적용하려면 그리 간단하지 않다. 하지만 이것을 적용하면 뉴로 이론 및 미분적분을 구사하는 것 보다 훨씬 높은 정확도의 결과를 얻을 수 있다. 앞서 서술한 대로 “오늘은 어제의 연속”이기 때문이다. 그리고 컴퓨터는 대량의 데이터를 처리할 수 있다는 특징을 가지고 있다. 어려운 식만 처리할 수 있는 것이 아니다.

예전에는 열부하에 대한 예측이 없으면 축열조 운용을 제대로 할 수 없다고 생각하였는데 필드에서 이런 예측 수단을 이용하고 있는 예는 거의 없다. 따라서 본서의 정리방법을 열부하를 예측하지 않더라도 운용할 수 있는 방향으로 하였다.

제5장

프리쿨링

5.1 프리쿨링

반도체공장이나 전산센터 등과 같이 겨울철에도 냉각부하가 큰 건물에서는 냉동기의 냉각탑으로부터 냉수를 직접 공급하는 프리쿨링을 도입하는 경우가 많다. 그러나 이러한 설비 운용은 날씨에 크게 의존하므로 프리쿨링 시스템을 도입하고 있더라도 사용하지 않는 예를 자주 본다.

최근에는 일반 오피스건물에서도 OA부하 증가 등의 요인으로 인해 겨울철 냉방부하가 증대되고 있다. 하지만 오피스건물에 프리쿨링을 도입하는 경우는 그다지 눈에 띄지 않는다. 프리쿨링은 적절한 제어방식으로 제대로 운용되면 확실히 에너지절감으로 이어지므로 검토가 더욱 필요한 설비이다.

5.2 문제점 정리와 해결책

5.2.1 시스템의 조건

일반적으로 냉각탑에서 프리쿨링 시스템을 이용하여 냉수를 제조할 때에는 10℃ 이하의 온도영역에서 사용되며, 냉동기의 냉각수로 사용될 때에는 20℃ 이상에서 가동된다. 따라서 동일한 배관계통에서 프리쿨링과 냉각수 운전의 전환을 빈번하게 하면 냉각수배관내의 물 온도가 변동되어 사용 에너지도 커지므로 전환을 자주하는 것은 바람직하지 않다.

따라서 그림5.1과 같은 2계통 이상의 냉각탑 설비가 있는 냉동기시스템이 바람직하다. 즉, 프리쿨링을 하는 냉각탑계통과 냉동기운전을 하는 냉각탑계통을 항상 스탠바이 상태로 두고 어느 쪽이건 운전할 수 있도록 해 두는 것이다.

5.2.2 열원시스템 시동 시의 프리쿨링 가능여부 판단

24시간 운전으로 냉동기 등의 열원기기가 항상 가동되고 있는 시스템에서는 이른 아침 및 야간과 같이 부하변동이 적을 때 프리쿨링 가능여부를 판단한다. 또한 축열조시스템이 설치되어 있는 경우에는 야간/주간의 전환시간(22시 또는 8시)에 프리쿨링 가능여부 판단을 한다.

프리쿨링 판단은 외기 습구온도를 기준으로 한다. 지금과 같이 컴퓨터로 쉽게 정보를 처리하는 시대에는 외기 건구온도와 상대습도 정보만 있으면 습구온도를 간단히 연산할 수 있다. 외기조건이 프리쿨링 범위 내에 있다면 먼저 프리쿨링 펌프를 운전한다.

프리쿨링을 할 것인지에 대한 여부 판단 시 그림5.2(a)와 같이 외기조건에 전환디퍼렌셜을 부여한 ON/OFF 제어 방법을 채택하면 반드시 실패한다. 기상 변동은 그렇게 간단하게 예상대로의 궤적을 그려나가지 않기 때문이다.

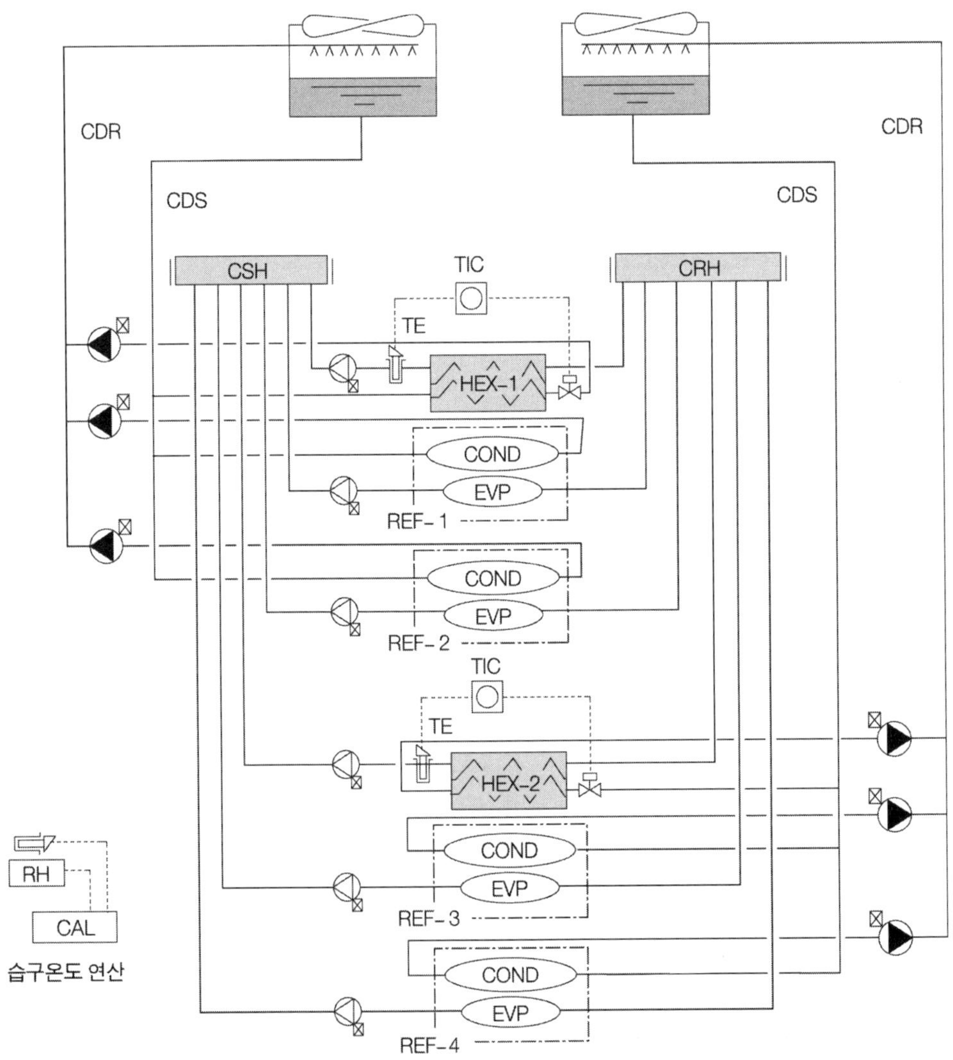

그림5.1 프리쿨링 시스템

5.2.3 운전 중 프리쿨링 가능여부 판단

열원시스템 가동 이후에는 그림5.2(b)와 같이 열교환기 출구온도(TS)를 기준으로 판단한다.

TS의 온도가 송수온도 기준값을 초과하면 프리쿨링 조건이 성립되지 않는 것으로 판단하고 냉동기 운전으로 전환한다. 그리고 냉동기 대수제어 운전 순위에서 프리쿨링 펌프를 제외하고 다음 판단시간이 될 때까지 냉동기 운전을 실시한다.

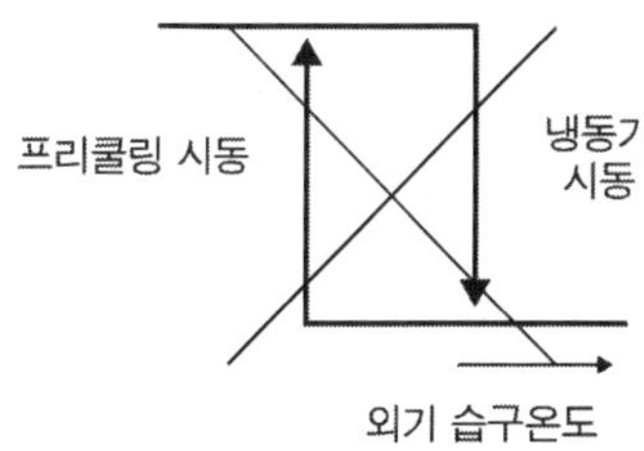

(a) 습구온도의 디퍼렌셜

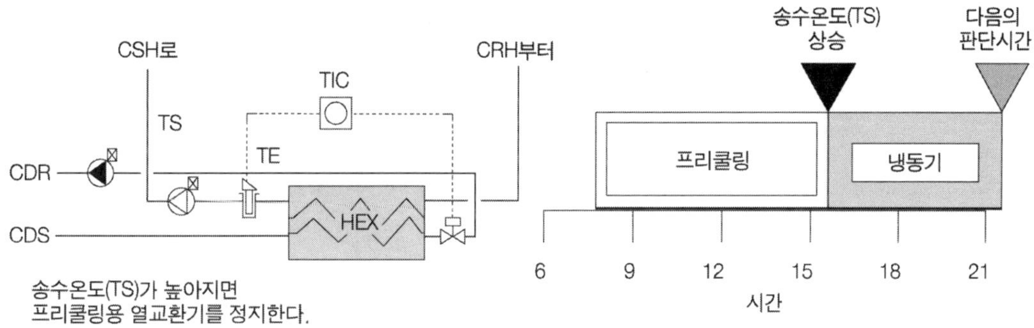

(b) 시간요소와 송수온도(TS) 체크 구성

그림5.2 프리쿨링/냉동기운전의 전환판단 관점

5.2.4 프리쿨링과 냉동기 대수제어

그림5.3은 대수제어 플로를 나타낸 것이다. 기본적으로 제4장 「냉동기 대수제어」플로를 연장한 것으로 여겨도 무방하다.

그림5.1과 같은 시스템에서는 냉동기와 프리쿨링의 동시운전도 가능하다. 송수온도(TS)의 상승으로 프리쿨링이 불가능할 때에는 별도의 냉각탑 그룹에 속하는 냉동기를 가동하고 프리쿨링용 열교환기를 정지시킨다.

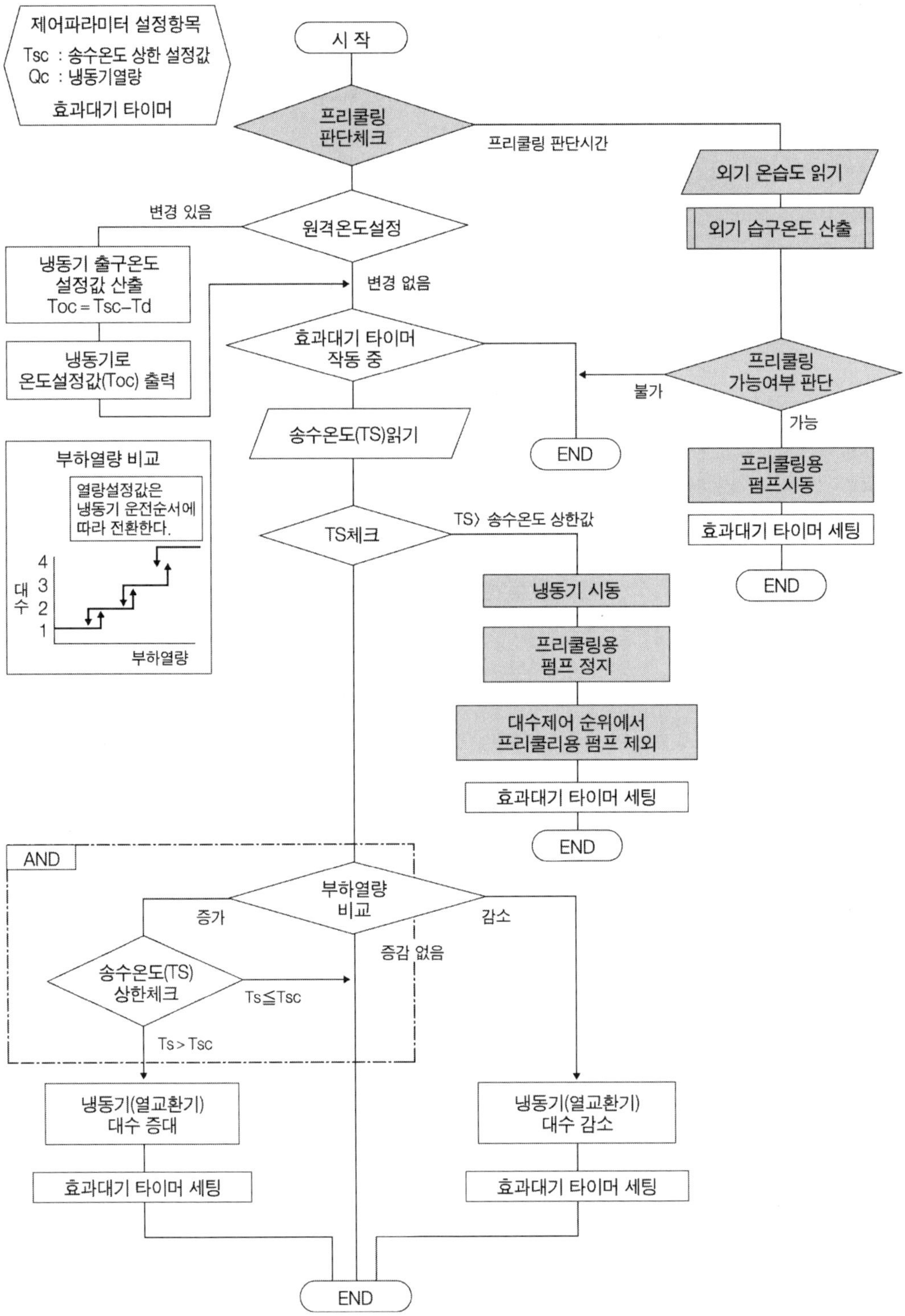

그림5.3 프리쿨링 대수제어 플로

5.2.5 프리쿨링 시의 냉수 송수온도

일반적으로 송수온도는 연간 7℃로 하는 경우가 많지만 이는 특별히 근거 있는 수치가 아니다. 프리쿨링을 보다 적극적으로 운용할 계획이라면 계절에 따라 송수온도를 변화시키는 유연성이 필요하다. 일반 공조의 경우에는 겨울철 냉수 송수온도가 10℃ 정도라도 충분히 냉방이 가능하다.

5.3 운전실적

여기서는 겨울철에도 냉방부하가 상당히 있는 건물의 운전전환 사례를 소개하겠다.

그래프5.1은 외기 습구온도가 비교적 높은 시기의 운전사례이다. 낮 동안 외기 습구온도가 높아진 11시 무렵, 열교환기의 출구온도도 높아졌으므로 프리쿨링 운전은 정지되었다. 또한 야간 21시경에 외기 습구온도가 내려가 다시 프리쿨링 운전이 실시되었다. 이 사례는 겨울철 송수온도를 9℃로 하고 있지만 프리쿨링을 하기 위해서는 이 정도의 과감한 결단이 필요하다.

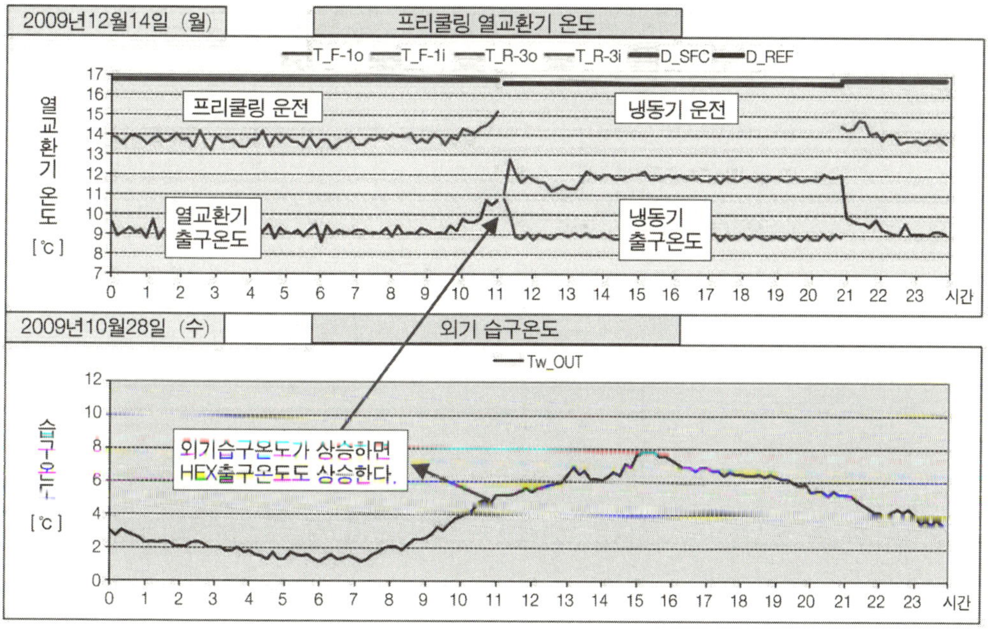

그래프5.1 높은 외기 습구온도 시의 프리쿨링(1일간)

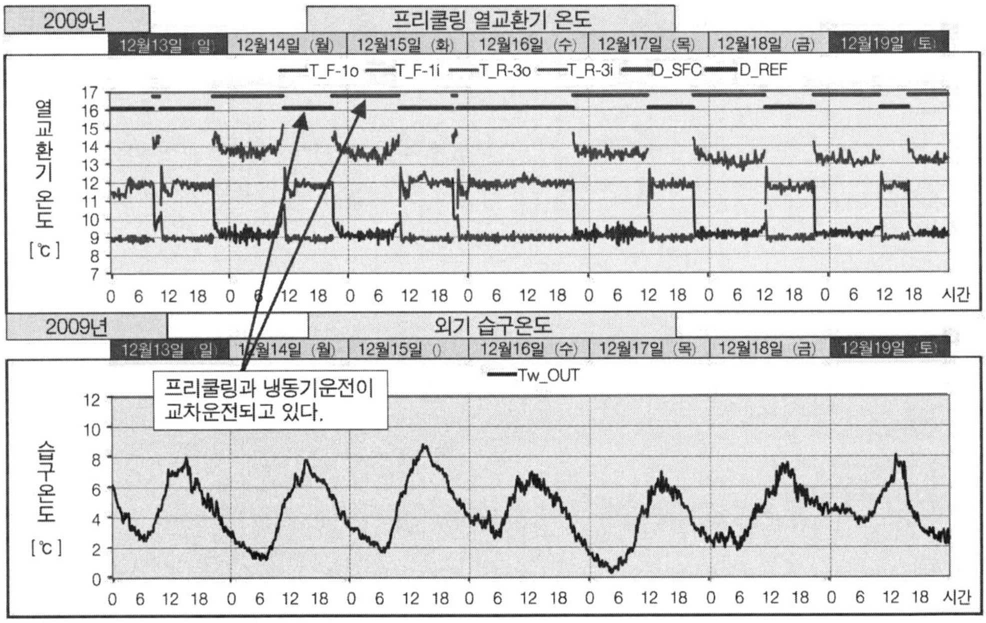

그래프5.2 높은 외기 습구온도 시의 프리쿨링(주간)

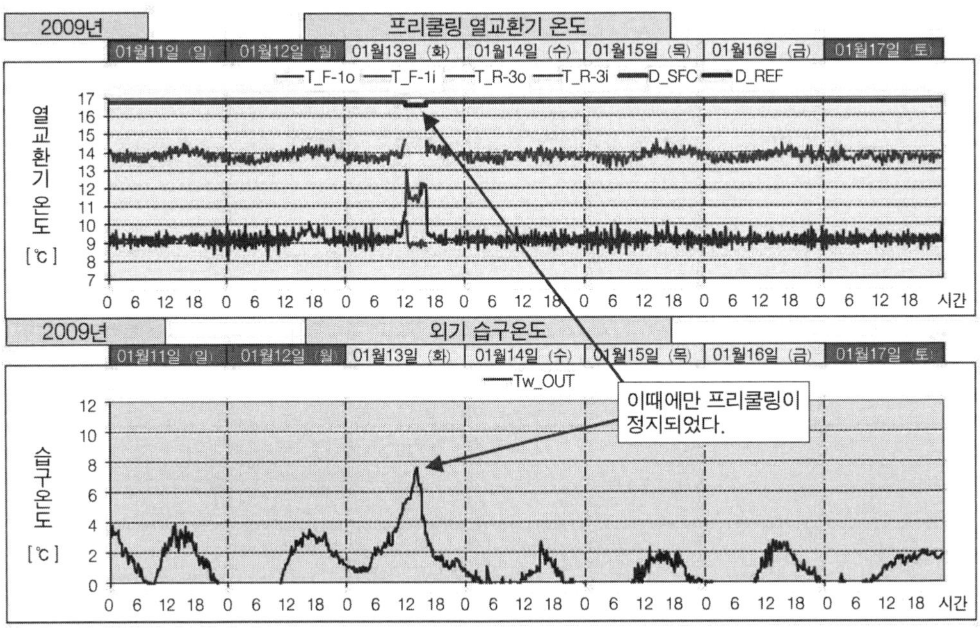

그래프5.3 한겨울의 프리쿨링

그래프5.2는 주간 트렌드 그래프이다. 이 시기의 낮 시간대에는 습구온도가 높아 냉동기가 가동되었고 야간에는 프리쿨링으로 전환된 날이 많다. 이렇게 프리쿨링이 불가능할 때는 냉동기 운전을 실시하고 야간의 다음 프리쿨링 판단시간까지 냉동기 운전을 유지하여 프리쿨링 운전을 하지 않는 편이 좋다.

그래프5.3은 동일한 시스템에서 한겨울의 프리쿨링 모습이다. 거의 프리쿨링 운전으로 냉수를 제조하고 있다. 그래프5.2와 5.3의 외기 습구온도의 차이는 근소하다. 에너지를 절감하는 것은 이러한 근소한 차이를 정확하게 파악하는 것이다.

5.4 외조기로부터 냉열원 도입

외조기와 실내 열부하 처리용 공조기를 별도로 보유하고 있는 시스템에서는 외조기로부터 냉수를 얻는 것이 가능하다. 그림5.4와 같이 외조기의 냉수 2방향밸브를 강제로 완전개방하여 이를 통해 냉수배관 내의 온도를 낮추는 것이다.

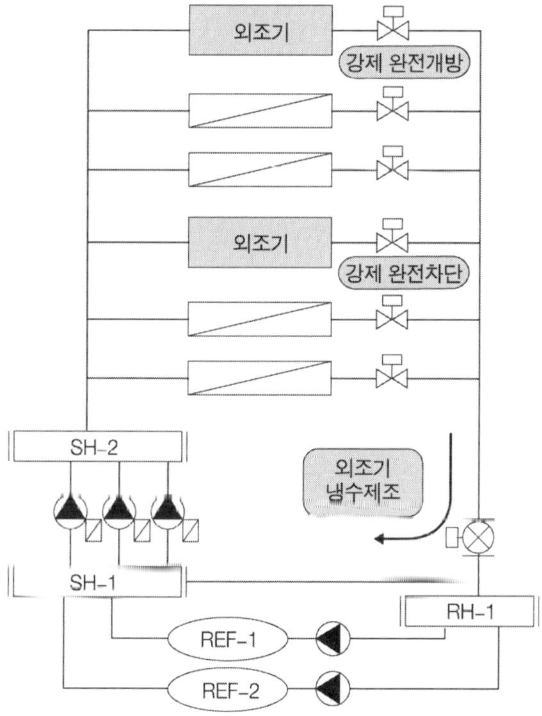

그림5.4 외조기 냉수제조

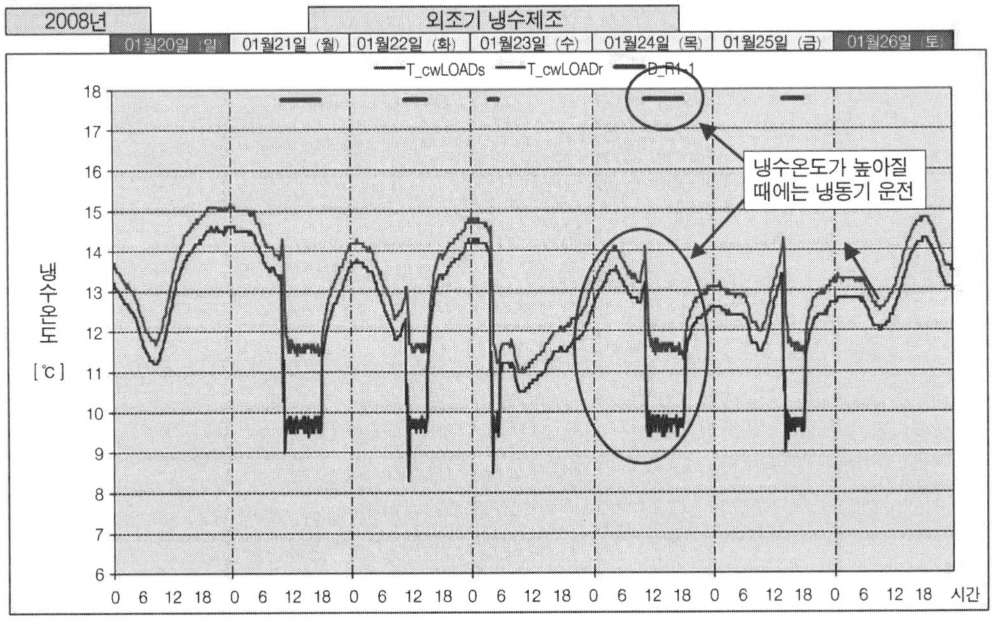

그래프5.4 외조기로 인한 냉수제조의 예

다소 러프한 운전이기는 하나 한랭지에 있는 반도체공장 등에서는 외기환경이 추울 때에도 냉방부하가 상당히 있는 경우가 자주 있으므로 이러한 운전이 성립된다.

최근에는 일반 오피스건물에서도 겨울철 냉방부하가 두드러지게 증가하고 있으므로 외조기가 독립된 시스템을 지닌 건물에서는 고려해 볼만하다.

그래프5.4는 이러한 시스템의 사례이다. 외조기 냉수제조 등과 같이 거창한 것이 아니라 냉동기로 제조한 냉수의 온도상승을 가능한 오랫동안 억제하는 것에 중점이 맞추어져 있다. 냉수 송수온도는 제2장 5항 「냉수 송수온도의 상한값」에서 서술한 바와 같이 공조기의 송수온도에 영향을 주지 않으면 크게 문제가 되지 않는다.

제6장

공조기 제어

데이터를 가지고 제3자의 입장에 있는 사람이 공조 제어의 운용을 평가하기는 어렵다. 거주자(Tenant)와 건물오너 사이의 문제에는 끼어들기가 힘들기 때문이다. 또한 대상이 너무 많아 대표적인 것에 초점을 맞추어 검토할 필요가 있지만 정작 어디에 초점을 맞추어야 할지 감이 잡히지 않는다.

한편 공조기 제어는 해당 건물에만 적합하게 응용된 것도 많으므로 어느 것을 일반적인 시스템으로 볼 것인가의 정의가 힘들다.

6.1 실내온도 설정

그래프6.1은 어느 건물의 여름(상단 그래프)과 겨울(하단 그래프)에 실내에서 공조기로 리턴되는 공기의 온도이다. 거의 25℃의 온도 분포를 보이고 있다. 연간 온도 설정값을 바꾸지 않은 것으로 보인다.

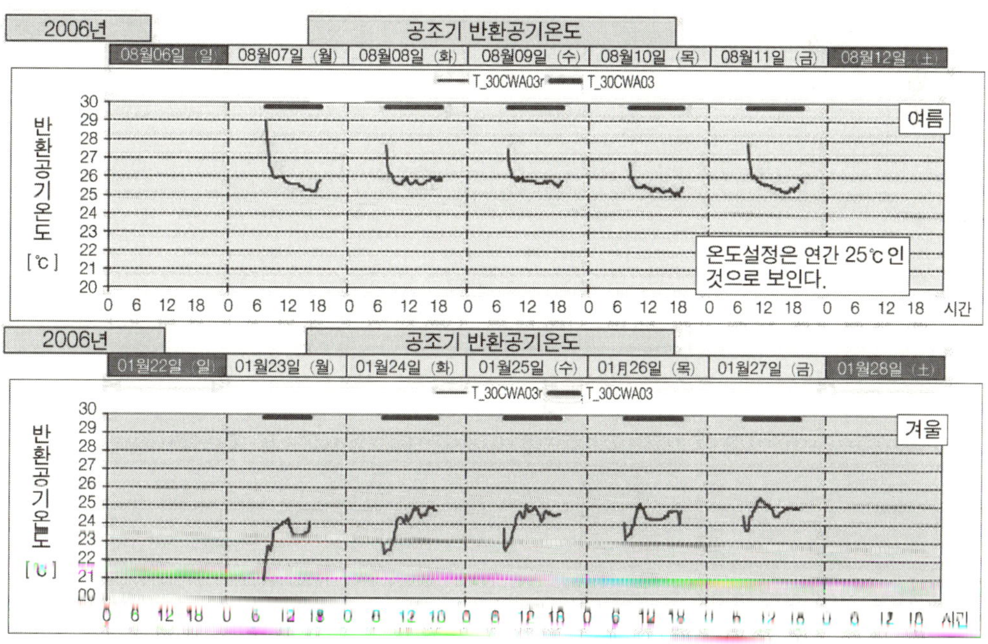

그래프6.1 여름철과 겨울철의 공조기 반환온도

그림6.1은 이 공조기의 가동 시간 중 실내에서 공조기로 반환되는 공기 온도의 1년간

데이터를 취합해 외기 엔탈피와의 상관관계를 구한 것이다. 온도 설정값을 바꾸지 않았다는 예상이 증명되는 셈이다. 이 건물은 콤팩트 에어컨과 VAV로 구성되어 있다. 직접적인 실내온도 설정은 VAV를 이용하여 이루어지는데 공조기로의 반환온도를 계측하면 이 값이 전체의 평균온도라고 할 수 있다.

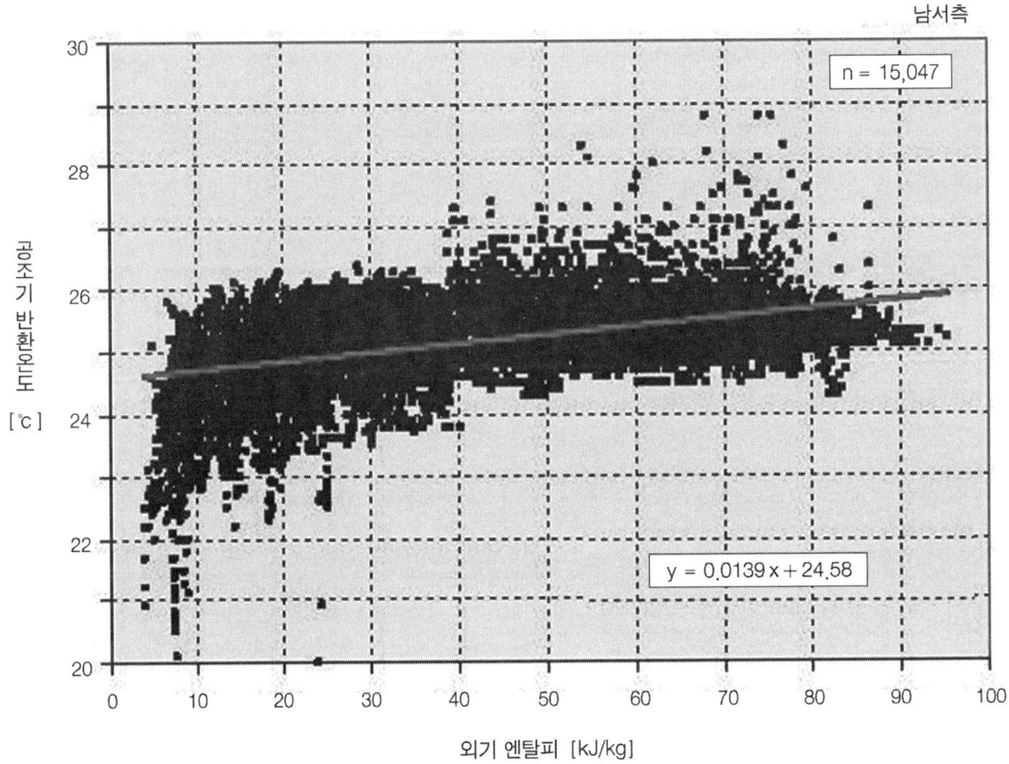

그림6.1 외기 엔탈피에 대한 반환온도

여름에 실내온도 설정을 높이면 에너지를 절감할 수 있다고들 하지만, 초고층건물 등에는 VAV 수가 1,000대 이상이나 되는 경우도 드물지 않다. 따라서 뒤에서 설명할 그림 6.9와 같이 그룹으로 묶어 일괄적인 온도설정 변경이 가능한 시스템이 있어야 할 것 같지만 실제로 건물 감시반 프로그램에서는 이런 것을 본 적이 없다. 이렇게 되어있으면 모든 VAV의 온도설정을 누락없이 변경하는 것이 불가능하다.

이러한 이유 등으로 공조기 방식으로 되어 있는 대부분의 건물에서의 온도설정은 "덥다、춥다" 등의 클레임에만 대응하기 위해 사용되는 듯하다. 에너지절감의 가장 기본이 되는 요소라는 점에서 다소 허술하다고 하겠다.

6.2 VAV(가변풍량방식) 제어

그림6.2와 같이 VAV 방식에서 공조기 제어는 급기온도(TS)를 일정하게 유지하는 것이 관건이다. 실내온도는 각 VAV에 부착된 온도센서로 풍량을 가감하여 조절된다. 실온이 목표값보다 높을 때에는 VAV를 열고, 낮을 때에는 VAV의 댐퍼를 줄인다.

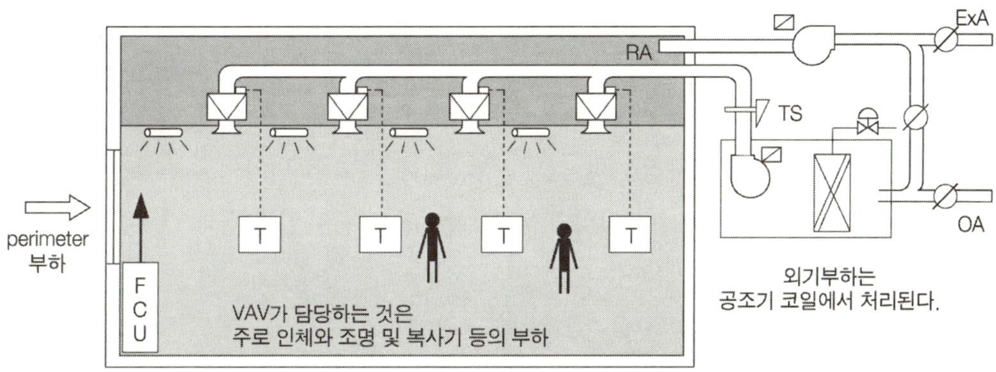

그림6.2 VAV 방식의 공조

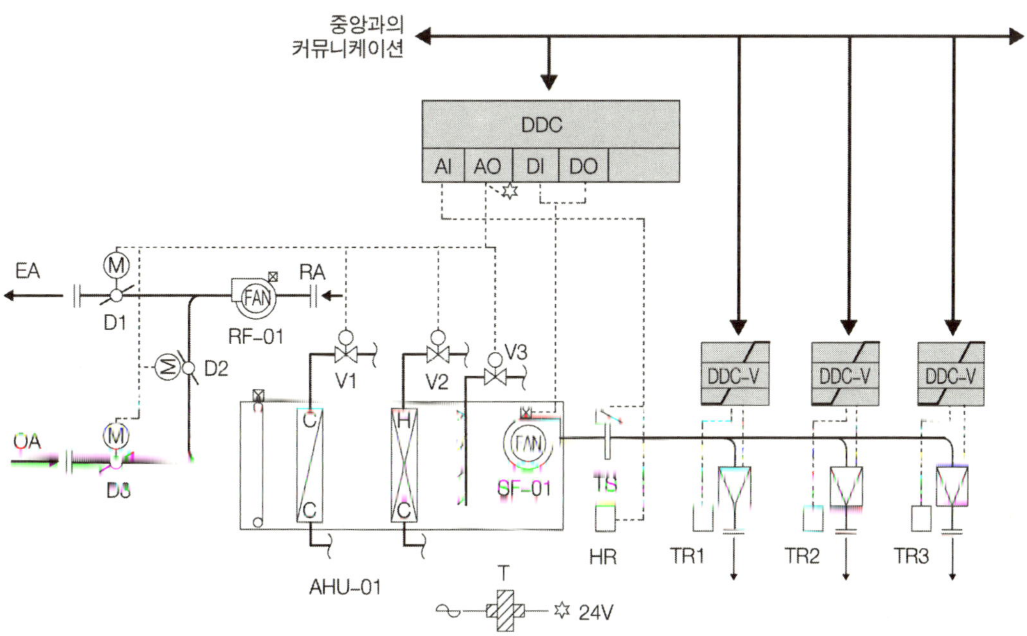

그림6.3 VAV 방식의 계기장비도

단, VAV를 완전하게 차단하지는 않으며 일반적으로는 30～40%정도 오픈을 최소값으로 한다. 이는 그림6.3의 계기장비도와 같이 제어되며 DDC의 제어정보는 펄스전송에 따라 상호 연결되어 있다.

6.2.1 VAV 제어의 기본

(1) VAV의 설치위치와 풍량의 관계

그림6.4(a)에서 보듯 송풍기 가까이에 설치된 VAV와 멀리 설치된 VAV는 덕트저항의 영향을 받으므로 댐퍼의 잠금 상태가 비슷하면 풍량에 차이가 생긴다. 이 문제를 해결하기 위해 그림6.4(b)에서와 같이 각 VAV에 풍속센서(V)를 설치하여 덕트를 제어하는 방식을 채택한다. 따라서 동일한 온도편차로도 송풍기에 가까운 위치의 VAV는 조금 더 닫힌 상태로 운전이 이루어지며, 먼 위치의 VAV는 이것보다는 열린 상태로 운전되므로 송풍기와 VAV의 위치에 따른 문제는 없어진다.

풍속센서의 정확한 측정을 위해 바람 방향이 흔들리지 않도록 충분한 길이의 직관(直管)부분이 필요하지만, VAV 기기 자체를 작게 만들고 싶은 요구도 있으므로 풍속 측정이 적절히 이루어지고 있는지 검사가 필요하다. 일반적으로 풍속센서와 제어댐퍼는 VAV 제조사에 의존하는 경우가 많다. 제9장 5.4항「VAV용」을 참조하기 바란다.

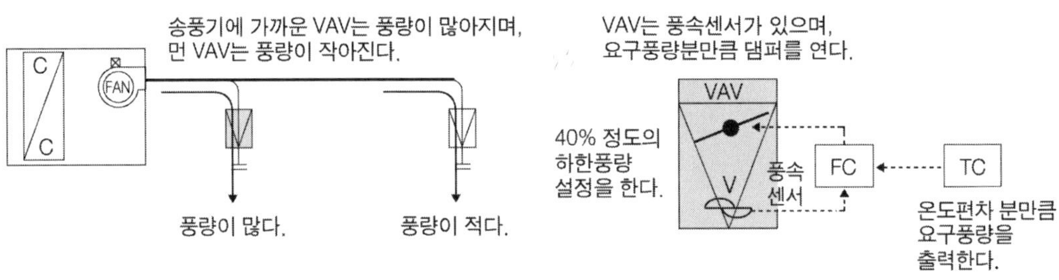

(a) 송풍기에 대한 VAV위치와 송풍량의 관계　　(b) VAV장치의 제어원리

그림6.4 VAV의 풍속제어

(2) 온도편차에 따른 풍량 설정값의 캐스케이드 제어

풍량을 조절하여 목표 실온을 얻기 위한 방법은 그림6.5와 같이 실온 설정값과 계측값의 편차를 풍량 설정값으로 치환하여 풍량 조절기구에 따라 댐퍼를 제어하는 것이다. 이러한 제어기법을 캐스케이드 제어라 한다. 제8장 1.4.4)항「결합제어」를 참조하라.

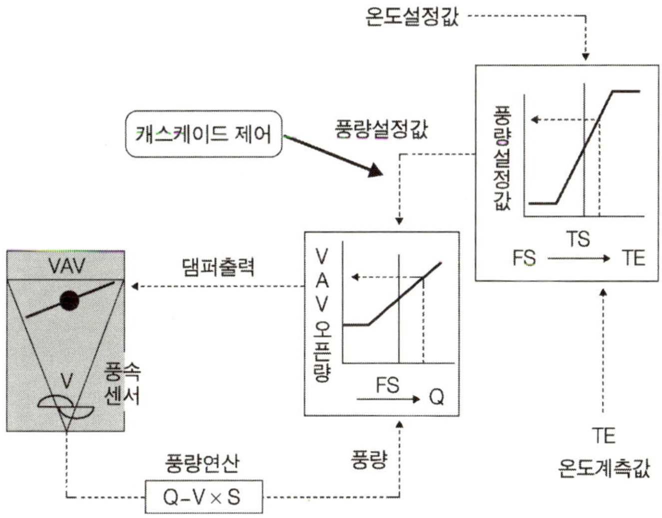

그림6.5 VAV를 통한 실온 제어

(3) 인버터 회전수 연산

VAV가 잠금 상태로 운용되면 공조기의 풍량도 거기에 맞추어 송풍한다. 그림6.5와 같이 각 VAV는 풍속(v)을 측정하므로 이것을 기반으로하여 각 VAV 내의 풍량을 연산한다. 예를 들어 그림6.6과 같이 5대의 VAV가 각각의 풍량으로 움직이고 있을 때 각 VAV 요구 풍량정보를 공조기 DDC로 모아서 합계 요구풍량을 구하고 정격풍량으로 나누어 풍량비율(FR)을 구한 값을 인버터 회전수로 한다. 이 경우 정압보정 등과 같은 보정을 가하는 기법도 있는데 시스템을 복잡하게 만들기 때문에 추천하지 않는다.

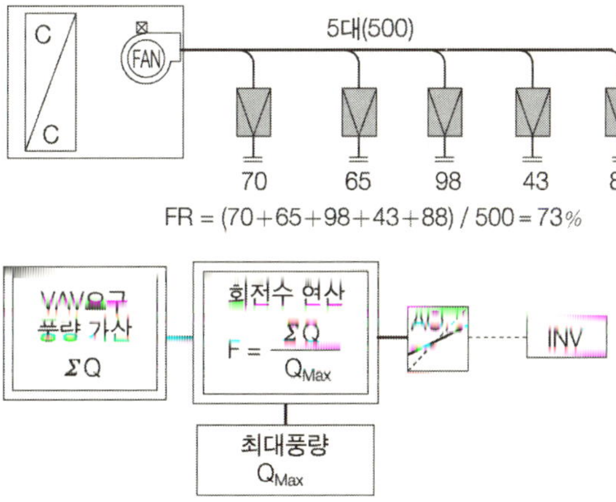

그림6.6 공조기의 풍량 결정

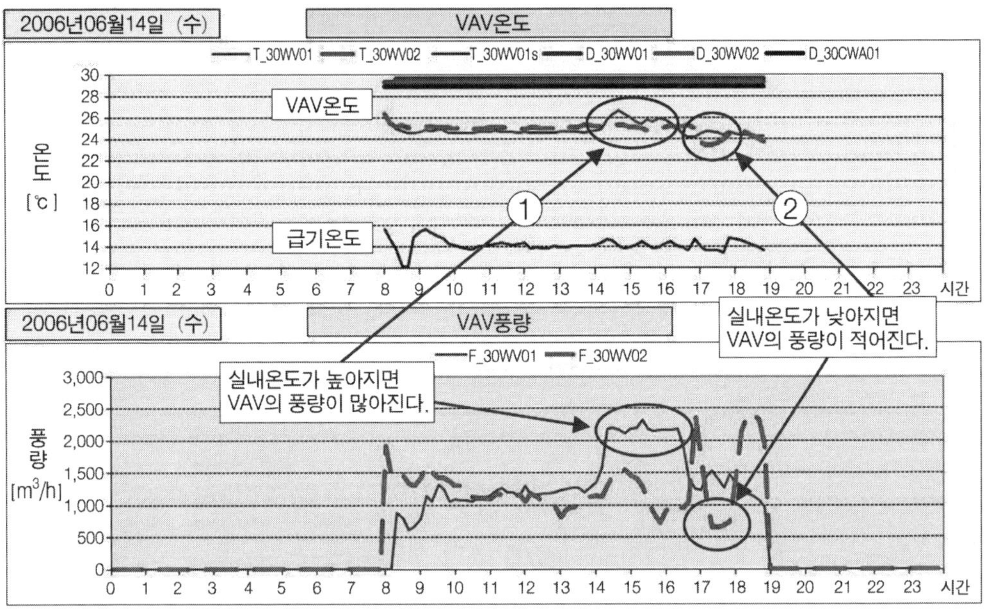

그래프6.2 VAV온도와 풍량 및 공조기 송풍온도

6.2.2 실온과 풍량

그래프6.2는 VAV의 동작상태를 나타낸 것이다. ①의 상단 그래프에서 VAV 제어기의 온도검출기가 온도상승을 파악하면, 하단 그래프에서 VAV의 풍량이 증가하여 이에 대응하는 것을 알 수 있다. 마찬가지로 ②의 시간대에는 온도가 내려갔을 때 풍량이 감소하는 것이 보인다. 상단 그래프에서 이 날은 급기온도가 거의 일정하였음도 파악된다. 이러한 VAV 방식은 세분화된 구역의 온도에 대한 거주성을 높인다.

6.2.3 급기온도와 VAV 풍량

그래프6.3은 상단 그래프 급기온도가 변화할 때, 공조기 풍량을 나타내는 하단 그래프가 이에 대응하는 내용이다. 급기온도가 높아질 때 VAV의 댐퍼가 열리므로 공조기는 풍량을 늘려서 실내온도를 유지하도록 제어되고 있음을 알 수 있다.

그래프6.4는 급기온도와 VAV 제어 온도의 관계를 나타낸 것이다. 실내온도 설정값이 26℃인 것과 무관하게 실내온도는 약 25℃를 가리키고 있으며, 이는 18℃의 급기온도에 영향을 받을 것으로 보인다. 이 건물은 VAV 풍량이나 인버터출력 정보가 없으므로 더 이상 분석할 수 없다.

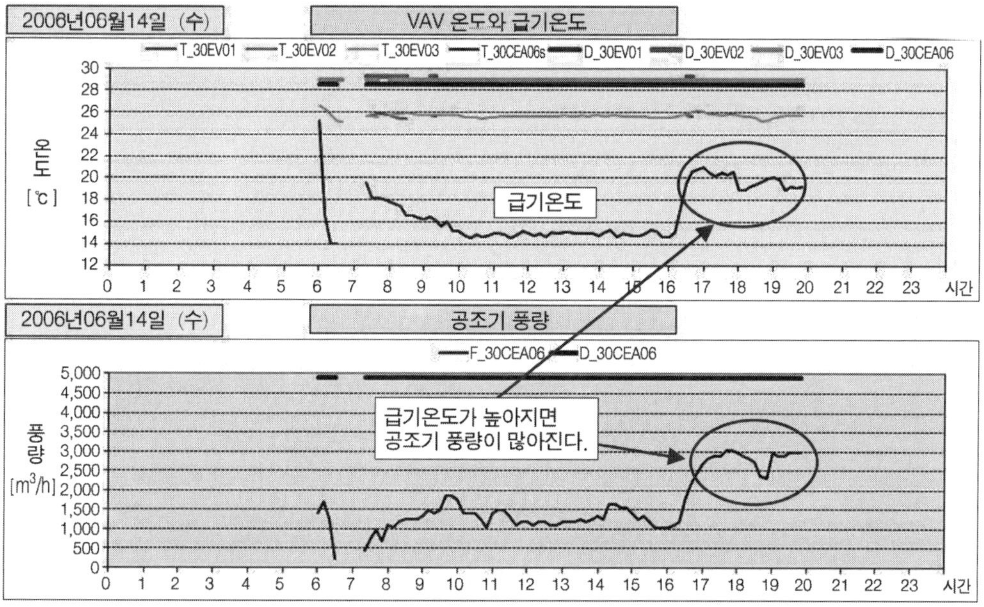

그래프6.3 공조기 급기온도 및 VAV와 공조기의 풍량

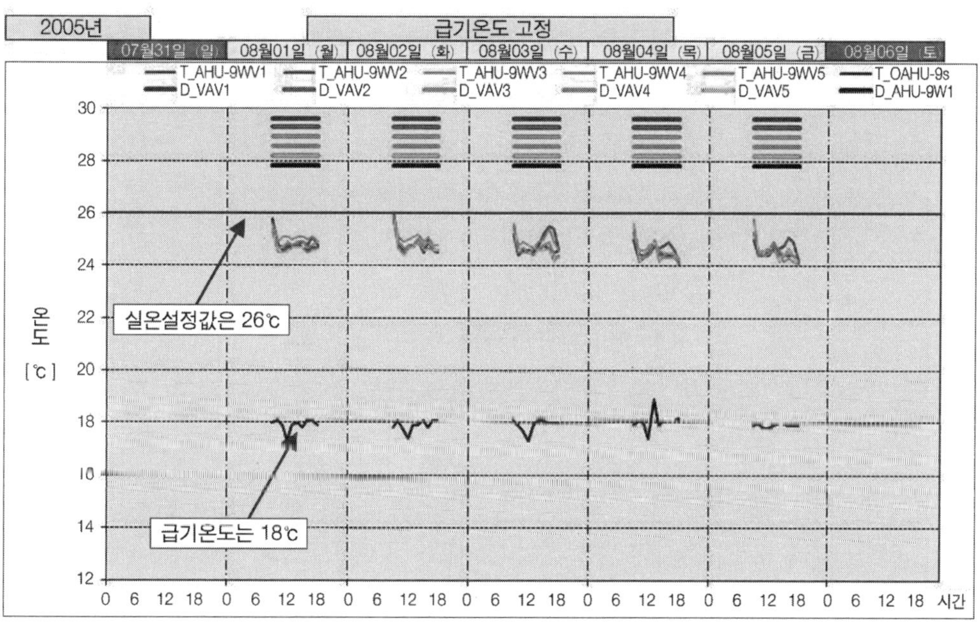

그래프6.4 공조기 급기온도가 너무 낮은 예

VAV 시스템에서 급기온도를 낮게 설정하면 공조기의 동력을 낮게 억제하여 에너지를 절감할 수 있지만, 이 사례에서는 아마도 VAV의 댐퍼를 최소로 하여 운전하고 있는 것으로 판단된다.

6.2.4 로드 리셋

VAV 방식의 원리를 이해하고 있지 않으면 급기온도를 어느 정도로 설정해야 하는지 정하기 힘들다. 그래서 로드 리셋이라고 하는 제어를 자주 이용하는데 주요 방식으로는 다음과 같은 것이 있다.

(1) VAV 오픈량에 의한 것

이 방식은 VAV의 오픈 정도를 85～100% 사이에 오도록 급기온도를 자동적으로 변동시켜 VAV 제어 영역에 들어오기 쉽도록 하는 것이다. 급기온도가 높게 유도되므로 송풍기 능력의 에너지절감 효과는 줄어드는 단점이 있다. 그래프6.5는 이와 같은 방식으로 급기온도를 변경한 예이다. 급기온도가 자주 변경되고 있는 모습이 보이는데 공조기 급기、환기팬의 인버터출력도 85～100%의 범위로 되어 있을 것으로 추측된다.

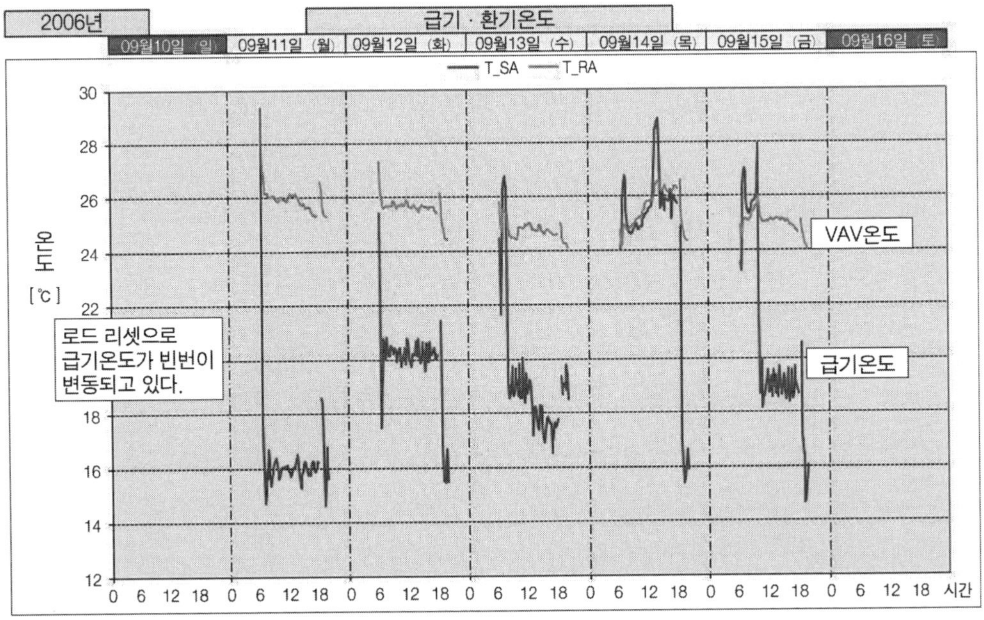

그래프6.5 VAV 오픈 정보에 따른 로드 리셋의 예

(2) VAV 설정온도와 계측온도의 편차를 이용

그림6.7과 같이 VAV의 설정온도와 계측온도 편차에 다섯 단계 정도의 비중을 두어 그 합계점으로 급기온도를 변경하는 방식이다. 이 사례에서 합계점은 덥다는 결과로 이어지므로 급기온도 설정값은 내려가는 방향으로 리셋된다. 그래프6.6과 같이 급기온도 설정값이 상한값과 하한값 사이에 있으나, 안정적이지 못하고 변동이 많은 단점이 있다.

	VAV1	VAV2	VAV3	VAV4	VAV5	합계
+2	○					
+1				○		
±0		○	○			2
−1					○	
−2						

그림6.7 온도편차에 의한 로드 리셋

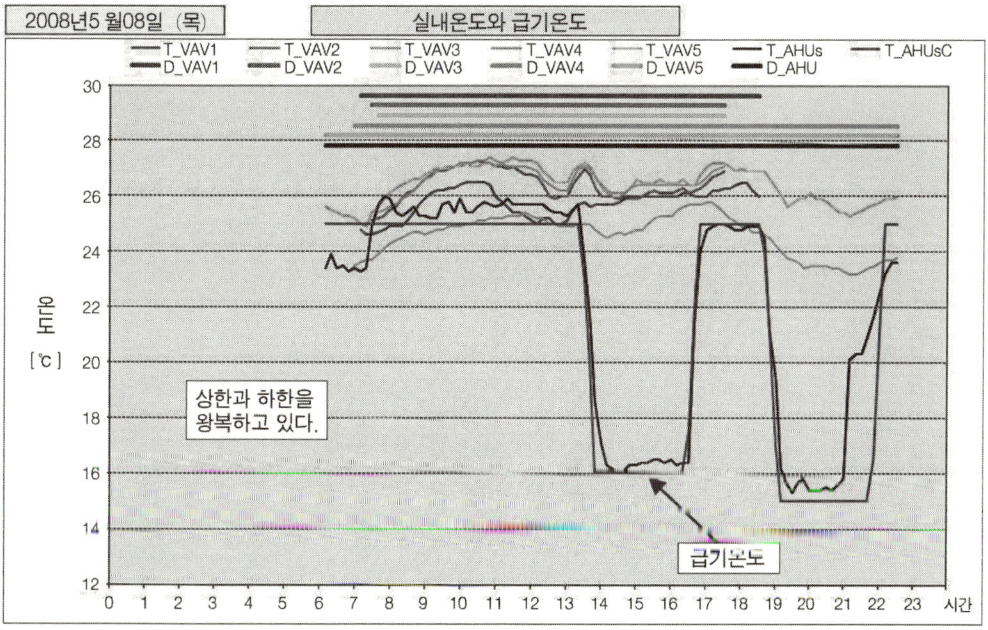

그래프6.6 제어온도편차에 의한 로드 리셋의 예

여기에서 소개한 두 가지 방식을 포함하여 로드 리셋은 그렇게 바람직한 제어방법이라고 생각하지 않는다. 그림6.9와 같이 매월 온도 설정값을 별도로 설정하는 것이 오히려 더 나을 수 있다(제7장 2항「공조기잠열부하의 저감으로 인한 에너지절감」 및 3항「VAV 방식 건물 사례」 참조).

IT의 발전으로 인해 향후 열부하가 증가할 것을 예상하여 큰 사이즈의 공조기를 미리 도입해 놓고, 당장의 VAV 운전은 잠금 상태로 하는 건물도 있다. 하지만 로드 리셋을 채택하면 급기온도가 높아지기만 하고 소기의 목적을 달성하지 못하는데도 이러한 사실을 설계자가 모르고 있는 경우도 있다.

6.2.5 모니터 권장화면

모니터화면의 작성 시에도 제어의 관점에서 생각해야 한다. VAV 방식에서 온도설정을 생각할 때 외주부(Perimeter)가 팬코일 방식일 경우에는 이를 포함하여 생각해야 한다. 그림6.8과 같이 천장면과 바닥면에서는 1~2℃ 정도 온도차이가 있다는 것을 고려한다. 모니터화면은 이러한 조건까지 포함하여 그림6.9와 같이 VAV 실내온도 표시화면에서 월별 온도설정 화면이 팝업으로 나타나도록 하면 된다.

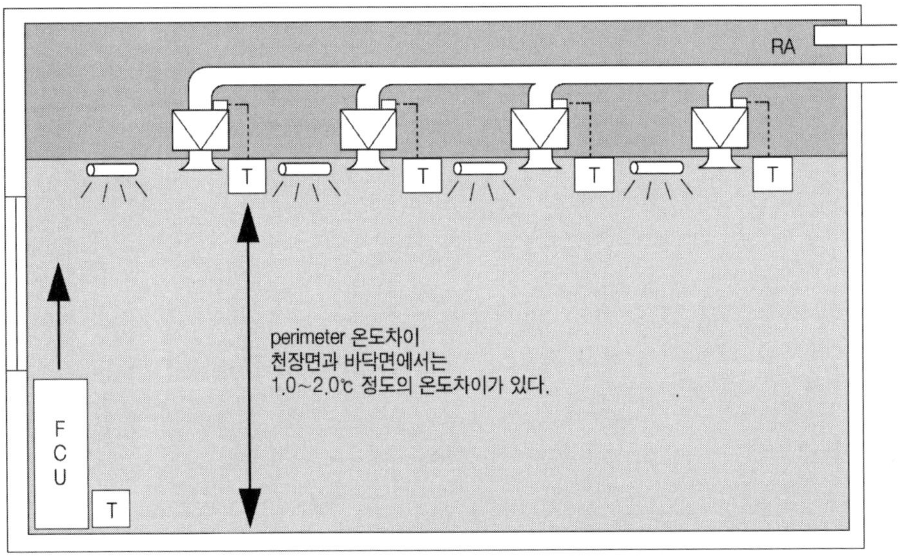

그림6.8 천장면-바닥면의 온도차이

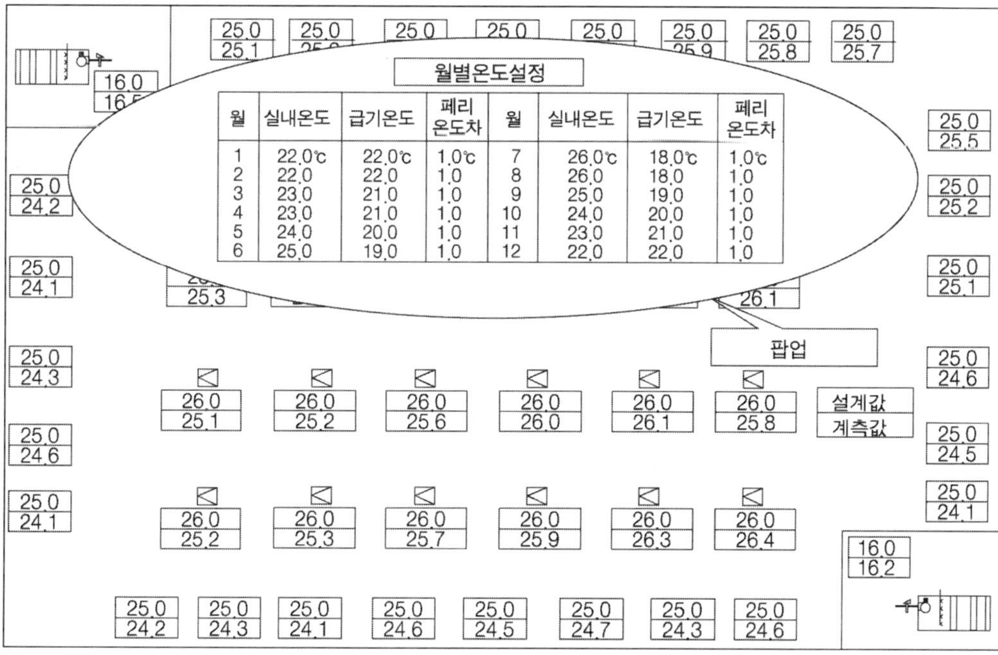

그림6.9 실내온도의 계측화면의 예

이렇게 사람이 판단하여 대응하기 쉬운 시스템을 구축하는 것이 중요하며 로드 리셋 등과 같이 "자동"이라는 말을 붙이면 무조건 더 좋은 시스템으로 생각하는 것은 잘못된 것이다.

6.2.6 VAV 제어의 블록도

VAV 제어 내용은 상당히 복잡한 편이다. 이러한 내용을 그림6.3과 같이 계기장비도에 문장으로만 나타내면 이해하기가 어렵다. 따라서 그림6.10과 같이 블록도를 이용하는 것을 권장한다.

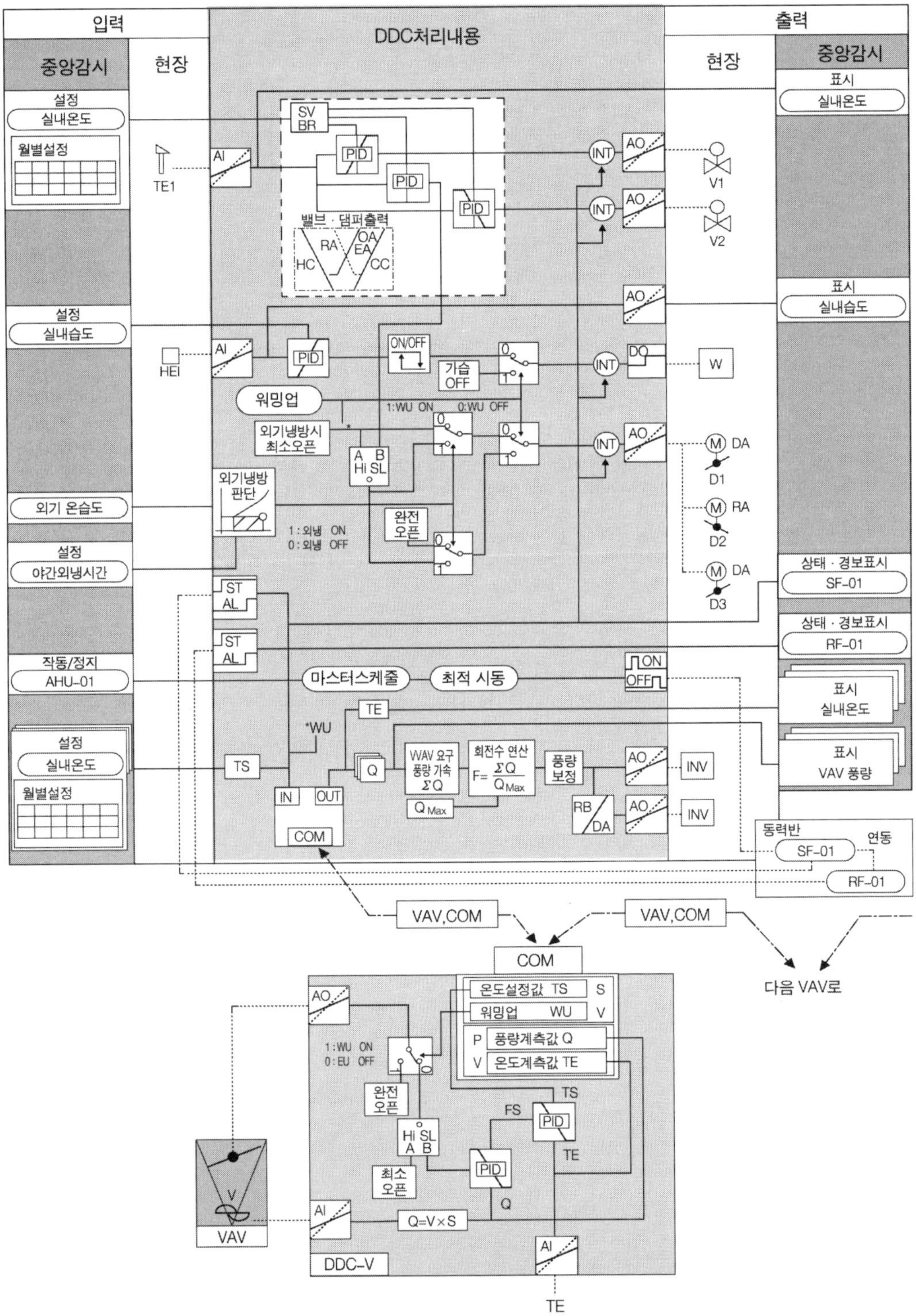

그림6.10 VAV 방식의 블록선도

6.3 외기냉방과 외기도입 제어

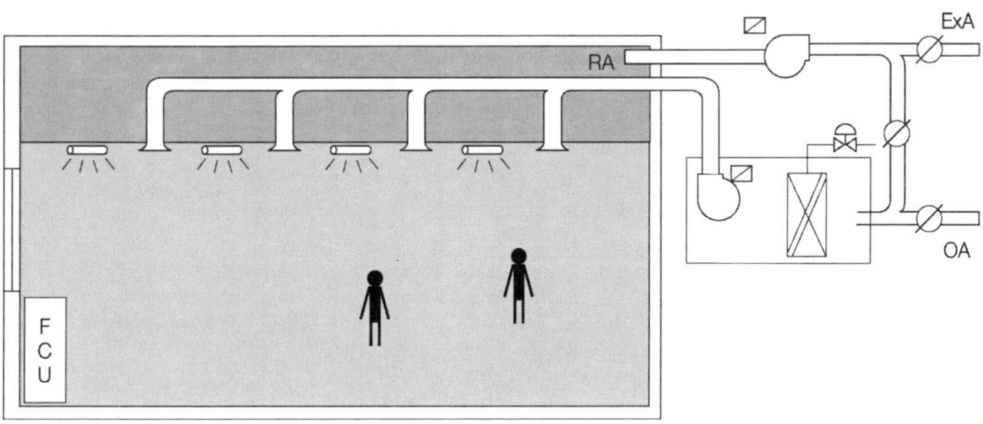

그림6.11 외기도입 제어

예전에 공조라고 하면 여름에는 냉방, 겨울에는 난방, 봄가을 중간기에는 환기운전 정도로 간주하였다. 하지만 건물의 기밀성 향상되고, OA기기의 증가로 인해 현재는 연간으로 냉방부하가 발생하고 있다. 따라서 겨울에도 냉방을 필요로 하는 경우가 드물지 않아 적절한 외기냉방의 운용이 중요해졌다. 그와 더불어 다음과 같이 외기냉방에 대한 안이한 인식에서 발생하는 에너지 낭비도 자주 보게 된다.

① 외기냉방과 CO_2 제어를 정확하게 인식하고 있지 않다.
② 워밍업 시의 외기냉방을 정확하게 이해하고 있지 않다.
③ 야간 처리방법이 적절하지 않다.

이러한 경향에서 보듯 그림6.12와 같이 정리해 보면 그렇게 어려운 것은 아니다. 또한 이번 항에서는 공기선도(psychrometric chart)가 자주 등장한다. 공기선도를 보는 방법에 대해서는 제10장 자료편의 「공기선도 보는 방법」을 참조하기 바란다.

6.3.1 외기냉방에 적합한 외기조건

외기냉방을 적절하게 운용하기 위해서 외기가 어떤 조건일 때 실시해야 하는 것인지 그림6.13을 가지고 설명한다. 각 선의 의미는 다음과 같다.

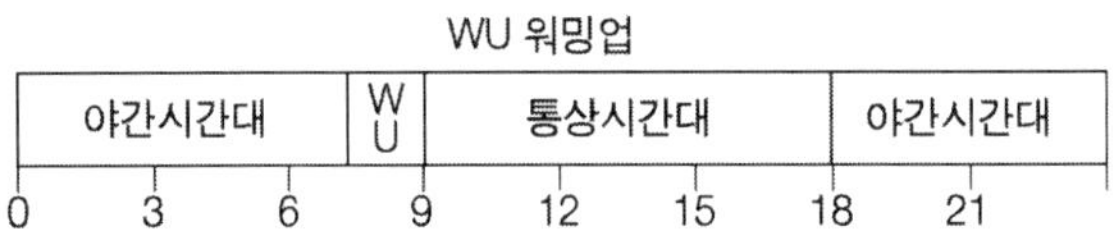

	외기냉방 불가	외기냉방 가능
WU시간대	외기차단	외기냉방
통상시간대	CO_2에 의한 최소외기량 제어	외기냉방
야간시간대	24시간 운전인 경우 최소건구온도 해제	외기차단

그림6.12 계절、시간별 외기도입

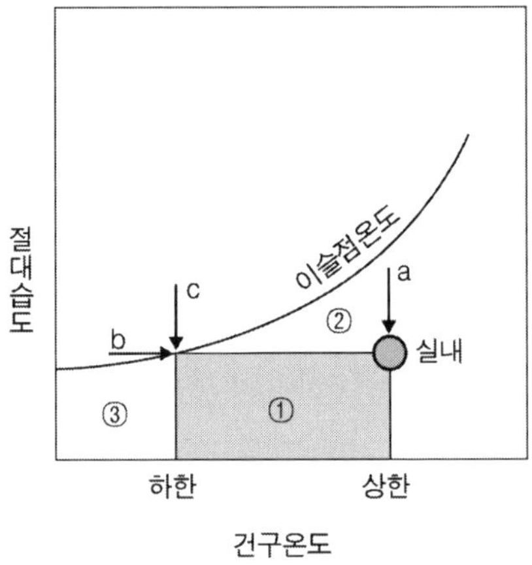

그림6.13 외기도입영역

(1) 건구온도상한

실내설정온도와 동일하게 하거나 조금 낮게 세팅한다.

(2) 절대습도 또는 이슬점온도

절대습도 또는 이슬점온도가 높은 ②의 영역의 공기를 도입하면 실내 습도가 상승한다.

(3) 건구온도하한

온도조건만을 생각하면 외기를 도입하는 것이 맞지만 겨울철에 ③ 부분에 공기를 도입하면 가습능력이 부족하게 되어 실내습도가 떨어진다. 이는 겨울철 실내습도가 유지되지 않는 이유 중의 하나이기도 하다(단, 뒤에서 서술할 제4항 「24시간 운전의 겨울철 야간 외기냉방」에서 서술하는 내용은 예외). 따라서 ①이 외기냉방을 할 때의 도입 영역이 된다.

6.3.2 워밍업 시의 외기냉방

일반적으로 설계자는 냉방과 난방이 이루어지고 있는 상태를 기준으로 생각하므로 사람이 없는 워밍업 운전시에는 외기를 도입하지 않는 편이 에너지절감이라고 생각하여 "워밍업 중에는 외기를 차단한다." 같은 문장을 설계도면에 써 넣는 경우가 많다. 하지만 이것은 냉난방시에 해당하는 것으로 워밍업 중에도 외기냉방이 가능할 때에는 외기를 도입해야 한다. 설계도 중간에 그림6.12와 같이 연간 전체에 해당하는 내용을 넣어야 한다.

6.3.3 냉난방 시의 CO_2 제어

CO_2값의 실내환경 기준값은 건축기준법에서 1,000ppm 이하로 정하고 있다. 한편 공조계획 단계에서는 1인당 필요외기량을 25m^3/h 이상이 되도록 설계한다. 따라서 일반적으로 700ppm 정도로 설정해도 공기환경이 웬만큼 나쁜 곳이 아닌 한 이 조건은 충족된다.

따라서 통상적인 외기냉방 제어가 요구되는 조건 하에서 CO_2 신호로 외기댐퍼가 동작하는 일은 없다. CO_2 제어가 활용되는 것은 오히려 냉난방기의 최소외기량을 한층 더 적게 할 때이다. CO_2 제어로 최소 외기량을 조절하는 것은 에너지절감 관점에서 큰 부분이다. 다만 이 경우에도 CO_2만을 기준으로 하여 판단하면 외기댐퍼가 완전차단이 되더라도 CO_2 농도가 유지되는 상황이 발생하기도 한다. 이러한 운전을 계속하여 실내에 곰팡이가 발생하였다는 보고도 있으므로 최소한으로 열어주는 조건은 남겨두어야 한다.

제어로직으로는 CO_2 신호와 온도신호를 비교하여 큰 쪽을 채택하고 최소한으로 열어주는 설정신호를 설치하는 등, 현재 행해지고 있는 일반적 방법과 차이는 없으나 그림 6.14의 「CO_2 제어는 최소 오픈상태를 확보한다」를 항상 기억해야 한다. CO_2 제어가 들어있는 경우에는 OA、EA댐퍼의 최소 오픈상태가 작아야 한다. 트렌드 그래프를 보고 설정값이 좋은지 나쁜지를 판단할 때에 도움이 될 것이다(그래프6.8).

6.3.4 24시간 운전하는 겨울철 야간의 외기냉방

최근에는 컴퓨터 네트워크가 일반화됨에 따라 PC서버가 사무실에 놓이는 경우가 많아졌다. 이로 인해 거주자(tenant)와의 계약조건으로 연간 24시간 공조를 보증하는 건물이 늘고 있다. 이런 건물에서는 겨울철 야간에도 냉수를 계속해서 공급하는 경우가 많다. 즉, 겨울철 야간의 외기는 그림6.13에서 ①의 영역에 있으므로 외기냉방은 금지되어 냉수를 순환시켜야 하는 상황이 되어 버린다. 그러나 부하량이 극히 적어 냉동기가 자동으로 운전、정지를 반복하는 어이없는 사례도 있다(제3장의 그래프3.6 "냉동기의 자동 운전、정지2"는 이것 때문에 발생한 현상이다).

야간시간대라면 사람이 없을 것이며 가습부족 상황도 문제가 되지 않는다. DDC의 타임스케줄에 그림6.15와 같은 야간시간대 항목을 작성하는 것도 하나의 해결방법이다. 이 시간대는 외기조건의 하한선을 제외하면「연간 24시간 냉수공급」등과 같은 조항을 수정하여 불필요한 냉수 운전을 하지 않도록 한다.

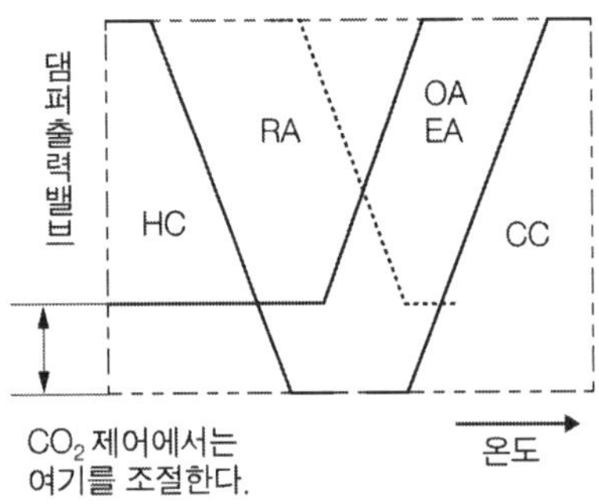

그림6.14 냉난방 시의 CO_2 제어

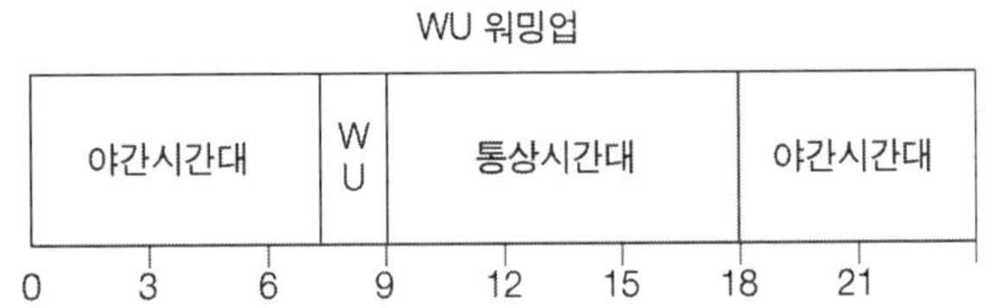

그림6.15 야간의 외기냉방 허가

6.3.5 외기냉방의 기초

이 항에서 각 댐퍼(OA、EA 및 RA)의 오픈값은 추측이다.

(1) 외기 일부도입 I

그림6.16은 외기온도조건이 낮아 약간의 외기를 도입하여 실내냉방 부하에 대응가능한 때이다. OA、EA 댐퍼는 60% 정도로 열고 RA댐퍼는 그 역수인 40%로 한다. 냉수제어밸브(CC)는 0%로 외기냉방만으로 공조가 이루어지도록 한다. 또한 여기서는 가습에 대한 설명을 생략하기로 하는데, 이는 실내온도를 기준으로 댐퍼를 제어하므로 실내습도는 설정값보다 낮은 상태로 맞추어지기 때문이다.

(2) 외기 일부도입 II

그림6.17의 외기온도는 외기냉방 조건에 맞지만 습도가 높은 상황이다. 실내온도조건은 만족 가능하지만 습도에 대한 조치를 하지 않으면 상승해 버린다. 이런 조건에서는 외기냉방이 적합하지 않다. 외기를 도입할 것인가에 대한 판단을 할 때는 건구온도뿐만 아니라 절대습도 또는 이슬점온도가 필요하다.

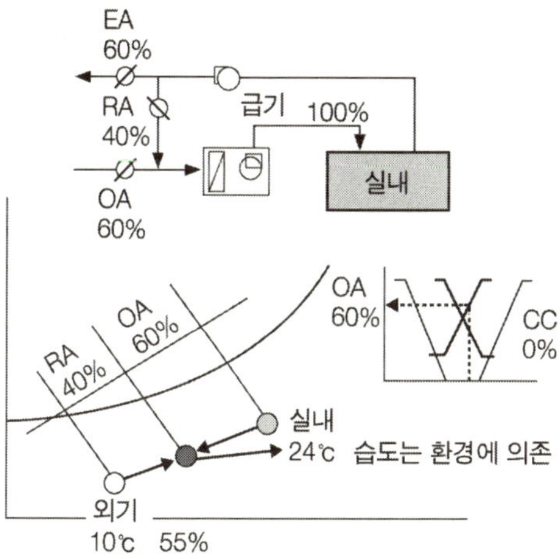

그림6.16 외기 일부도입 시의 공기선도 Ⅰ

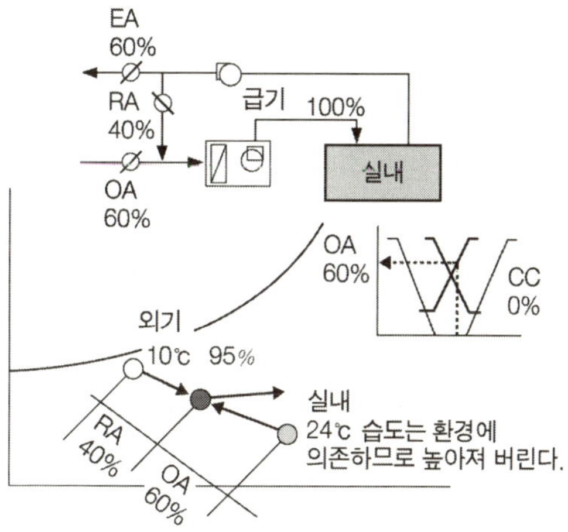

그림6.17 외기 일부도입 시의 공기선도 Ⅱ

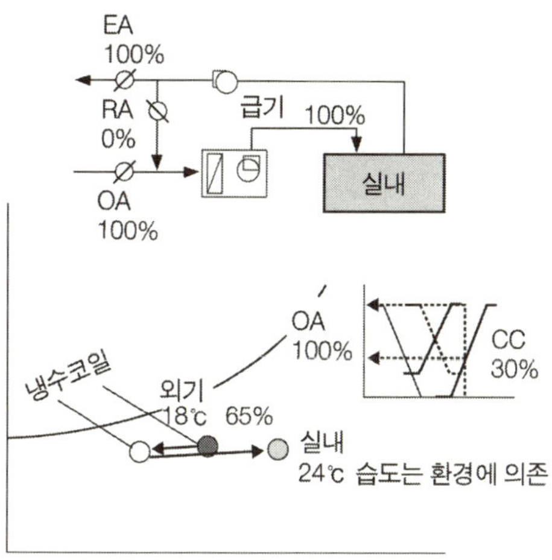

그림6.18 전체 외기+냉수코일의 공기선도

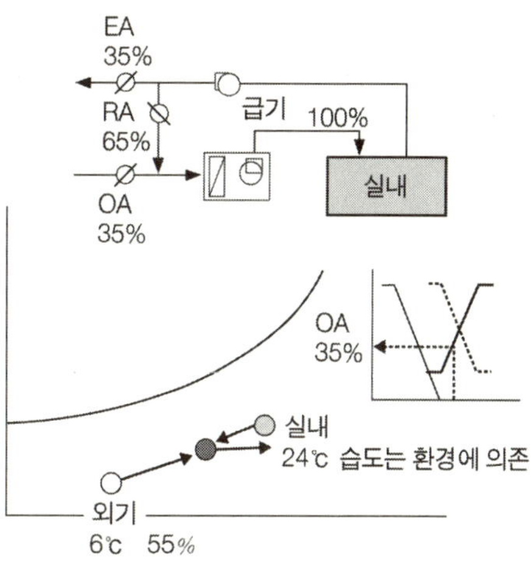

그림6.19 난방 시 외기냉방의 공기선도

(3) 외기댐퍼와 냉수코일의 병행이용

외기를 도입하더라도 냉방부하가 많을 때에는 냉수코일과 함께 이용한다. 전체외기를 도입해도 좋을 만큼 공기조건이 좋더라도 실내부하를 감당할 수 있을 만큼의 외기조건이 아닐 때에는 그림6.18과 같이 전체외기를 도입한 다음 냉수제어밸브를 열어 실내온도조건을 충족시켜야 한다.

(4) 난방시기의 외기냉방

겨울철에 난방 운전할 때에도 아침에는 난방부하가 걸리지만 낮이 되면 냉방을 필요로 하는 조건이 자주 발생한다. 특히 고층건물과 같이 기밀성이 높은 건물에서는 이러한 경향이 강하다. 난방운전을 할 때에도 외기냉방을 필요로 하는 상태의 공기선도(psychrometric chart)는 그림6.19와 같으며 그림6.16의 경우와 수치는 다르지만 형태는 동일하다.

6.3.6 VAV 방식에서의 최적외기도입

VAV 방식에서는 OA량을 확보하기 위해 별도의 제어가 필요하다. 실내온도는 VAV로 풍량을 제어하여 유지되므로 송풍기의 급기풍량은 이와 연동하여 보통 40~100% 범위에서 움직인다.

댐퍼 및 자동제어밸브와 관련한 급기 온도제어는 그림6.20(a)과 같이 단순히 OA、EA와 RA댐퍼로 급기풍량 Ⓐ=OA、EA풍량 Ⓑ+환기풍량 Ⓒ의 관계의 비율로 제어되며, OA량 확보는 고려되어 있지 있다. 급기풍량이 감소되면 같은 비율로 OA 도입량도 감소된다. 이를 방지하기 위해 그림6.20(b)와 같이 RA에 댐퍼를 넣어 풍속계(FE)의 신호에 따라 OA의 풍량을 유지하도록 반환덕트로 삽입된 댐퍼를 제어하면 급기풍량 Ⓐ가 잠겨 있을 때에도 OA、EA풍량 Ⓑ는 요구량을 얻을 수 있게 되며 환기풍량 Ⓒ=Ⓐ-Ⓑ가 된다.

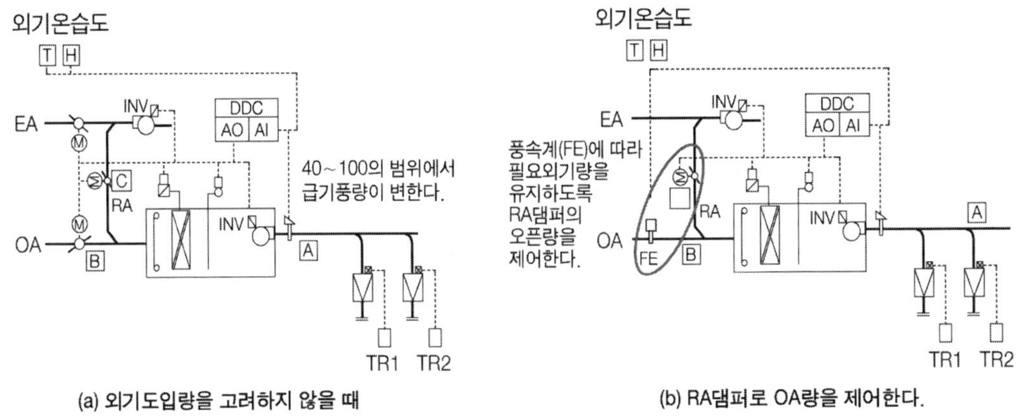

그림6.20 VAV 방식에서의 외기 도입

6.3.7 외기냉방 제어의 블록도

공조기의 동작을 나타내는 계기장비도는 통상적으로는 그림6.21과 같이 표현되며 개별 조항설명서로 동작에 대한 설명이 첨부되는 경우가 많다. 앞서 서술한 바와 같이「워밍업일 때에는 외기를 차단한다」등으로 표현한다. 이렇게 하면 중간기의 워밍업시간 중에도 외기냉방이 금지된다.

이미 공조 자동제어의 DDC화가 정착된 지 30년 이상의 세월이 흘렀지만「옛날 계기장비도는 이해하기 쉬었으나 DDC화 되면서 그래프 박스가 되어 버렸다」고 말하는 사람이 아직도 많다. 최근에는 계기장비기기 제조사의 현장 조사원들만이 제어내용을 이해하고 있다는 말도 있다. 이를 문제점을 해결하기 위해 그림6.22와 같은 DDC블록도로 표현하면 좋다.

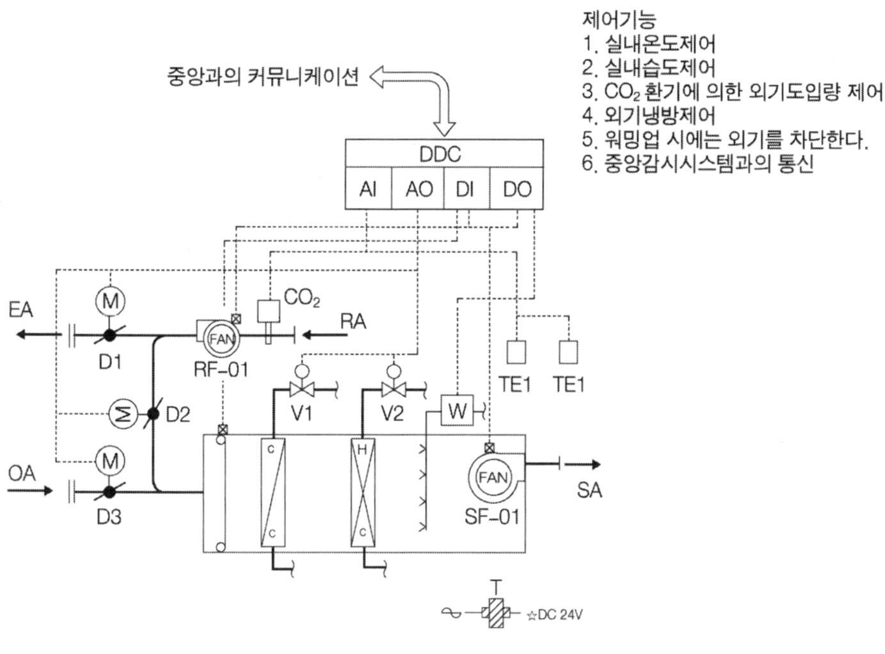

그림6.21 공조기 제어의 계기장비도

6.3.8 냉난방시의 CO_2 제어 사례

그래프6.7은 CO_2 농도설정값을 950ppm으로 할 때의 주간 트렌드 그래프이다. 950ppm으로 제어되고 있는 계통과 추가적인 외기 저감이 가능한 계통이 시각적으로 구분된다.

그래프6.8은 외기댐퍼의 오픈량이다. 외기댐퍼의 최소오픈 정도를 10%로 조절하고 있음을 알 수 있다. 일반적으로 30% 정도로 설정하는 예가 많지만 CO_2 센서를 사용하는 경우에는 이 정도까지 댐퍼를 잠가도 된다.

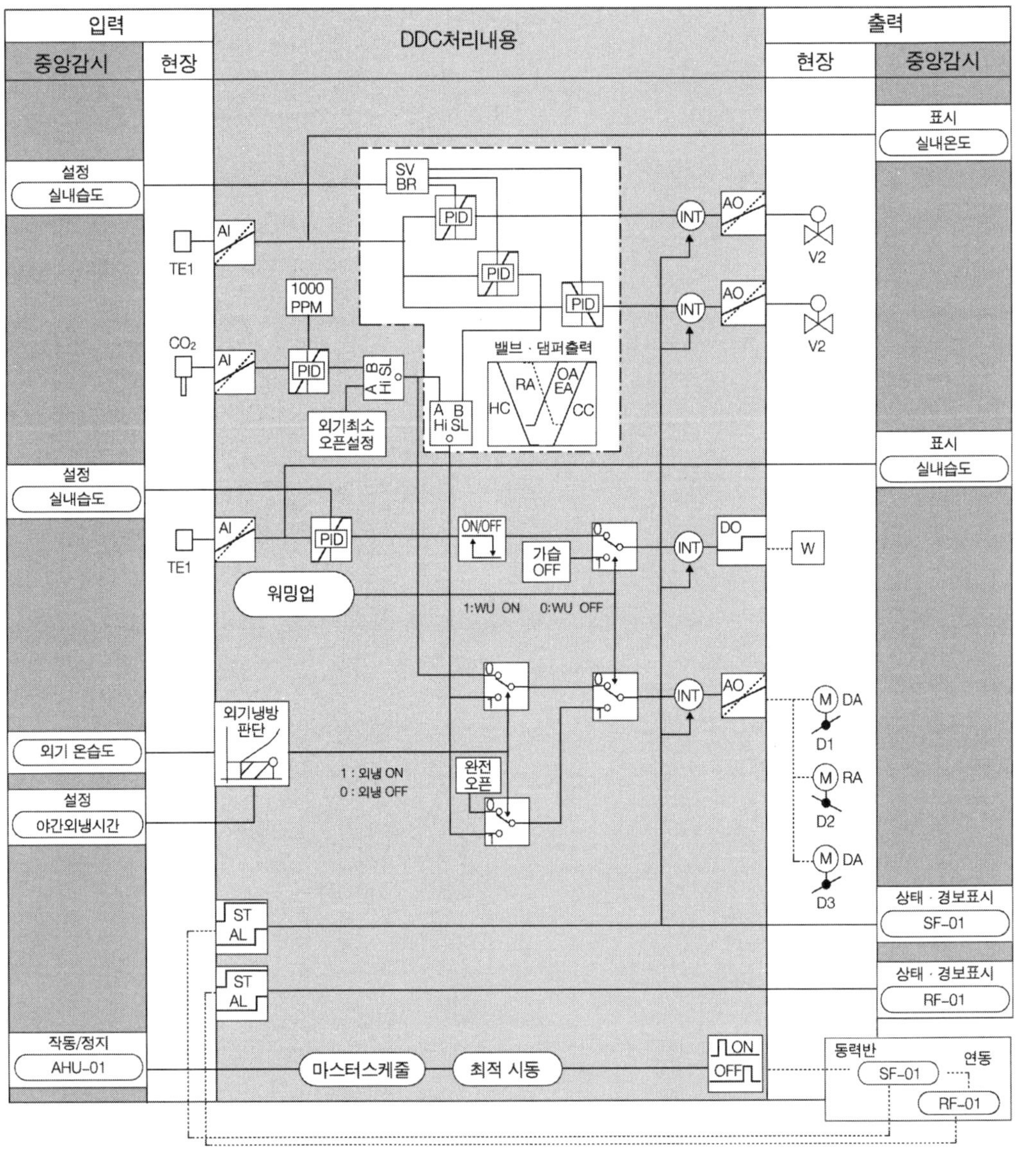

그림6.22 외기냉방 + CO_2 제어 블록도

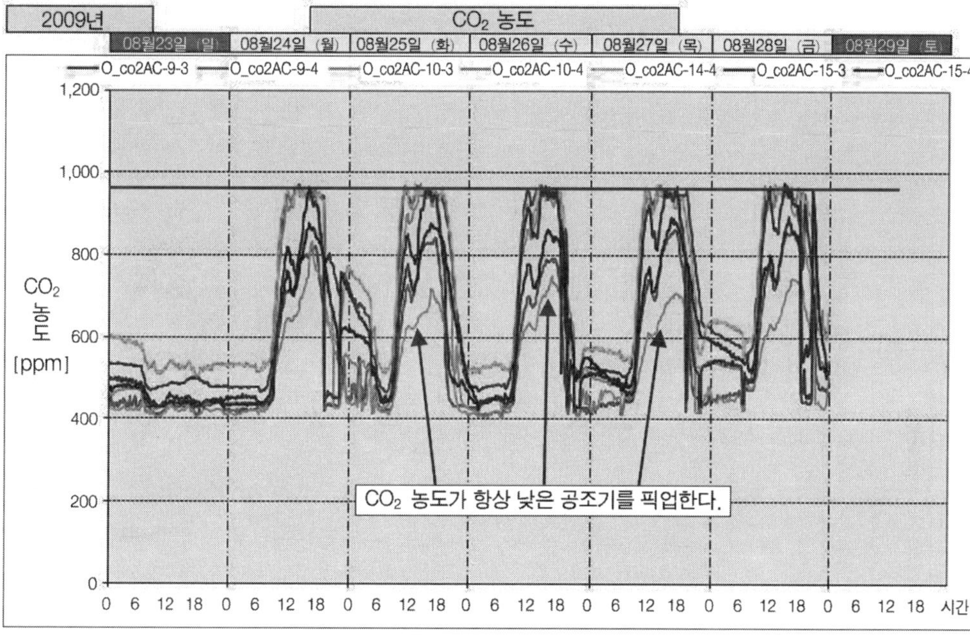

그래프6.7 CO_2 제어의 주간 트렌드

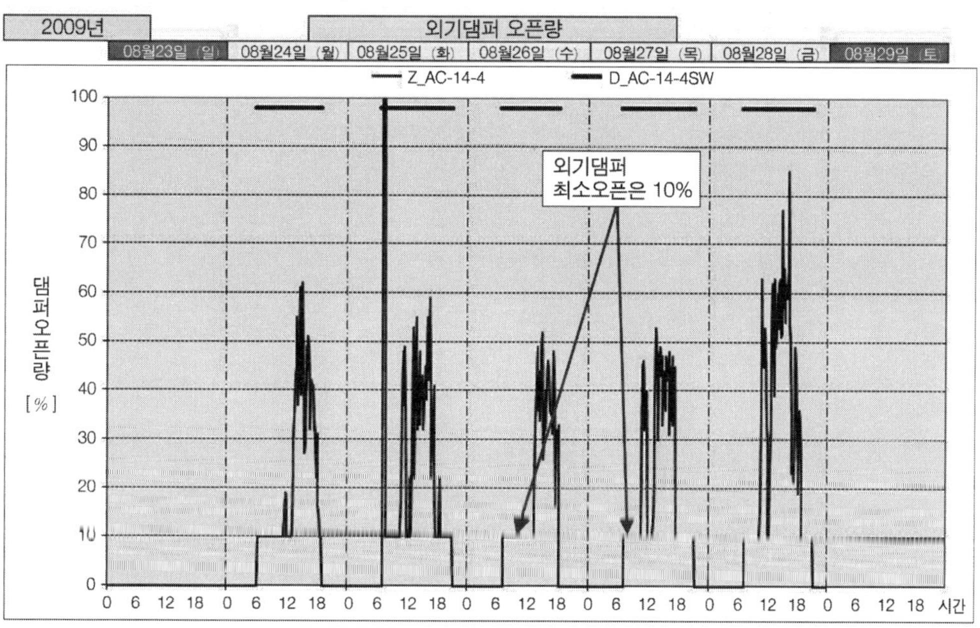

그래프6.8 외기댐퍼 오픈량

제7장

공조부하의 저감

건물을 운용하는 측면에서 공조부하를 줄이는 방법으로 먼저 실내온도 설정을 완화하는 방법을 생각할 수 있다. 하지만 공조제어 방식에도 환기 온도제어 및 VAV 방식 등이 있어 단순히 설정온도를 변경하는 것만으로 일률적인 효과를 얻을 수는 없다. 또한 실내온도 설정 완화 이외에도 잠열부하를 수정하여 공조부하를 저감하는 방법이 있으므로 소개해 보고자 한다.

7.1 실온설정 변경과 에너지절감

사무실 건물에서 실내온도 설정을 25℃와 27℃로 하였을 때 에너지 소비량의 차이를 측정한 사례로, 각각 1주일간 계측하여 비교하였다. 여기서는 설정온도를 변경하였을 때의 에너지 소비량을 비교하는 것이 목적이므로, 그림7.1과 같이 9시~18시의 코어타임 시간대의 데이터만을 이용하였다.

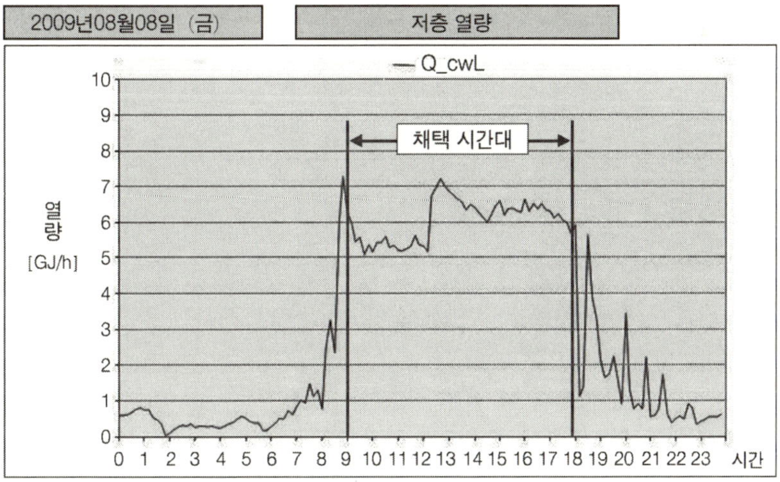

그림7.1 사용 데이터(9~18시)

7.1.1 사례 1(VAV 방식)

그림7.2는 VAV 시스템 배치와 계측 계통을 나타낸 것이다. 이 사례에서는 감시반의 처리능력이 부족하여 8층에서만 상세 데이터를 수집하였다. 온도설정 변경은 하나의 열

교환기로부터 공급받는 모든 공조기에 대하여 실시하였고 부하열량은 열교환기 부분에서 수집하였다. 또한 온도 설정값 변경을 재실자에게는 알리지 않았다.

그림7.3과 같이 VAV 방식에서 공조기는 급기온도(Ts)를 유지하면서 제어되고, 실내온도는 VAV를 통해 풍량을 조절하여 제어되므로 모든 VAV의 설정온도를 변경하여 시험하였다. VAV에 대한 온도설정은 1주일간 27℃로 운전하고, 다음 1주일은 25℃로 운전하여 비교하였다.

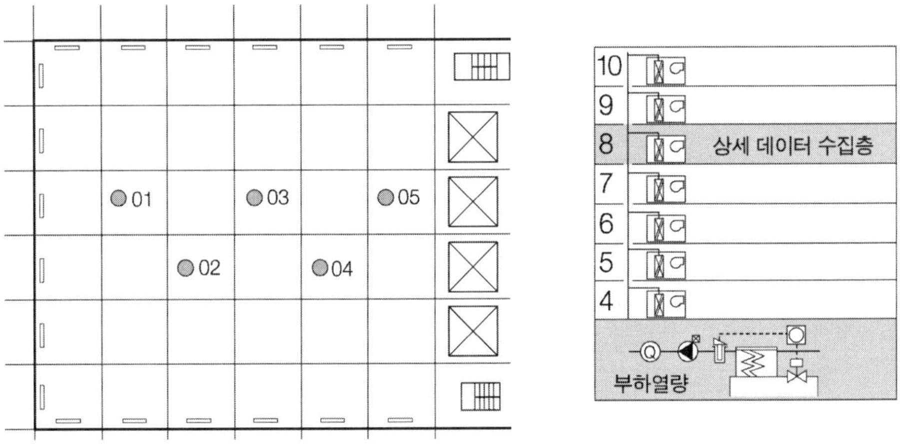

그림7.2 VAV의 배치와 계측계통

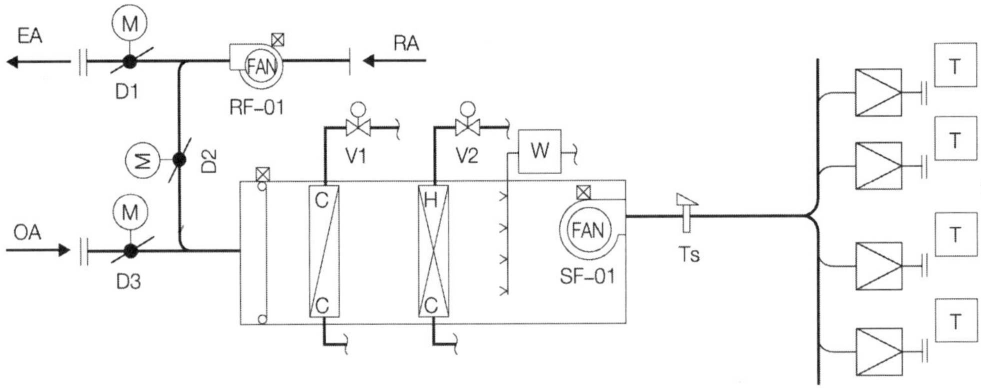

그림7.3 시스템 계통도

실내온도 제어상황은 그래프7.1과 같이 되어 있으며, 제어범위는 ±1℃이다.

공조부하에 미치는 외기조건의 영향이 크므로, 지난 2주일 동안의 외기조건을 맞추기 위해 그림7.4와 같이 외기 엔탈피에 대한 1차 에너지 산포도를 구하여 온도설정이 다른 데이터 비교를 실시하였다. 근사식을 통해 표7.1의 비교수치를 구하고 외기조건을 흡수한 것에 대한 판정을 내릴 수 있는 형태로 정리하였다.

이 데이터를 취득하였을 때의 평균적인 엔탈피를 57kj/kg'으로 하면 1℃당 15.0%가 저감된다. 여름철의 평균적인 엔탈피는 70kj/kg' 이상이어야 하나 그림7.4에서 데이터가 없는 부분에 대해서는 검토하지 않았으므로 여기서는 수집한 데이터 집단의 중간값 정도를 선택하기로 한다.

> 25℃ 설정 1차 에너지 = 57 × 0.210 − 3.747 = 8.22[GJ/h]
> 27℃ 설정 1차 에너지 = 57 × 0.152 − 2.908 = 5.76[GJ/h]

* 주의사항
VAV 방식의 에너지 소비 비교는 송풍 동력도 포함해야 하나 감시반 데이터가 없었다. 샘플로서 1계통의 전력만 측정하였는데 정성적인 상관관계를 얻지 못했다. 또한 이 건물의 공조기 전력량은 열원에너지에 대비하여 매우 적은 값이라 검토대상에서 제외하였다.

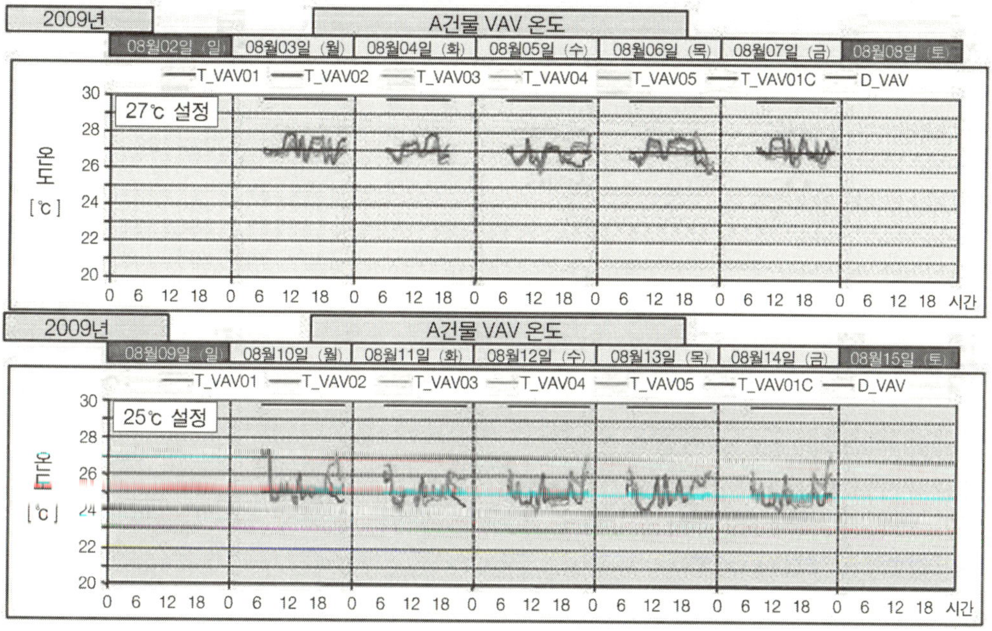

그래프7.1 VAV 방식 실온제어의 예

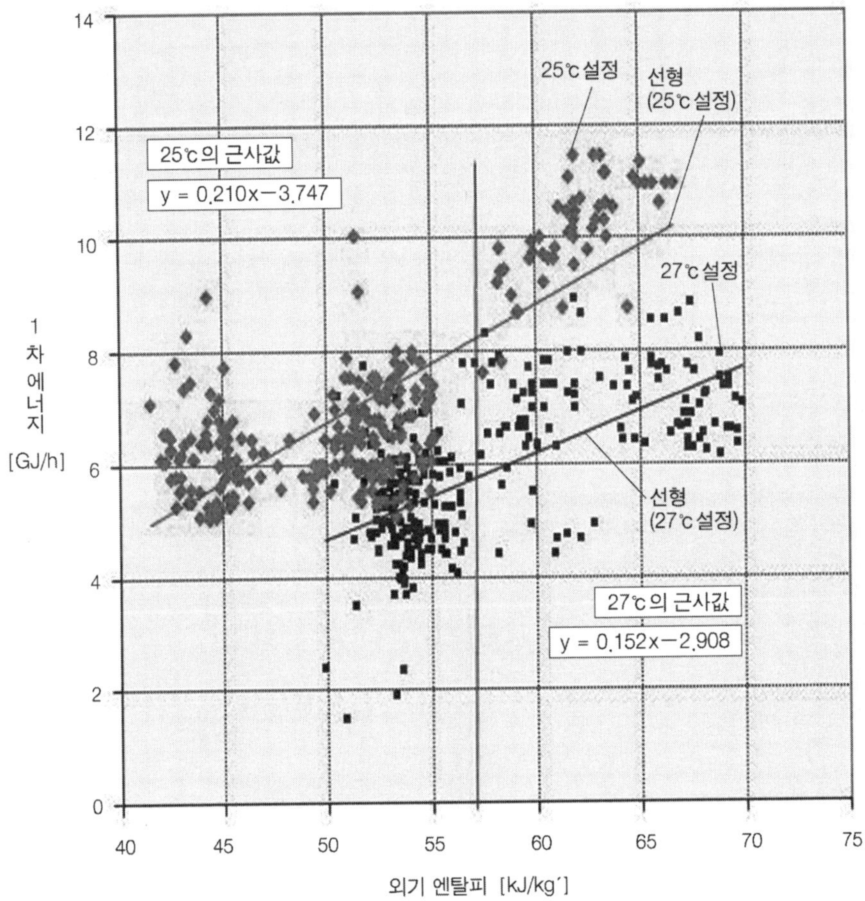

그림7.4 외기도입에 대한 1차 에너지

표7.1 1차 에너지 비교

기준 외기 엔탈피		57.0
	25℃ 설정	27℃ 설정
a =	0.210	0.152
b =	−3.747	−2.908
1차에너지 [GJ/h]	8.22	5.76

에너지 절감률	= 30.0%
에너지 절감률(1℃당)	= 15.0%

7.1.2 사례 2(반복온도 제어방식)

그림7.5는 하나의 층을 2분할하여 각각 4대의 인테리어 공조기와 1대의 외조부 공조기로 부하를 분담하는 건물의 예이다. 온도는 공조기로 반환되는 온도를 일정하게 하여 제어된다. 평면도에서 ®은 액정디스플레이 온도 설정기이며 거주자가 임의로 온도설정을 변경할 수 있는 시스템이다. 이 사례는 온도설정 변경을 사전에 재실자에게 알려주었다.

그래프7.2는 실내온도를 나타낸 것이나 27℃로 설정한 주에는 온도 상태가 안정적이지 못하다. 그래프7.3은 실내온도 설정값이며, 27℃로 설정한 주는 도중에 온도설정을 낮춘 곳이 많다. 표7.2도 이러한 상황이 일어났다. 또한 처음부터 온도설정을 낮춘 경우도 있다. 거주자가 온도의 불쾌감을 느꼈기 때문이라 생각된다.

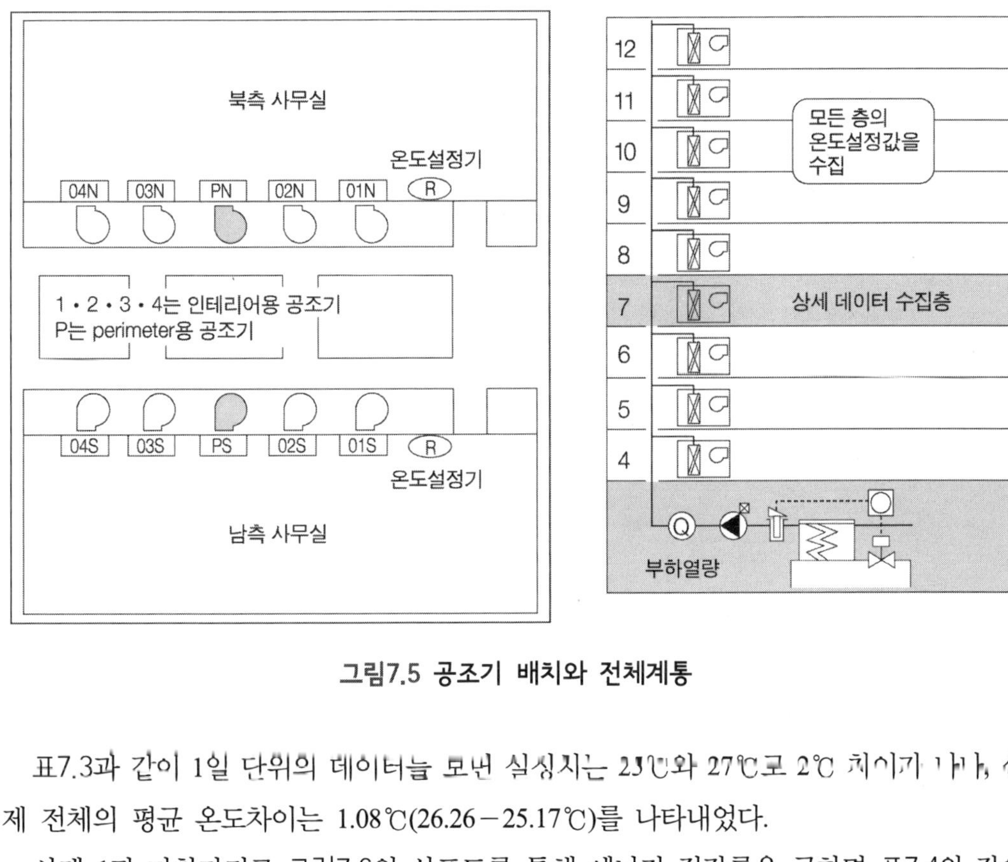

그림7.5 공조기 배치와 전체계통

표7.3과 같이 1일 단위의 데이터를 보면 실정치는 25℃와 27℃로 2℃ 차이가 나나, 실제 전체의 평균 온도차이는 1.08℃(26.26－25.17℃)를 나타내었다.

사례 1과 마찬가지로 그림7.6의 산포도를 통해 에너지 절감률을 구하면 표7.4와 같이 10.6%를 얻을 수 있는데, 실제 설정값 차이가 1.08℃이었던 조건에 따라 수정을 하면 1℃당 에너지 절감률은 9.8%가 된다.

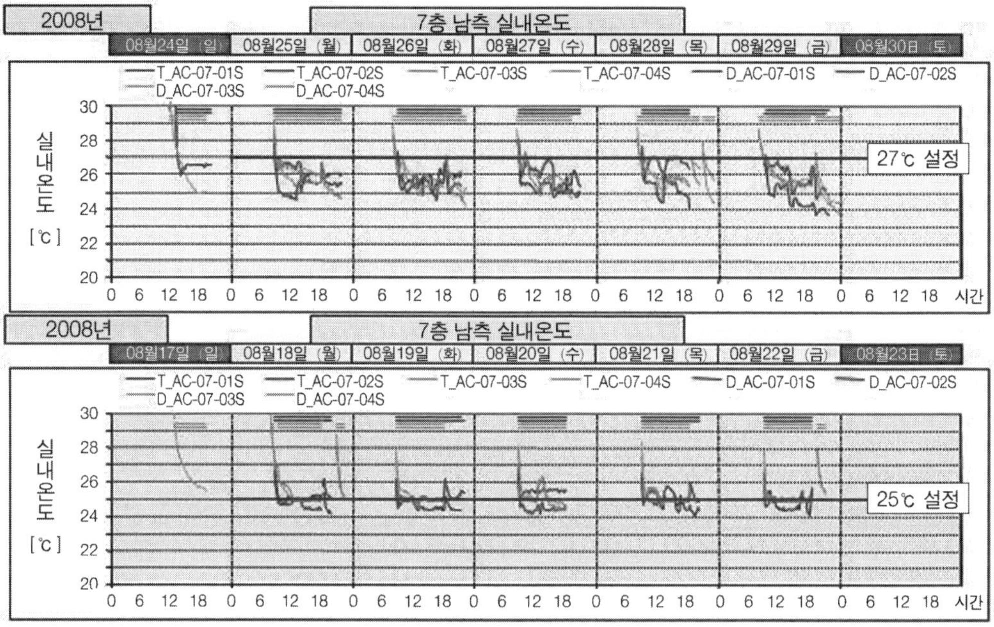

그래프7.2 반환온도 제어방식 실온제어의 예

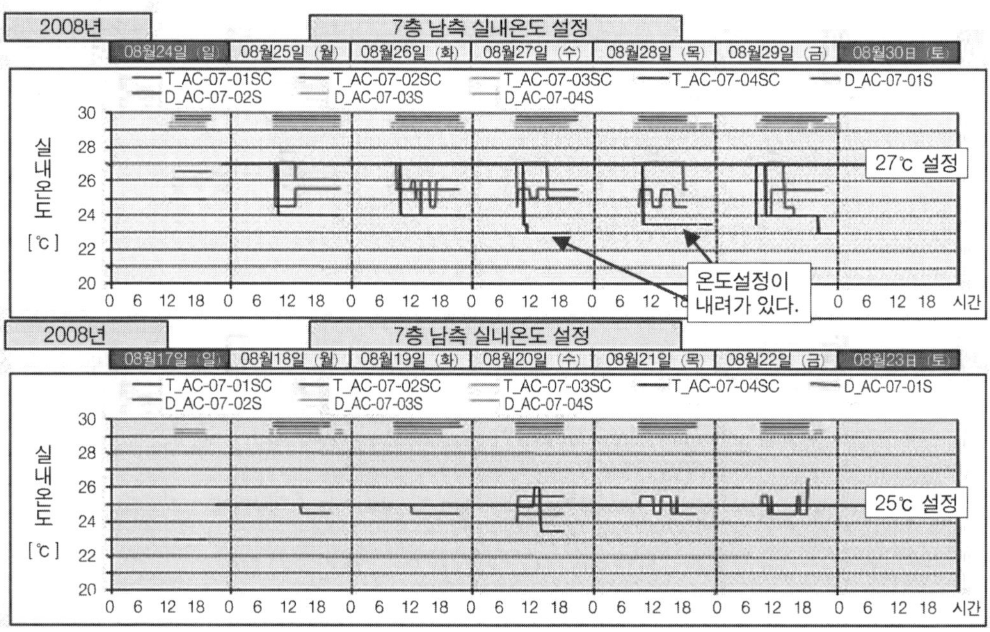

그래프7.3 온도설정값의 변화

표7.2 온도설정값의 변화(수치표현)

	No1N	No2N	No3N	No4N	No1S	No2S	No3S	No4S
9 : 00	27.0	24.0	27.0	23.0	27.0	27.0	27.0	27.0
9 : 10	27.0	24.0	27.0	23.0	27.0	27.0	27.0	27.0
9 : 20	27.0	24.0	27.0	23.0	27.0	27.0	27.0	27.0
9 : 30	27.0	24.0	27.0	23.0	27.0	27.0	27.0	27.0
9 : 40	27.0	24.0	27.0	23.0	27.0	27.0	27.0	27.0
9 : 50	27.0	24.0	27.0	23.0	27.0	27.0	27.0	27.0
10 : 00	27.0	24.0	27.0	23.0	27.0	27.0	27.0	27.0
10 : 10	27.0	24.0	27.0	23.0	27.0	27.0	27.0	27.0
10 : 20	27.0	24.0	27.0	23.0	23.5	27.0	27.0	27.0
10 : 30	27.0	24.0	27.0	23.0	23.5	27.0	27.0	27.0
10 : 40	27.0	24.0	27.0	23.0	23.5	27.0	27.0	27.0
10 : 50	27.0	24.0	27.0	23.0	23.5	27.0	27.0	27.0
11 : 00	27.0	24.0	27.0	23.0	23.5	27.0	27.0	27.0

표7.3 1일 단위로 정리한 일람표

		외기도입	부하열량	모든 층 설정값		
		KJ/kg'	GJ/일	내주부 평균	외주부 평균	실평균
25℃설정	8월 18일	58.9	292.8	25.1	25.2	25.1
	8월 19일	60.1	267.6	25.3	25.2	25.2
	8월 20일	60.2	282.6	25.2	25.2	25.2
	8월 21일	58.1	366.8	25.0	25.2	25.1
	8월 22일	68.5	403.4	25.2	25.2	25.2
	일합계 평균	61.2	322.6	25.2	25.2	**25.17**
27℃설정	8월 18일	56.8	247.3	26.0	26.5	26.2
	8월 18일	48.5	260.6	26.0	26.5	26.2
	8월 18일	48.3	173.1	26.0	26.5	26.2
	8월 18일	54.6	229.5	26.1	26.5	26.3
	8월 18일	60.1	309.9	26.2	26.5	26.3
	일합계 평균	53.7	244.1	26.1	26.6	**26.25**

이번 사례에서는 전체 공조기의 온도설정 데이터를 얻을 수 있었는데, 다른 층도 그래프7.3과 비슷한 경향을 보이며 외기온도가 높아지면 온도설정이 떨어지는 것을 확인하였다.

25℃ 설정 1차 에너지 = 57 × 0.1408 − 2.6394 = 5.386[GJ/h]

27℃ 설정 1차 에너지 = 57 × 0.0880 − 0.1994 = 4.817[GJ/h]

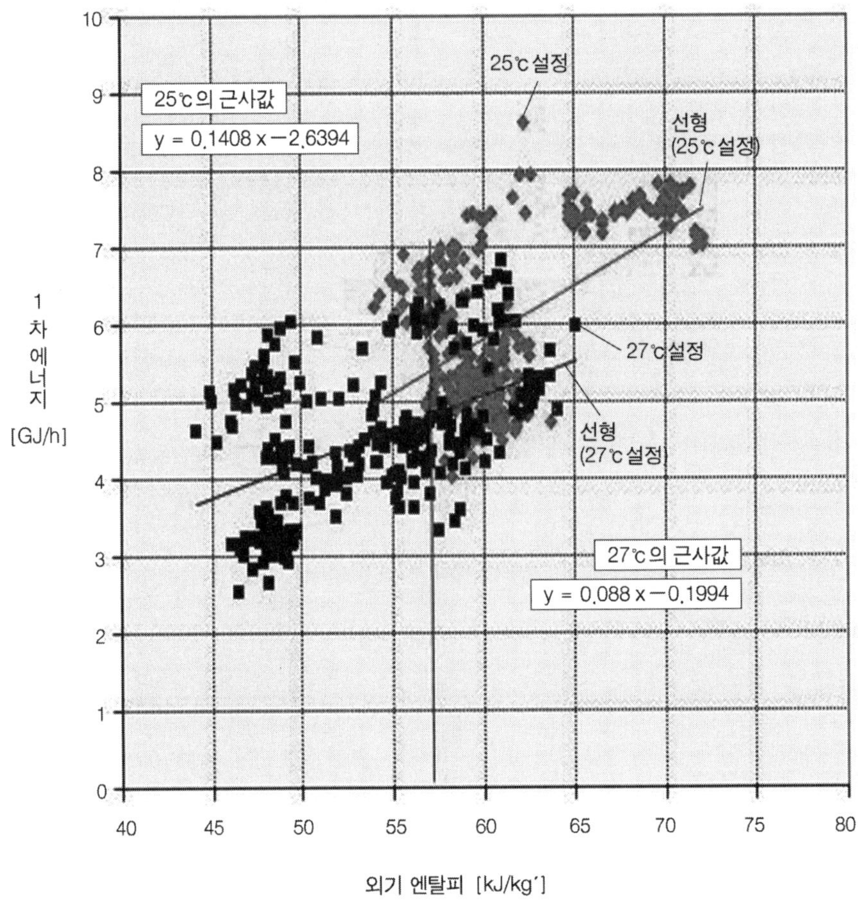

그림7.6 외기도입에 대한 1차 에너지

표7.4 1차 에너지 비교

기준 외기 엔탈피		57.0
	25℃	27℃
a =	0.14008	0.0880
b =	−2.6394	−0.1994
1차에너지 [GJ/h]	5.386	4.817

에너지 절감률	= 10.6%
에너지 절감률(1℃당)	= 9.8%

* 1℃당(설정온도 보정 추가) = 에너지 절감률/(26.25 − 25.17℃)

7.2 공조기 잠열부하 저감에 의한 에너지절감

공조설비 설계자는 공기선도를 그릴 때에 그림7.7(a)와 같은 방법으로 그린다. 이에 대해 공조기 제조사의 설계자가 그리는 공기선도는 그림7.7(b)와 같이 표현한다. 즉, 공조기 코일면을 공기가 통과할 때 그림7.8과 같이 최초에는 코일표면 온도가 높으므로 현열변화만 동반하지만 급기온도 포인트에 가까워지면 장치이슬점온도에 의해 잠열변화가 동반되는 것이다(그림7.8).

공조설비 설계자는 공조기의 필요능력을 구하기 위해 공기선도를 그리는 것이므로 그림7.7(a)와 같은 방식으로 그리는 것에는 문제가 없다. 그림7.7(b)와 같은 내용은 공조기 코일의 열수(列數)나 핀 피치 또는 열부하의 양 등에 따라 변할 수 있으므로 공기선도를 작성하는 데 있어서 이 정도까지 할 필요는 없다.

- 장치이슬점온도 : 공조기 코일의 핀 사이를 공기가 통과할 때에 완전히 코일에 닿지 않고 통과해 버리는 공기가 있는데 이를 바이패스 팩터라 한다. 반대로 코일에 닿는 부분을 컨택트 팩터라고 한다. 따라서 공조기 출구의 온습도는 그림7.7(b)와 같이 이슬점온도의 바로 안쪽이 상대습도선을 따라 이동한다. 이것을 장치이슬점온도라고 한다.

여기에서 말하고자 하는 것은 공조기 코일방향으로 흐르는 물의 온도가 높아지면 공기선도 상의 급기온도가 그림7.9의 급기점 A까지 도달하지 못하고 급기점 B가 된다는 것이다. 따라서 실내습도는 설계점까지 도달하지 않게 된다. 하지만 그만큼 에너지 소비량도 적어진다.

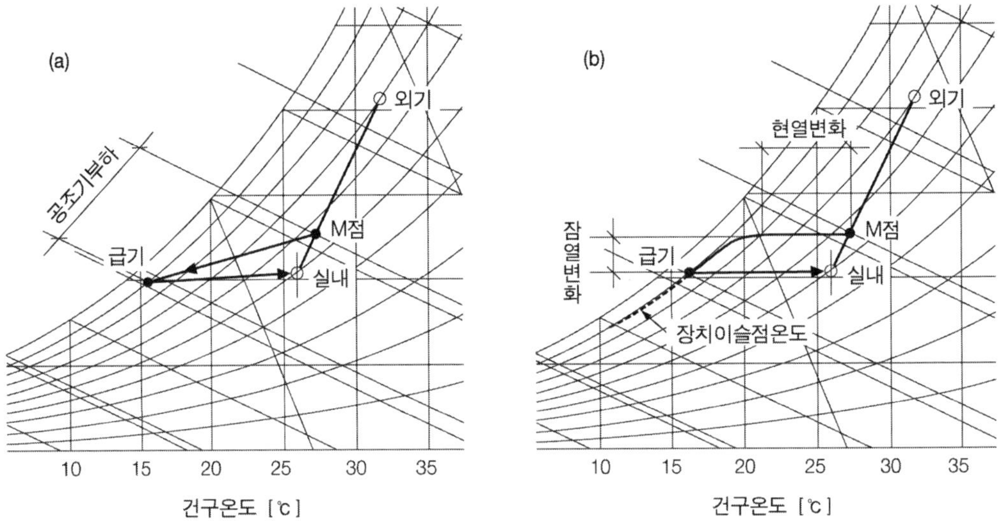

그림7.7 잠열부하와 공기선도

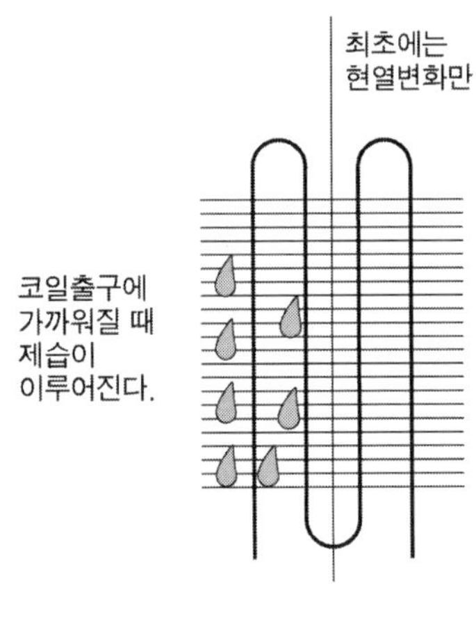

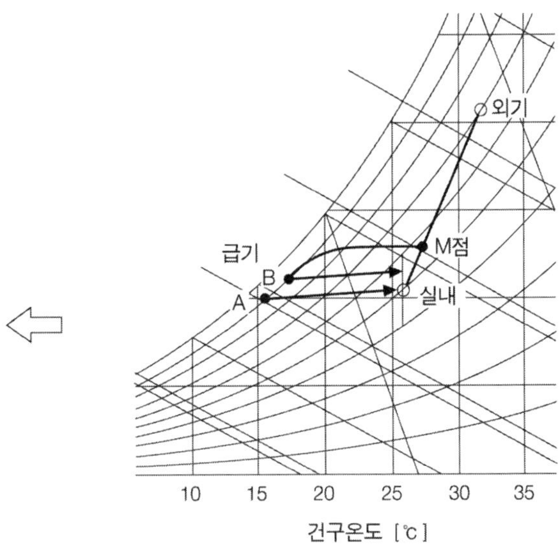

그림7.8 냉각 코일면의 제습 현상 그림7.9 송수온도가 높을 때의 급기점과 실내습도

그림7.10의 엔탈피 차이 A는 송수온도가 정격값인 경우이며 B는 송수온도를 높여 공급한 때이다. 공기선도에 의한 판단에서 실내습도는 C만큼 올라가 55% 정도가 되는데, 이때 저감 가능한 에너지 소비량은 27%[=(A−B)/A로 산출]가 된다. 즉, 데시컨트 공조를 검토할 때, 잠열과 현열의 분리처리 방법으로 어느 정도의 잠열처리가 가능하다는 것이다.

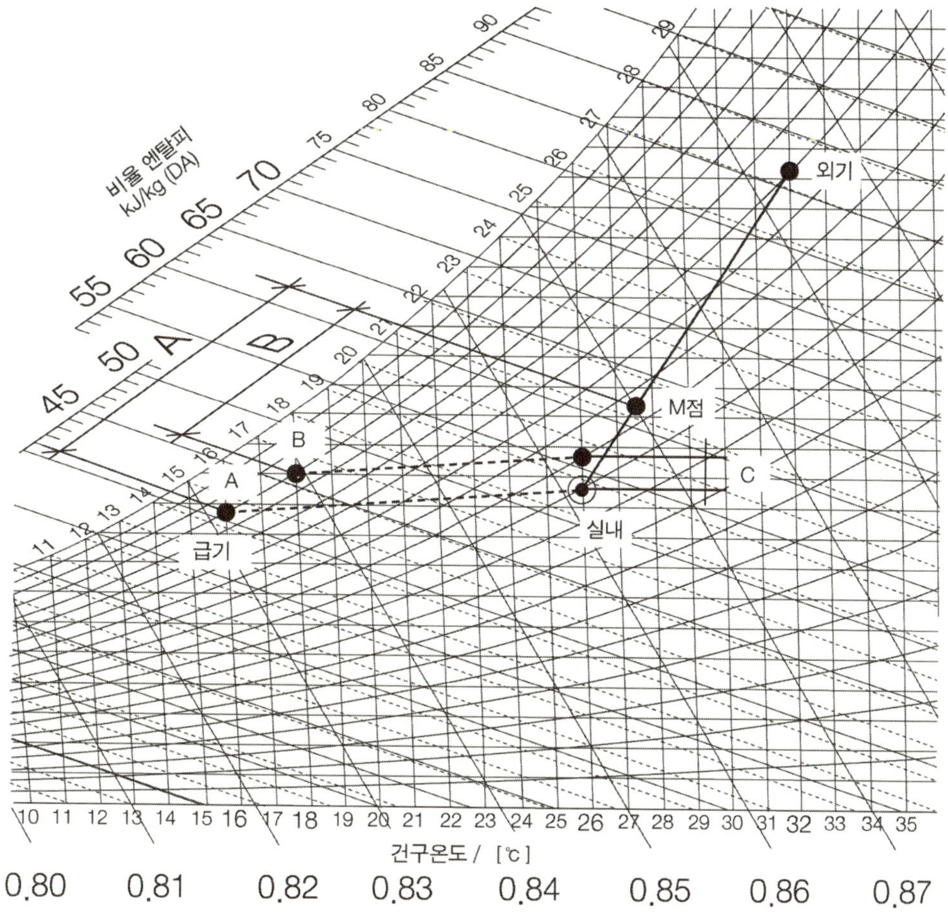

그림7.10 급기점의 이동과 실내습도

그래프7.4는 제2장의 그래프2.5의 송수온도와 냉동기 출구온도의 관계를 다른 측면에서 본 것이다. ①의 냉동기 2대 운전에 비해 ②의 냉동기 1대 운전의 경우 열량의 차이는 28%이다. ①의 날에는 부하열량이 많을 것으로 예상하여 2대 운전이 이루어졌으므로 이 열량 차이를 에너지 절감량으로 보기는 어렵다. 또한 아쉽게도 이 건물은 실내습도 및 공조기 급기온도를 별도로 측정하지 않아 ①과 ②의 열량 차이가 모두 잠열부하인지 확실하지 않다. 그럼에도 불구하고 부하열량과 송수온도 사이에 상관관계가 있다는 점은 확실하다.

하지만, 이러한 방법으로 에너지절감이 가능하다면 건물 내에 열원이 있는 케이스만이 아니라, 그림7.11과 같이 지역 냉난방설비(DHC) 사용자측의 에너지절감 대책으로도 적용할 수 있을 것이다.

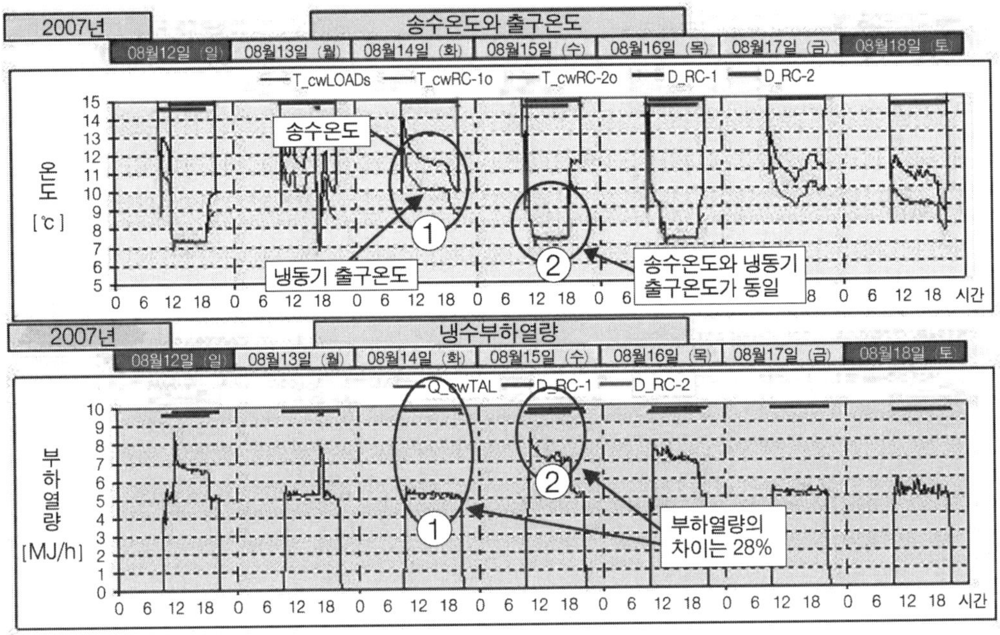

그래프7.4 송수온도의 차이와 부하열량

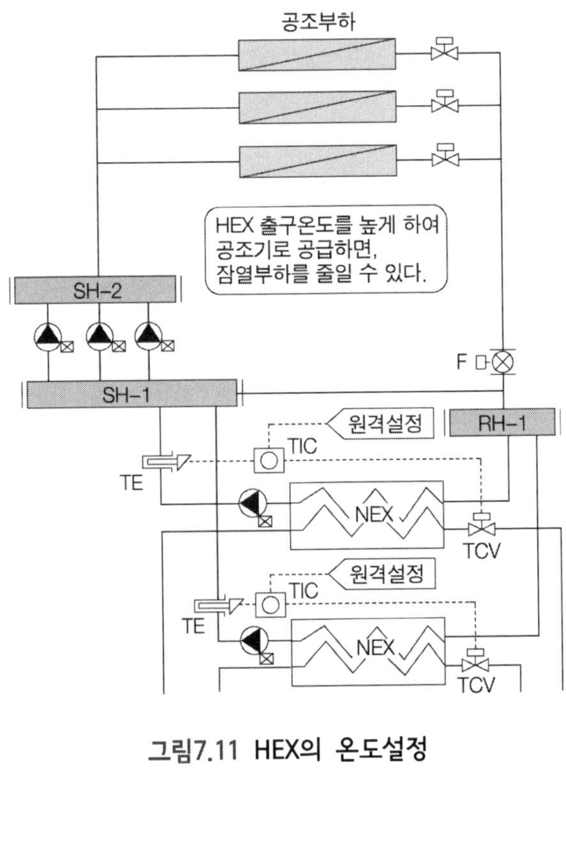

그림7.11 HEX의 온도설정

여기서는 송수온도를 변화를 한 예로 들어 설명하였지만 그림7.9에서 설명하였듯이 VAV 방식과 같은 급기온도 제어방식의 경우에도 공조기의 급기온도를 높여 동일한 효과를 거둘 수 있다. 송수온도를 높이면 송수펌프의 동력이 증가되므로 급기온도를 변경하는 편이 바람직하다. 이렇게 하면 공조기에 따라 급기온도 차이를 만들 수도 있다.

하지만 일반적으로 VAV 방식을 도입하는 대형건물은 VAV 수가 1,000대 이상이 되는 경우가 많으므로 이러한 설정을 일일이 세팅하는 것은 현실적으로 불가능하다. 여기서도 제6장의 그림6.9와 같이 모니터화면으로 대응하는 것이 바람직하다. 또한 VAV 방식의 경우, 로드 리셋의 하한 설정값을 높이는 방식도 생각할 수 있는데 이 경우에는 보통 DDC반에서 실시하는 것이 맞다.

7.3 VAV 방식 건물 사례

그림7.12와 같이 공조기가 VAV 시스템이며 급기온도를 변화시켜서 실내온도와의 상관관계를 확인한 사례이다.

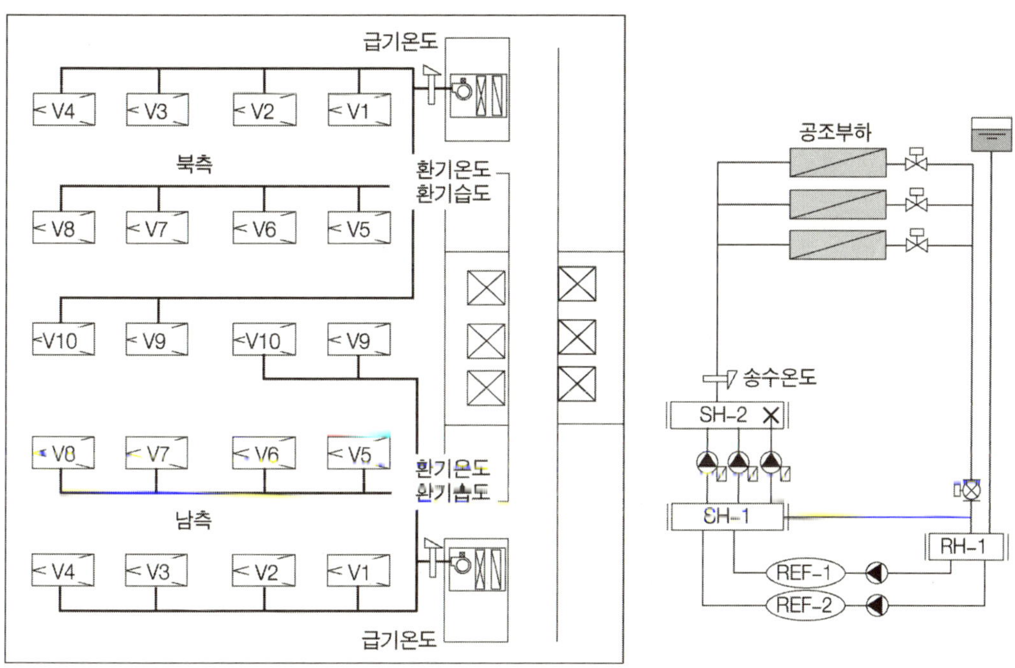

그림7.12 해당 사례의 시스템도

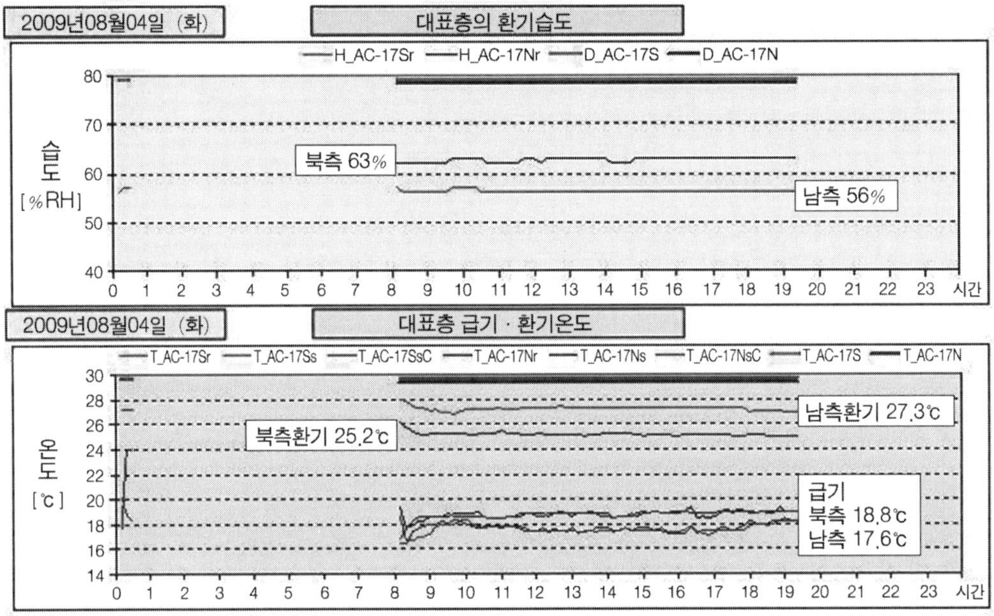

그래프7.5 공조기의 환기습도와 급기 · 환기온도

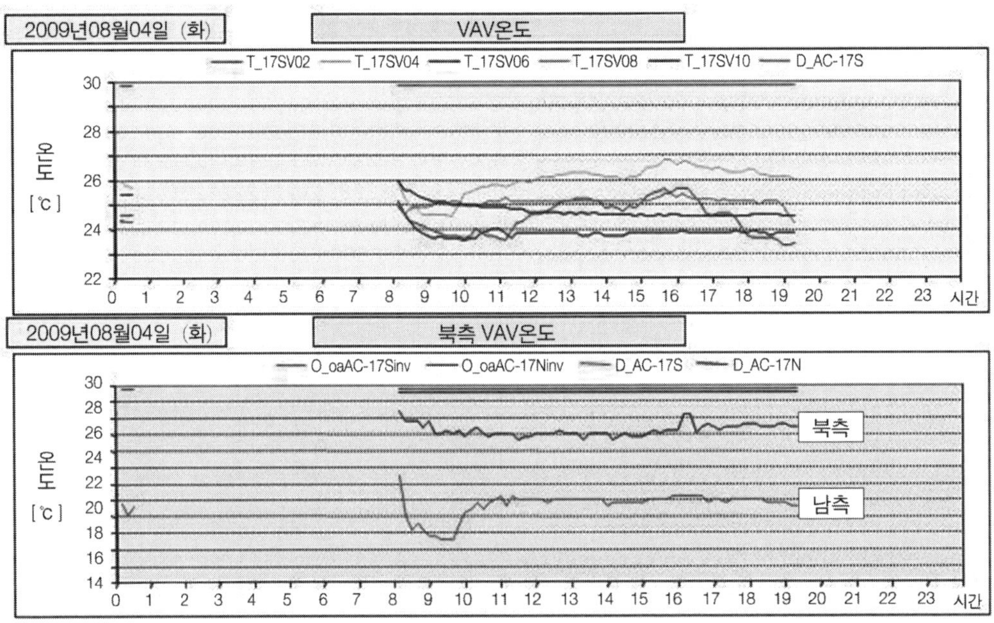

그래프7.6 실내 VAV 제어 온도

7.3.1 제어 데이터 분석

기준층(대표층)은 남측과 북측 부분으로 조닝이 나누어져 있으며 기준층의 온도와 습도 데이터는 그래프7.5와 같다. 남측의 반환공기 온도는 높지만 습도는 북측이 높다. 특히 북측의 습도 63%가 너무 높아 그 이유를 확인하였다.

그래프7.6에서 보듯 실내온도(VAV의 제어온도)의 편차도 상당히 커 VAV가 제대로 제어되고 있는지 의구심이 드는 상태이다.

7.3.2 제어상황에 대한 추리

트렌드 그래프에서 잘 구분되지 않는 것도 표7.5와 같은 수치로 나타내면 알아보기 쉬운 경우가 있다. 한편, 남측의 VAV 02와 06은 항상 온도가 낮은 분포를 보이고 있다.

표7.5 VAV 온도 · 온도설정 · 오픈량의 수치 데이터

	시간	남측					북측				
		VAV 02	VAV 04	VAV 06	VAV 08	VAV 10	VAV 02	VAV 04	VAV 06	VAV 08	VAV 10
VAV 온도 [℃]	11 : 00	23.6	25.8	24.0	25.1	24.9	25.4	25.5	25.0	25.9	26.6
	11 : 10	23.5	25.7	23.8	25.3	24.9	25.4	25.5	25.0	25.8	26.6
	11 : 20	23.9	25.8	23.6	25.1	24.8	25.3	25.5	25.0	26.0	26.6
	11 : 30	24.2	25.9	23.8	25.1	24.8	25.3	25.6	25.1	26.0	26.6
	11 : 40	24.3	26.0	23.8	25.1	24.8	25.3	25.7	25.1	26.0	26.7
	11 : 50	24.5	25.9	23.8	25.1	24.7	25.3	25.7	25.0	26.1	26.7
		VAV02, 06은 항상 춥다.									
VAV 온도설정 [℃]	11 : 00	26.5	24.5	26.5	25.0	25.0	24.5	24.5	24.5	24.5	25.0
	11 : 10	26.5	24.5	26.5	25.0	25.0	24.5	24.5	24.5	24.5	25.0
	11 : 20	26.5	24.5	26.5	25.0	25.0	24.5	24.5	24.5	24.5	25.0
	11 : 30	26.5	24.5	26.5	25.0	25.0	24.5	24.5	24.5	24.5	25.0
	11 : 40	26.5	24.5	26.5	25.0	25.0	24.5	24.5	24.5	24.5	25.0
	11 : 50	26.5	24.5	26.5	25.0	25.0	24.5	24.5	24.5	24.5	25.0
		VAV02, 06은 온도설정이 높다.					대부분은 설정 24.5℃				
VAV 오픈량 [%]	11 : 00	40	93	40	53	47	80	83	67	97	100
	11 : 10	40	93	40	57	43	80	83	67	93	100
	11 : 20	40	93	40	53	43	80	83	67	97	100
	11 : 30	40	100	40	53	43	77	87	70	97	100
	11 : 40	40	97	40	50	43	73	87	70	100	100
	11 : 50	40	97	40	53	43	77	87	67	100	100

(주) VAV02, 06은 항상 최소로 오픈함

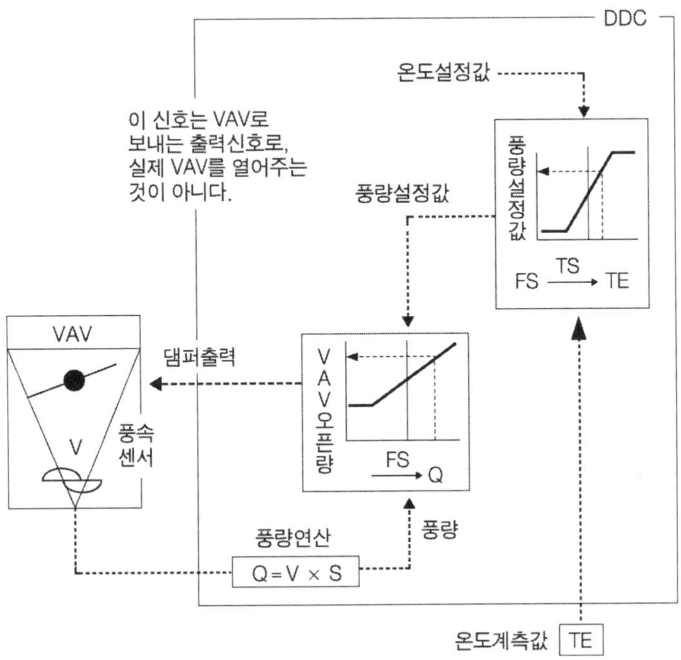

그림7.13 VAV와 DDC의 신호송수신

이와 반대로 온도설정은 26.5℃로 비교적 높은 편이다. 따라서 VAV 오픈량은 항상 최소값인 40%로 열려 있다. 단, 이 40%라고 하는 VAV 오픈신호는 VAV의 실제 오픈량을 가리키는 것이 아니라 그림7.13과 같이 DDC에서 산출한 댐퍼출력값을 VAV 오픈신호로써 나타낸 것이다(제9장 6항 「제어밸브와 제어댐퍼의 조작기」 참조). 실제로 VAV는 항상 완전 차단되어 움직이고 있으며, 아마도 고장이 난 것으로 보인다. 이런 가정이라면 현재의 운전상황을 이해하는데 무리가 없을 것이다.

(1) 남측관련 사항

- VAV 02와 06의 온도설정이 높은 이유 : 계측온도값이 항상 낮아 관리자가 설정값을 높여 대응한 부분이다. 아마도 앞서 서술한 VAV가 계속해서 100% 오픈으로 되어 있는 고장이거나 배선접속에 문제가 있는 것으로 보인다.
- 급기온도가 낮은 이유 : 이 건물의 로드 리셋은 환기온도를 기준으로 하기 때문에 환기온도가 높으면 부하열량이 큰 것으로 해석해 급기온도를 낮추는 설정으로 되어 있다. 따라서 남측의 급기온도는 17.6℃로 북측보다 설정이 낮다.

(2) 북측관련 사항

- 급기온도 설정이 높은 이유 : 환기온도가 목표값보다 낮으므로 급기온도의 로드 리셋값을 18.8℃로 높게 유도한 것이다.
- 상대습도가 63%로 높은 이유 : 급기온도가 18.8℃로 비교적 높아 잠열부하 제거가 100% 이루어지지 못하고 있기 때문이다.

한편 이때의 열원 송수온도는 그래프7.7과 같이 대략 9.5℃ 정도이다. 그래프7.5 하단 그래프의 급기온도와 같이 이 정도의 송수온도 상승으로는 급기온도에 영향을 미치지 못하므로 실내습도가 상승하지는 않는다.

높은 송수온도에 의한 잠열부하 저감은 9~10℃ 정도의 송수온도로는 이루어지지 않으며, 보다 온도를 올려야 효과를 얻을 수 없다. 이 사례에서 실내습도에 가장 큰 영향을 주는 것은 로드 리셋으로 인한 높은 급기온도이다. 그래프7.5를 살펴보면 남측의 17.6℃ 급기 시 실내습도는 56%이며, 북측의 18.8℃ 급기 시 때는 63%이다.

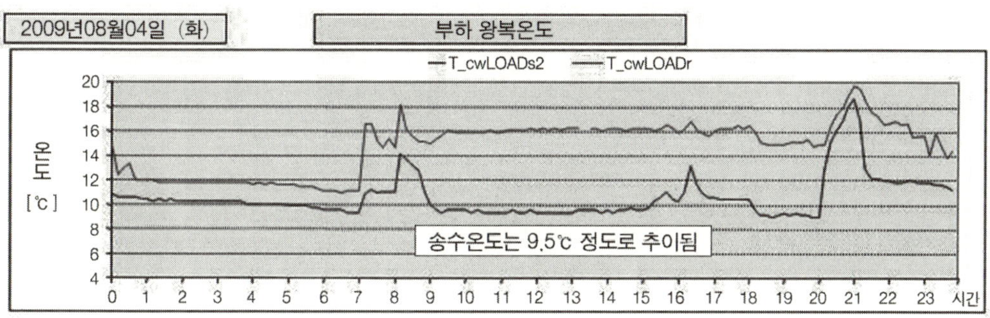

그래프7.7 열원의 송수온도와 환수온도

7.3.3 급기온도와 실내습도의 상관관계

여기서는 로드 리셋 제어를 off 하고 급기온도를 16, 18, 20℃로 고정하여 운전하였다. 그 결과 그림7.14와 같이 상당히 높은 상관도를 얻을 수 있었다.

급기온도를 20℃로 했을 때 실내습도는 63%가 되었으나 이 조건이 거주자에게 불쾌감을 주는지에 대해서는 불명확하다. 하지만 로드 리셋을 채택하고 있는 건물은 그래프 6.5 및 그래프6.6과 같이 20℃ 이상에서 급기되고 있는 예가 더욱 많다. 습도에 대해 인체가 허용하는 값은 의외로 큰 것 같다.

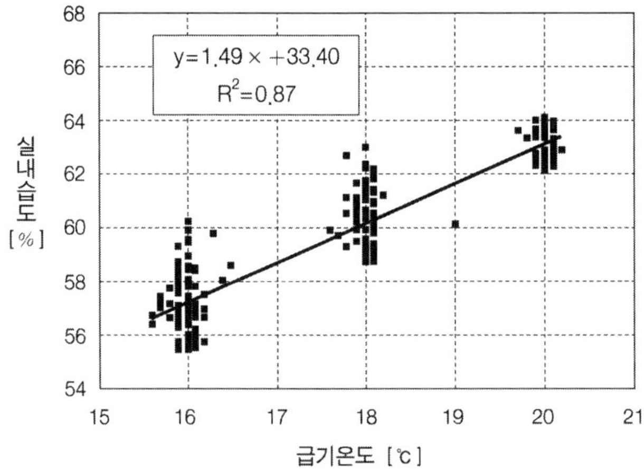

그림7.14 급기온도~실내습도의 산포도

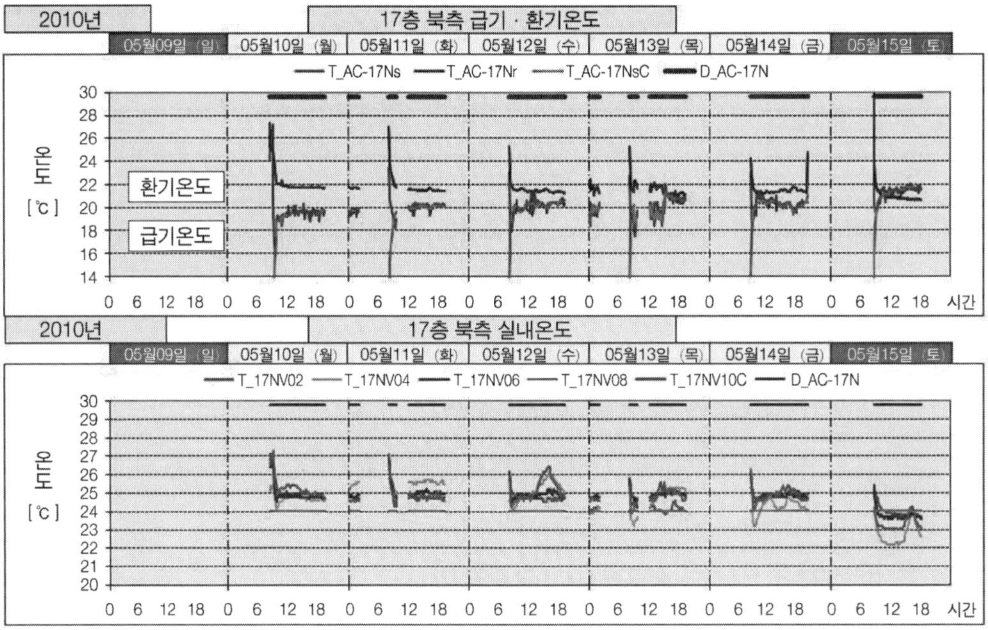

그래프7.8 5월의 급기온도와 실내(VAV)온도의 제어상황

이렇듯 공조기의 급기온도라는 것은 실내온도와 습도 및 공조부하 열량에 커다란 영향을 미치므로, 로드 리셋처럼 하나의 측면에서만 결정할 사항은 아니다. 이 건물의 예에 국한되나 여름철에 20℃ 정도로 설정하면 에너지소비 측면에서도 양호하고, 실내습도도 허용범위 내에서 유지할 수 있을 것으로 생각된다.

7.3.4 중간기의 대응

그래프7.8은 다른 계절에서 해결책을 찾기 위한 5월의 급기·환기온도와 실내(VAV 제어)온도의 트렌드이다. 상단 그래프에서 로드 리셋은 약 20℃에서 제어되고 있는 날이 많고, 이때 리턴되는 공기의 온도는 약 22℃이다. 하단 그래프의 실내온도는 대부분이 25℃인데(설정은 24℃) 환기온도가 22℃인 것은 이치에 맞지 않지만, 일단 균형은 잡혀 있다. 부하열량이 적어 급기와 환기의 온도차이도 적은 것이다(실내온도와 환기온도가 역전되는 현상은 실내온도 계측이 짝수번호에 해당하는 기기에서만 이루어지고, 계측대상이 아닌 VAV는 완전 개방상태로 고장났기 때문인 것으로 추측된다).

이번 예와 같이 중간기에도 급기온도를 20℃로 유지하고, VAV의 실온 설정을 22℃로 하여 부하열량이 적어진 만큼을 흡수한 것으로 생각하면 되겠다. VAV가 고장인 상태로 방치되어 있는 예는 많은 건물에서 볼 수 있다.

지금까지 서술한 내용으로 「공조기 급기온도와 실내상대습도의 관계」가 어느 정도 파악이 되었다고 본다. 하지만 한편으로 VAV 제어가 생각보다 제대로 되지 않는 부분도 확인되었다. 데이터를 분석하면서 처음의 목표와는 다른 결과를 얻는 것은 자주 있는 일이다.

7.4 급기온도와 공조 잠열부하 저감 유도

제2장 5항 「냉수 송수온도의 상한값」에서 급기온도와 송수온도의 관련성에 대해 검토한 바와 같이 송수온도를 높이면 강제적으로 잠열부하 저감효과를 얻을 수 있다. 그러나 보통 실내온도 및 공조기 환기온도로 공조기 코일의 자동제어밸브를 제어하는 경우, 급기온도를 측정하지 않는 경우가 많다. 설계 시 꼭 필요한 부분만, 그리고 최소한의 제어 포인트만 계측하고 그 이외의 곳은 계측 대상으로 하지 않는다는 점에서 유래한 것인데 DDC가 보급되면서 이러한 경향은 더욱 가속화되고 있다.

따라서 이런 케이스에서 잠열부하 저감을 하려면 그림7.15와 같이 급기온도 계측을 추가하여 에너지절감과 열부하·급기온도·실내습도 등과의 관련성을 추구해 나가는 것이 바람직하다. 이번 항에서 제시한 사례는 이번 항의 결과에 지나지 않으며, 공조기의 용량 여유 및 기타 요소 등에 따라 다른 결과가 도출될 가능성이 많다.

제8장

자동제어의 기초

8.1 자동제어와 계기장비

일반적으로 공조제어 분야에서 자동제어 또는 계장이라는 단어가 자주 쓰이는데, 그 차이점은 다음과 같다.

일반적으로 '계장'이라는 단어는 석유정제 등으로 대표되는 플랜트 분야에서 사용되는데 보통은 "계기장비"의 약칭으로 사용된다. 실무에서는 약칭을 많이 사용하나 본서에서는 '계기장비'라는 용어로 통일하겠다.

이 계기장비라는 단어는 의외로 음악용어인 「기악편성법」에서 발생하였으며, 작곡자가 「자신이 작곡한 곡의 각 악장에 적합한 악기를 사용하여 해당 악곡의 연주효과를 높이는 것」을 의미한다고 한다. 플랜트 계기장비를 통해 얻어진 온도, 유량, 압력, 품질, 효율 등의 설비 상태에 관한 수치를 가지고 전체를 제어하는 것이 작곡가의 역할과 유사하여 붙여진 것이라 보여진다. 한편, 프로세스제어는 크게 폐회로(Closed Loop) 제어와 개회로(Open Loop, 본서에서는 '오픈회로'로 표기) 제어로 나뉜다.

8.1.1 피드백(Feedback) 제어

폐회로 제어의 대표적인 것이 피드백 제어이다. 백(Back)이라고 하는 어감 때문에 예전에 쓰이던 제어방식으로 이해하는 사람이 있는데 이는 사실과 다르며, 실제로 가장 널리 사용되는 제동제어의 기본이다.

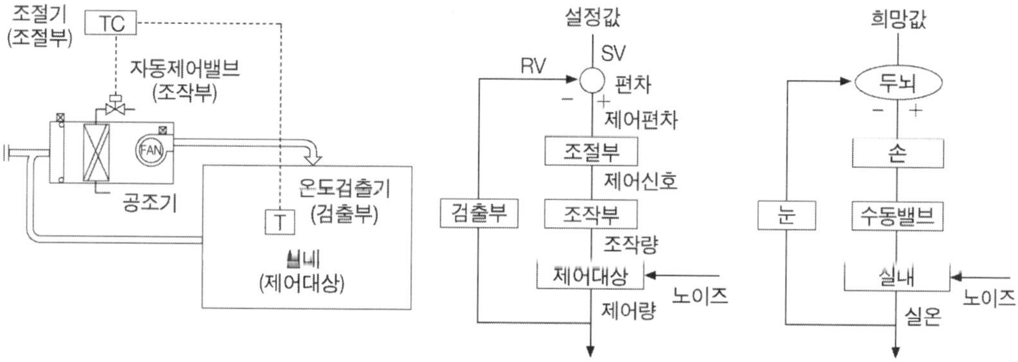

(a) 블록선도 (b) 인간에 비유한 블록선도

그림8.1 피드백 제어루프

날씨가 더우면 냉방기의 스위치를 켜고, 추우면 스위치를 끈다. 이것 역시 피드백 회로 제어의 하나이다. 결과를 바탕으로 수정을 가하는 것이다.

그림8.1은 피드백 제어루프를 나타낸 것이다. 그림8.1(b)와 같이 인간은 눈을 통해 확인한 온도계의 값과 자기가 원하는 실내온도와의 차이를 머리로 계산하여 손으로 수동밸브를 조작한다. 그로 인해 설정온도를 유지하기 위한 냉수 또는 온수를 얻는다. 그림8.1(a)는 이러한 관계를 자동 제어적으로 표현한 것이다. 이렇듯 자동제어의 기본은 피드백 제어루프로 이루어진다.

8.1.2 오픈루프 제어

오픈루프 제어는 미리 정해진 값에 도달하였을 때 다음 동작이 개시되도록 하는 제어로써 시퀀스제어 및 피드포워드제어 등이 있다.

(1) 시퀀스(Sequence) 제어

릴레이 및 타이머를 사용한 회로도를 "시퀀스도"라고 하며 미리 정해진 순서에 따라 제어의 각 단계를 순차적으로 진행해 나가는 제어이다.

(2) 피드포워드(Feedforward) 제어

흡수식 냉동기 대수제어를 예로 설명한다. 흡수식 냉동기는 운전이 시작된 후 최대 능력에 도달할 때까지 10~20분 정도 시간이 걸리며, 정지 시에도 시작과 비슷한 형태의 희석운전 시간이 소요된다. 이 문제를 해결하기 위해 냉동기의 운전 또는 정지 명령이 발생하면 기존에 운전하고 있던 다른 냉동기는 피드백제어의 냉수출구 온도제어 신호를 무시하고 미리 프로그램 되어 있던 송수온도를 만들어낸다. 이러한 운전을 피드포워드 제어라고 한다. 피드포워드 제어가 종료된 후에는 통상적인 피드백 제어의 냉수출구 온도제어로 운전된다.

8.1.3 주요 계기장비 용어

본 글에서 사용하는 JIS 기재와 관련된 주요 계기장비 용어는 표8.1과 같다.

표8.1 본 글에서 이용하는 주요 JIS 용어

번호	용어	정의
24302	목표값	지정 조건 하에서 그때그때 조절하고자 하는 양의 값
24305	설정	제어장치에 목표값 또는 제어동작의 파라미터를 부여하는 것
24306	설정값(SP)	기준량을 나타내는 신호 SP : Set Point
24307	프로세스변량(PV)	계측대상의 계측값 PV : Process Variable
24308	노이즈(noise)	기준량 이외에 바람직하지 않으며 통상적으로 예측 불가능한 입력량의 변화
24309	제어량	제어대상에 속하는 양 중에서 제어목적으로 되어 있는 양
24312	조작량	제어장치의 출력량 또는 제어대상으로부터는 출력량
24313	피드백 신호	제어량으로 정하는 신호로 비교요소로 돌아오는 신호
24315	제어신호 조절신호	조작량을 지배하기 위한 신호
24405	비례동작 P동작	입력량에 비례하는 크기의 출력량을 출력하는 제어동작
24407	비례대역	비례동작에서 출력의 유효변화폭인 0～100%로 변하는데 필요한 입력 변화폭. 비례대역은 비례 게인(gain)의 역수(%)에 해당함
24412	적분동작, I동작, 리셋동작	입력량(조절기의 경우 시스템의 편차)의 시간적분값에 비례하는 크기의 출력을 내는 제어동작. 적분동작은 플로팅동작의 하나임
24416	미분동작, D동작, 레이트 동작	입력량(조절기의 경우 시스템의 편차)의 시간 미분값에 비례하는 크기의 출력을 내는 제어동작
24144	PID동작	비례동작, 적분동작 및 적분동작의 3동작을 조합한 제어

8.1.4 목표값에 따른 제어방식 분류

(1) 정격 제어

목표값 또는 설정값이 일정한 경우이며 대부분의 제어가 여기에 속한다. 실내온도를 일정한 값으로 유지하는 것도 일종의 정격제어이다.

(2) 프로그램 제어

목표값이 미리 정해져 있을 때, 이 값이 변화하는 경우 이용한다.

(3) 추치 제어(Variable Value Control)

통신위성을 따라 자동적으로 방향을 바꾸는 파라볼라 안테나(Parabolic Antenna)의 자동추적 제어 등의 추종제어와 비율제어 등을 의미한다.

(4) 결합 제어

이 제어의 대표적인 것이 '캐스케이드 제어'이다. 최근 공조설비에서 널리 이용되고 있다. 제1장 1.3.2항 "변압력 제어"에서 설명한 바와 같이 최근에는 대부분의 VAV 방식에 이용되고 있다. VAV 본체는 댐퍼와 풍속센서를 보유하고 있다. 그림5.2와 같이 실내온도값과 설정값의 편차로부터 적절한 풍량 설정값을 도출하고, 풍량제어기구측에 이 캐스케이드 신호를 보낸다. 그리고 앞서 설명한 VAV 본체의 풍속센서와 댐퍼에 주어진 풍량을 유지하기 위한 제어를 한다. 이러한 방식을 이용하여 공조기와 가까운 곳에 배치된 VAV와 먼 곳에 배치된 VAV도 동일하게 실내온도를 제어할 수 있게 된다.

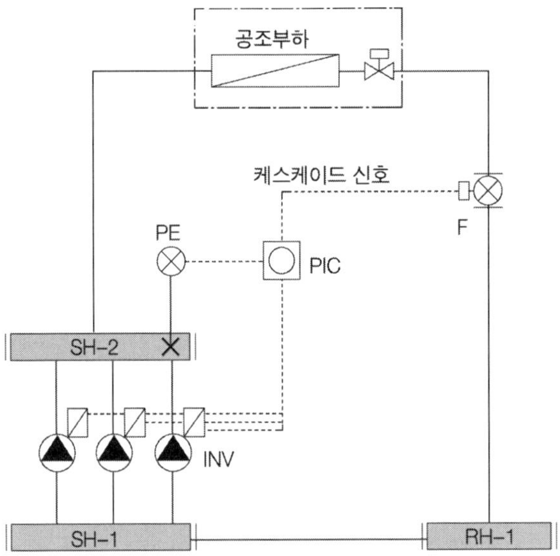

그림8.2 압력-유량 캐스케이드

8.1.5 제어에너지

공기설비에서 사용되는 주요 제어기기의 에너지원은 표8.2로 분류할 수 있다. 1980년대 무렵까지 공조설비용 제어기기는 플랜트 제어용 제어기기를 활용하는 경우가 많았으므로 공기식이 많이 사용되었다. 하지만 현재는 마이크로컴퓨터가 보급됨에 따라 DDC(Direct Digital Control)방식의 제어기기가 많아지고 있으며 이에 따라 전자식이 전성기를 맞이하고 있다.

표8.2 제어 에너지에 따른 분류

	전자식	공기식	자력식
장점	취급이 용이함 DDC에 적합	조작능력이 우수 내구성이 좋음	조작능력이 우수 내구성이 좋음
단점	조작능력이 약함 내구성이 떨어짐	DDC에 부적합 공기원장치를 필요로 함	I(적분)、D(미분) 동작 불가

전자식의 결점은 자동제어밸브 조작기의 힘이 약하다는 것인데 공조기에 사용되는 자동제어밸브 등의 경우에는 조작력이 약해도 큰 힘이 들어가지 않으므로 사용상의 문제는 없다. 단, 열원 부분의 압력제어 등에 이용하는 경우에는 큰 힘이 요구되므로 전자식은 적합하지 않다. 이 때에는 공기식 자동제어밸브를 이용하는 것이 유리하지만 열원을 위한 작은 자동제어밸브 때문에 고가에다 유지관리가 까다로운 공기원 장치를 도입하는 것은 그다지 좋은 방법이 아니다. 이에 차선책으로 자력식 제어밸브를 이용하는 경우가 많다.

8.2 제어동작의 종류

8.2.1 ON/OFF 제어

전기온풍기 등과 같이 히터를 켜거나 꺼서 온도를 일정하게 유지하는 가장 기본적인 제어방식이 ON/OFF 제어이다. 옛날에는 실내 냉방장치(Room Aircon)나 패키지형 공조기 제어가 이러한 방식이었지만 최근 인버터를 이용하는 사례가 많아지면서 이 분야에서는 그다지 사용하지 않게 되었다. 제어 내용이 단순하고 당연한 것이라 소홀이 여기기 쉽지만 자동제어의 출발은 여기에서부터 시작된다.

그림8.3과 같이 ON점과 OFF점 사이에 간극(Differential)이 설정된다. 그림8.4의 히터의 온도제어의 예로 살펴보자. 온도를 설정값에 최대한 근접하게 유지하고 싶다면 ON점과

OFF점의 간극을 작게 하면 된다. 간극을 작게 할수록 ON/OFF 빈도는 많아진다. 히터는 ON/OFF 빈도가 높더라도 문제가 없지만 냉방장치(Room Aircon)나 패키지형 공조기 등과 같이 동력의 운전ㆍ정지의 경우, ON/OFF 빈도가 너무 많으면 기기 수명이 단축된다. 이러한 현상을 '헌팅(Haunting)'이라고 한다.

한편 ON/OFF를 반복하면서 제어하는 것을 '사이클링'이라고 하며, ON점 또는 OFF점을 넘어가더라도 잠시 동안은 히터가 가진 열 등의 이유로 동작 전환이 이루어지지 않는 상태가 있는데 이를 '오버슈트(Overshoot)'라고 한다. 제어대상 용량에 비하여 히터가 너무 크거나 하는 경우에는 오버슈트도 커진다.

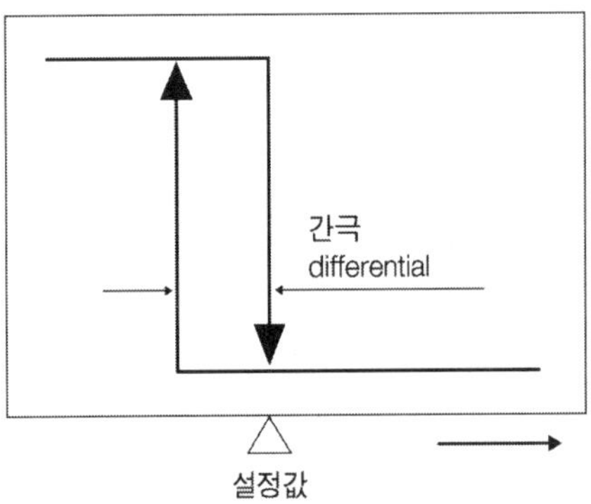

그림8.3 ON/OFF 제어

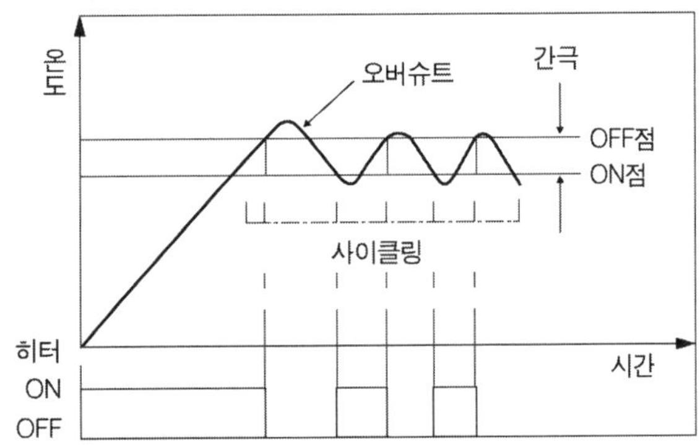

그림8.4 ON/OFF 제어의 시간추이

8.2.2 P(비례) 제어

공조기의 냉수코일과 같이 아날로그 입력에 대응할 수 있는 자동제어밸브를 제어할 때 '비례(Proportional)제어방식'으로 할 경우 ON/OFF 제어보다 간극이 적어지며 설정값에 가까운 제어가 가능하다. 비례제어는 그림8.5와 같이 비례대역(PB, Proportional Band)이라는 개념을 이용한다. 설정온도 26℃에 대해 비례대역이 2℃일 경우 25℃에서 밸브가 완전차단 되며 27℃에서 완전개방 된다.

그림8.5를 통해 온도가 26.5℃이고 설정값이 26.0℃인 경우 자동제어밸브의 오픈량을 계산해 보자. PB값이 2℃이므로 k값은 1/2로 50%가 되며 PV－SV의 0.5℃를 곱하면 25%가 나온다. 편차가 0일 때 조절밸브를 50% 오픈하므로 조절밸브는 25＋50 =75(%)로 열린다. 설정값에 대한 0.5℃의 차이는 오프셋(Offset)이다.

보다 설정값에 가까운 제어를 원한다면 비례대역을 작게 하면 된다. 단, 그림8.6과 같이 비례대역을 너무 작게 하면 오버슈트량이 커져 헌팅을 유발하고 제어는 발산 상태가 되어 안정한 값을 얻을 수 없게 된다. 반대로 비례대역을 너무 크게 하면 오프셋량도 커지며 안정적인 제어는 가능하나 제어결과는 나빠진다.

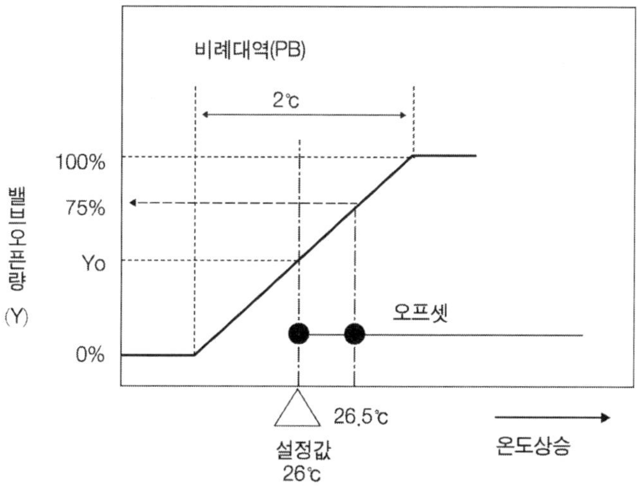

$$Y = \frac{1}{PB}(PV - SV) + Yo = K \cdot z + Yo$$

PV : 온도(26.5)
SV : 설정값(26.0)
Yo : 편차편차가 0일 때의 자동제어밸브의 오픈량(50%)
Y : 밸브오픈량
K : 비례게인
z : 편차(PV-SV)

그림8.5 비례제어

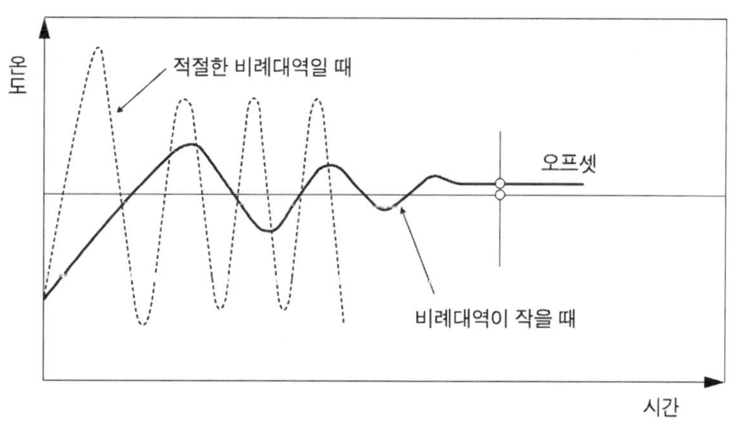

그림8.6 비례제어의 시간추이

8.2.3 PI(비례 + 적분) 제어

비례제어의 결점인 오프셋을 해소한 것이 '적분(Integral)동작'이다. 그림8.7처럼 오프셋이 존재하는 동안, 비례대역 자체를 이동시켜 오프셋이 사라질 때까지 계속해서 이동시킨다. 목표값에 도달할 때까지 리셋을 반복하는 동작이므로 적분정수 Ti는 리셋시간이 된다. 시간이 소요되더라도 그 값을 계속해서 수정해 나가는 것이 적분동작의 특징이다. 이러한 이유 때문에 적분동작은 독자적으로 쓰이기보다 비례동작과 함께 이용된다.

이렇게 PI 동작을 이용하면 오프셋 문제는 해소할 수 있지만, 부하변동이 작고 신호전달에 시간이 걸리는 경우에 안정성이 나빠지는 단점이 있다.

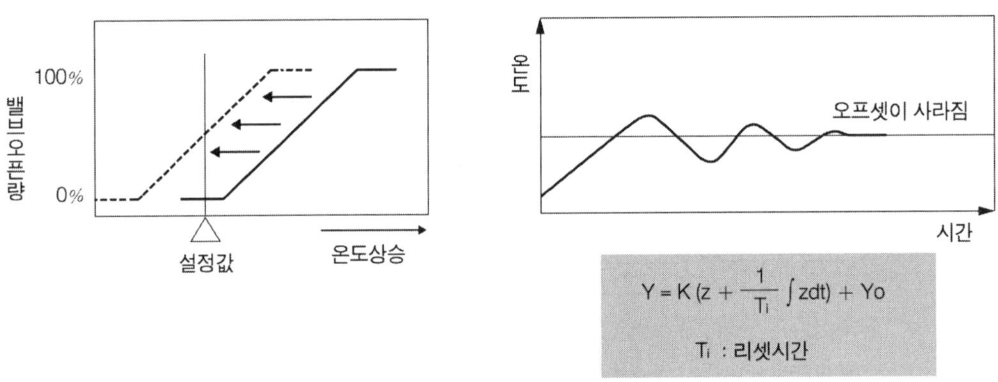

그림8.7 비례(P) + 적분(I) 제어

8.2.4 PID(비례 + 적분 + 미분) 제어

PID 제어 중에서 '미분(Differential)동작'은 입력의 시간 미분값에 비례하는 크기를 출력하는 동작으로써, 편차가 발생하기 시작할 때 수정값을 크게 부여하여 프로세스 지연을 상쇄하는 것이다. 이 미분정수를 리셋시간이라 한다. 이를 PI 제어에 추가하면 신호전달에 시간이 걸리는 프로세스를 안정적으로 제어할 수 있다.

그림8.8은 PID 동작방식 및 스텝입력에 대한 각 동작과 PID 동작의 제어량 산출식을 나타낸 것이다.

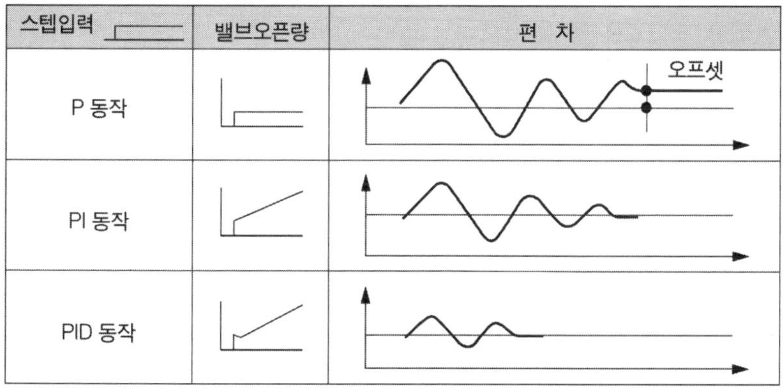

PID 동작의 제어량 산출식

$$Y = K\left(z + \frac{1}{T_i}\int z\,dt + T_d\frac{dz}{dt}\right) + Yo$$

T_d : 리셋시간

그림8.8 각 동작과 비례(P) + 적분(I) + 미분(D) 제어

8.3 최적 조절법

PID 제어의 설정값을 결정할 때 최적의 조절법으로 Ziegler Nichols의 한계감도법을 이용하기도 한다. 제어루프를 구성한 상태에서 프로세스 특성을 모르더라도 적절한 PID값을 구할 수 있는 실용적인 방법은 다음과 같다.

(1) P동작만을 적용한다. (적분시간 : ∞, 미분시간 : 0)

(2) 비례대역을 최대값에서 천천히 줄여나가며 헌팅이 시작될 때의 비례대역값 PBu(%)와 헌팅주기 Pu(분)를 구한다.

(3) PID 최적값을 표8.3에서 구한다.

표8.3 한계감도법

	P	Ti	Td
P 동작	2PBu	–	–
PI 동작	2.2PBu	$Pu\frac{Pu}{1.2}$	–
PID 동작	1.7PBu	0.5Pu	0.125Pu

8.4 오토튜닝

시스템 운전을 하면서 PID 설정값을 자동적으로 구하고자 하는 것이 '오토 튜닝'이다. 최근 PID방식의 조절기는 마이크로 컴퓨터화 된 것이 많아 이러한 기능 탑재도 어렵지 않게 되었다.

오토튜닝의 기본원리는 다음과 같다. 그림8.9와 같이 오토튜닝을 실시할 때 조절기는 현재값(PV값)을 설정값 부근의 A점까지 유도하고 조절기의 출력을 0%→100%→0%→100%와 같이 2번 사이클 반복한다. 이때의 PV값 파형 진폭과 주기를 계측하고 최적의 PID값을 연산한다. 여기에서 연산된 값이 조절기에 저장되면 안정적인 제어가 가능해진다.

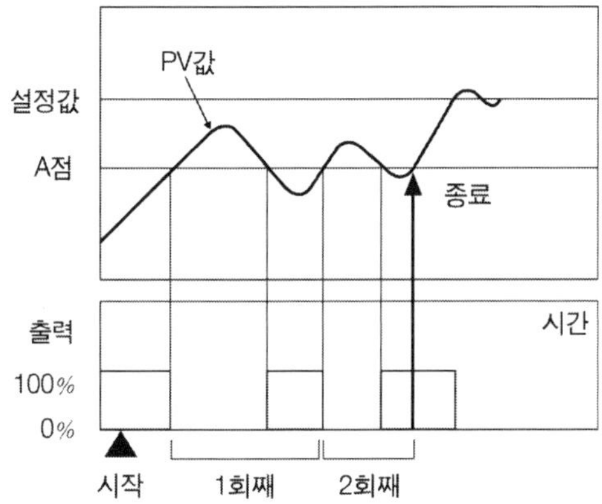

그림8.9 오토튜닝의 원리

8.5 퍼지 제어

한 때 세탁기를 비롯하여 다양한 기술 분야에서 퍼지제어가 인기를 끌었었지만, 요즘에는 퍼지(Fuzzy)의 뉘앙스가 주는 "대충", "적당히"라는 인상 때문에 예전만큼 주목받지 못하고 있다. 그러나 퍼지제어는 유행어로서의 역할을 마쳤을 뿐이지 자동제어의 유일한 이론식으로 여겨졌던 PID에 대항하는 유력한 제어방식임에는 변함없다.

PID는 행렬식의 응용이지만 퍼지는 집합이론의 응용이며 대충이라는 의미로 소홀히 다룰 만한 것이 아니다.

일반적으로 퍼지제어를 이해하기 위해서 그림8.10과 같은 멤버십 함수를 알아둘 필요가 있다. ZO는 중간점으로서 플러스(P)와 마이너스(N) 각각에 S(Small), M(Middle), B(Big)의 크기를 지니는 7등급의 함수를 정의한다. 입력값과 출력값이 이 중에 어디에 속하는지를 선별하는 것이다.

그림8.11과 같이 온도입력에 대한 밸브출력을 예로 들어보자. 먼저 PV(실측치)값과 SV(설정치)값의 편차량(en)과 이 편차의 미분값(△en = 이번 계측값과 일정주기 전의 지난 회 계측값의 차이)을 구한다. 표8.4에서 가로축을 편차로 하고 세로축에 미분값을 매트릭스상태로 나열한 후, 그 중에 출력 가중치를 고려하면서 멤버십 함수를 적용해 나간다. 이러한 가중치는 특별한 법칙이 없으며 경험값에 따라 정한다. 이런 점이 "대충"으로 불리는 원인이지만 퍼지 애호가들은 오히려 "딱 알맞다"라는 단어를 사용한다.

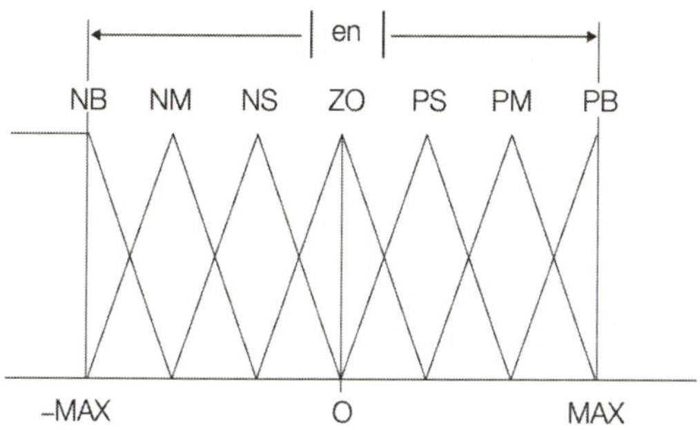

그림8.10 멤버십 함수

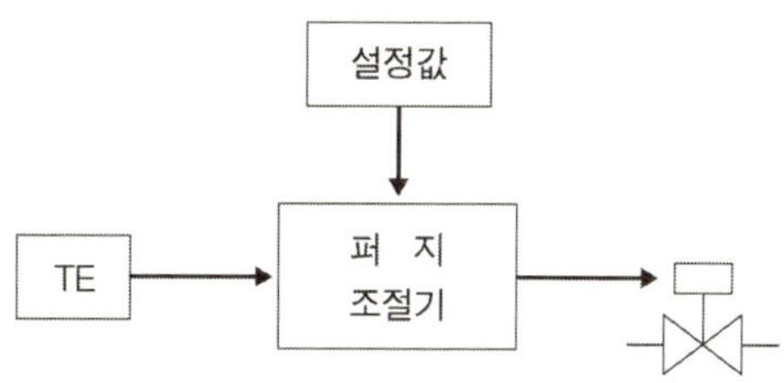

그림8.11 온도입력과 밸브출력

표8.4 퍼지제어의 룰 매트릭스(Rule Matrix)의 예

		⊿en						
en		NB	NM	NS	ZO	PS	PM	PB
	PB	ZO	NS	NM	NB	NB	NB	NB
	PM				NM			
	PS	PM		ZO	NS			
	ZO	PB	PM	PS	ZO	NS	NM	NB
	NS				PS			NM
	NM				PM			
	NB	PB	PB	PB	PB	PM	PS	ZO

표5.4와 같이 프로세스 특성에 맞춘 적절한 숫자를 채택함으로써 PID에서 불가피하게 발생하는 오버슈트를 회피할 수 있으며, 동시에 목표값에 가까워지는 효과를 얻을 수 있어(그림8.12) 공조기 제어밸브에 응용하여 효과를 보는 제조사도 있다. 단, 퍼지제어는 논리의 자유도가 높은 만큼 설정값을 결정하는 것이 어렵다. 따라서 공조제어와 같이 건물이나 설비종류가 다양한 분야에서 범용제품으로 취급하기가 적합하지 않을 수 있다.

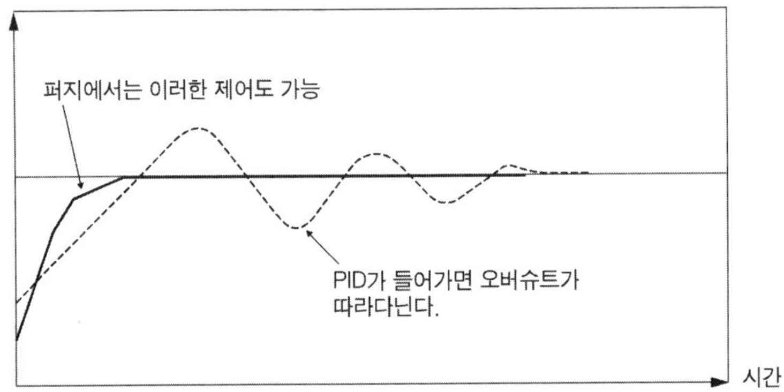

그림8.12 퍼지와 PID의 특성비교

제9장

자동제어기기

9.1 신호의 종류

공업계측과 관련된 아날로그 송신신호의 경우 전기신호는 IEC규격 4~20mA DC를, 공기신호인 경우에는 미국의 SAMA(Scientific Apparatus Makers Association, 미국과학장치제조자협회) 규격을 세계적으로 채택하고 있으며 그 값은 20~100kPa로 각각 통일되어 있다.

전기신호는 전압강하로 인해 영향을 거의 받지 않는 전류전송이 일반적이지만 최근의 제어기기는 마이크로 컴퓨터화 되면서 0~100mV 등의 전압신호도 많이 사용하고 있다. 컴퓨터 간에는 펄스전송이 상식처럼 사용되고 있으나 이번 장은 "자동제어기기"에 관한 것이므로 아날로그 전송신호를 이용하는 자동제어 기기만을 설명한다.

9.2 온·습도 계측기

9.2.1 온도계측기

일본의 경우, 공조 자동제어에 사용하는 온도센서는 JIS C 1604로 규격화된 Pt100이 압도적으로 많으며 최근에는 Pt3k도 사용한다. 각 온도에 대한 저항값은 표9.1과 같다. 40~60℃ 부근에서는 저항값에 따라 차이가 있으므로 변환기 및 DDC 부분에 선형화(Linearize) 기능이 요구된다.

표9.1 각 온도에 대한 저항값(자료 : JIS C 1604-2007)

온 도	Pt100 특성	온 도	Pt100 특성
0	100.00	60	123.24
10	103.90	70	127.08
20	107.79	80	130.90
30	111.67	90	134.71
40	115.54	100	138.51
50	119.40		

예전부터 온도계측으로 널리 사용된 열전대(Thermo Couple – 역자주)의 경우, Pt에 비해 시공성이 좋지 않고 선형 특성이 아니므로 한정된 온도 대역만을 필요로 하는 빌딩

제어에서는 거의 사용하지 않는다. 룸 에어컨 등의 가전제품에는 서미스터(Thermistor)가 자주 사용되는데 센서와 조절기 간의 거리가 짧고 제한된 조건에서는 문제가 되지 않지만, 일반적인 빌딩 제어용으로는 적합하지 않다.

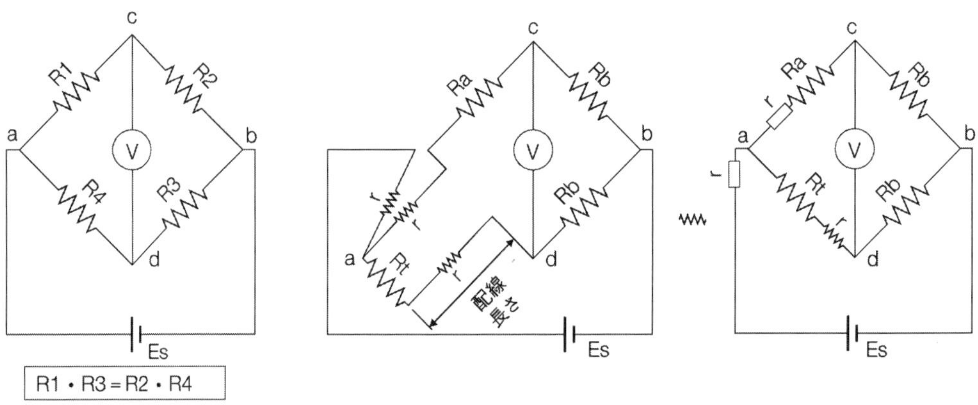

(a) 휘트스톤 브리지 (Wheatstone bridge)　(b) 측온 저항체를 구성한 휘트스톤 브리지　(c) 등가회로

그림9.1 측온 저항체의 온도계측원리

(1) 측온 저항체의 계측원리

측온 저항체의 계측원리를 알기 위해서는 그림9.1(a)의 휘트스톤 브리지(Wheatstone Bridge)를 이해해야 한다. 서로 마주하는 저항체 간에 R1 × R3 = R2 × R4의 관계가 성립되면 c－d간에는 전류가 흐르지 않는다. 즉, c－d간의 전위 차이는 0이다.

이 원리를 기본으로 그림9.1(b)와 같이 한쪽 변에 측온 저항체(Rt)를 배치한다. 이 때 그림9.1(a)의 R2와 R3를 동일한 저항값 Rb로 하고 Ra와 Rt 관계에서 c－d간의 전위차를 재면 측온 저항체 Rt값을 구할 수 있다. 배선길이에 의한 저항 r은 그림9.1(c)의 등가회로에서 보듯 상쇄되므로 배선의 길이에 따른 측정오차는 무시할 수 있다. Pt100을 3가닥으로 배선하는 것은 이러한 이유 때문이다.

(2) 측온 저항체의 정확도와 오차

JIS C 1604는 측온 저항체의 정확도를 “클래스A”와 “클래스B”로 나눈다. “클래스A”는 ±0.15℃, “클래스B”는 ±0.3℃ 이내의 안정적인 범위이어야 한다. 측온 저항체의 정확도를 논할 때, 측온 저항체 주변에 흐르는 전류값의 영향으로 인한 가열 문제가 있다. JIS에서 규정한 전류는 0.5mA、1mA、2mA이다. 공조설비에서 이용되는 측온 저항체와 휘트스톤 브리지(Wheatstone Bridge)가 들어있는 조절기는 보통 2mA의 전류가 흐르므로 이 조건에서 보면 "클래스B"가 된다.

9.2.2 습도계측기

(1) 습도계측기의 종류

습도계측기를 측정원리로 분류하면 표9.2와 같이 크게 고분자 용량과 세라믹으로 나눌 수 있다. 최근에는 유지관리 측면에서 안정성이 높은 고분자 용량방식이 주로 사용되고 있으며 과거의 널리 쓰였던 염화리튬은 거의 사용하지 않는다. 고분자 용량방식과는 별도로 고분자 폴리머 내의 불순물(소금성분)이 가지는 이온화 습도 의존성과 이의 교류저항 변화로 파악하는 고분자 저항식도 있다.

표9.2 습도계측기의 계측원리

고분자 용량	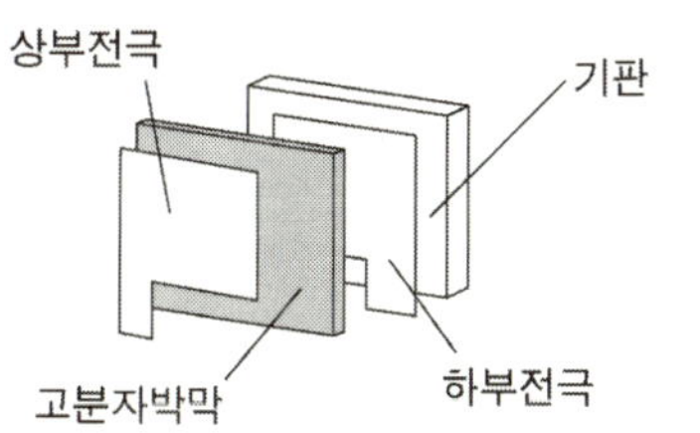	고분자 속으로 수증기가 흡탈착되고, 정폐회로량이 변하는 것을 이용함	시간에 따른 오차 증가가 적음
세라믹	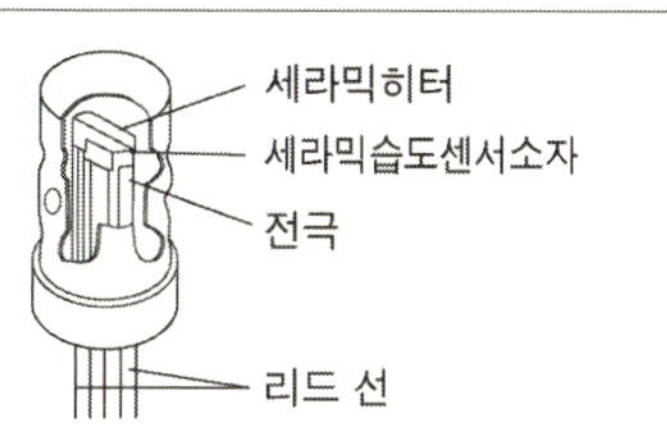	금속산화물 다공질 결정체(세라믹)에 수증기가 흡탈착되고 전기저항값이 변하는 것을 이용함	내약품성이 우수 히터가열을 하므로 클리닝 필요

(2) 고분자 용량식 계측

고분자 용량식의 습도 엘리먼트가 외부 환경에 노출되면서 수분량을 감지한다. 수분량의 변화에 따라 감습성 고분자의 유도전기율이 변화한다. 이 변화에 따라 발생하는 상부전극과 하부전극 간의 정폐회로량 변화는 측정환경의 상대습도에 비례하며 이것을 측정함으로써 측정환경의 상대습도를 계측한다(그림9.2).

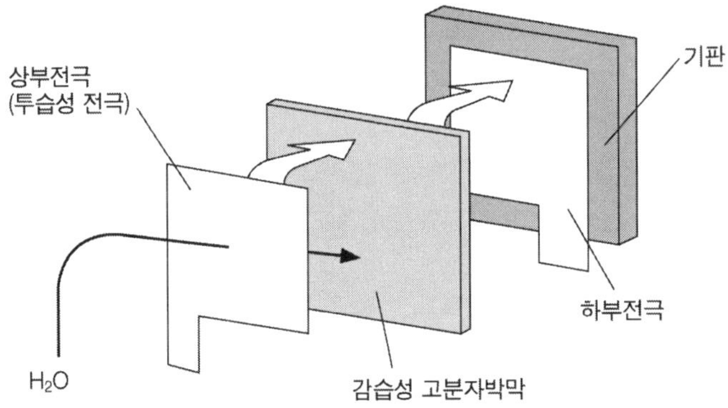

그림9.2 고분자 용량식 습도계측기의 구조

9.2.3 온 · 습도 계측기 및 조절기 설치

수배관의 온도계측기를 설치는 그림9.3(a)와 같이 온도계측기 보호관이 굽어져 있는 부분에서 유체(물) 흐름과 마주보는 방향으로 설치하는 것을 기본으로 하는데, 배관의 배치상 직관 부분밖에 설치할 수 없을 때에는 배관 사이즈에 따라 그림9.3(b)~(d)와 같이 설치한다.

실내용 온도와 습도 계측기는 바닥 위 1.5m 정도의 높이, 출입구 문에서부터 1m 이상 떨어진 장소에 설치하는 것을 기본으로 한다. 창문 표면 가까이 일사광선의 영향을 받는 장소 및 실내 덕트 취출구로부터 바람을 직접 받는 장소는 피해야 한다.

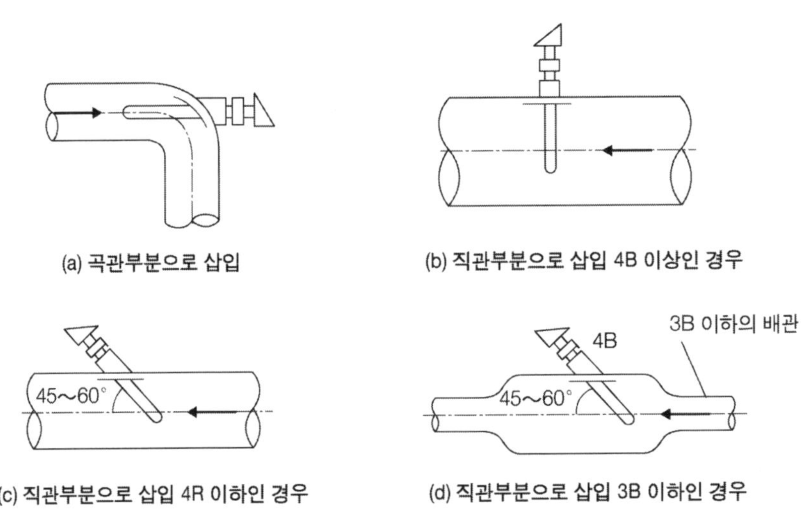

그림9.3 수배관의 온도계측기 설치

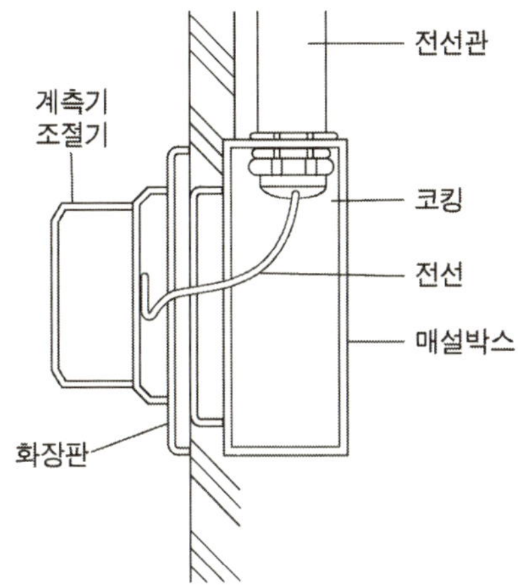

그림9.4 실내용 온·습도 계측기 설치

설치위치에 아웃렛 박스를 넣어 접속하는 전선관을 이용하는 경우, 그림9.4와 같이 전선과 전선 사이에 코킹재를 넣어 공기침입으로 인한 계측값 변화 등을 방지한다. 전선관을 이용하지 않는 케이블 시공의 경우에도 계측기 뒷면의 영향을 받지 않도록 코킹처리를 한다.

9.3 반도체 압력센서

최근 건물 공조에서 사용되는 압력센서는 실리콘 기판 위에 확산 저항체를 형성한 타입의 반도체 압력센서가 주류를 이루고 있다. 그림9.5와 같이 실리콘 기판은 다이어프램으로 이루어져 있으며, 이곳이 압력으로 인해 변형이 일어나면 압력의 크기에 비례하여 전하가 소재 표면에 발생하는 이른바 초전력이 생긴다. 이 기전력을 스트레인 게이지를 이용하여 브리지회로로 증폭시켜 전기신호로 출력한다. 공조분야에서는 냉온수 및 증기 압력계측 등에서 사용빈도가 높다.

- 게이지 압력과 절대압력 : 대기압을 기준으로 하여 계측된 압력이 '게이지압'이다. 일반적으로 공조제어에서 취급하는 물이나 증기 등의 비교적 높은 압력은 게이지압을 사용한다. '절대압'은 진공상태를 기준으로 한 것이며, 제10장의 자료편의 「냉동기의 원리」에서 설명할 냉동기 몰리에선도의 압력은 절대압이다. 보통 게이지압은 사람이 거주하는 환경에서는 기상조건 및 고도의 조건을 무시하며 게이지압 = 절대압 − 98kPa(대기압)으로 취급한다.

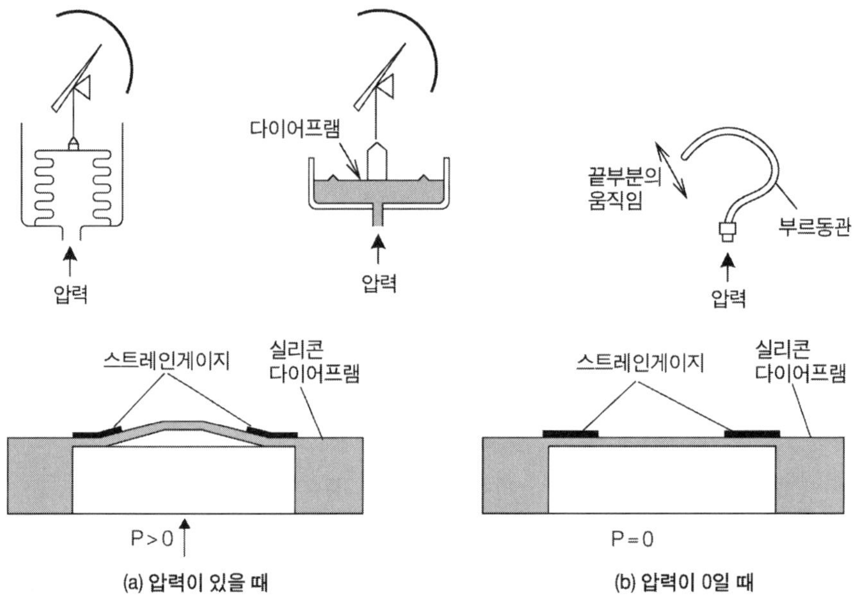

그림9.5 전기소자형 반도체 압력센서

9.4 유량계

공조설비에서 자주 사용하는 유량계에는 전자유량계, 과류량계, 초음파 유량계, 소용돌이식, 오리피스(Orifice)식, 용적식, 터빈형 등이 있다.

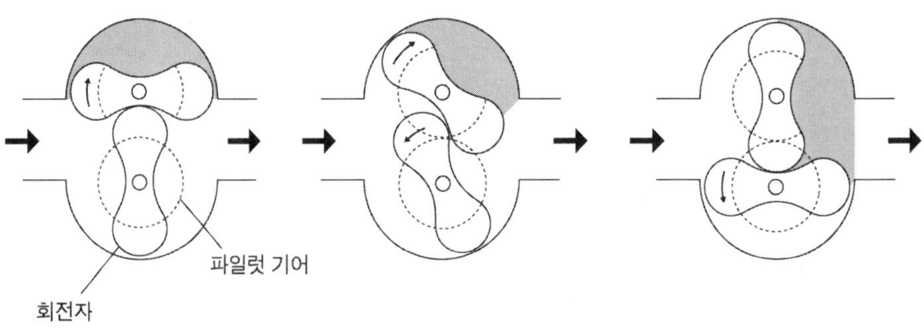

그림9.6 용적식 유량계

가장 단순하고 정확한 계측방법은 컵으로 하나씩 떠서 재는 것인데, 이와 가장 유사한 방법으로 그림9.6의 루츠형(Roots type) 유량계로 알려진 용적방식이 있다. 두 개의 호리

병 모양의 회전자를 조합하여 1잔씩 재는 방법이다. 예전에는 증기의 응축수 계측에 자주 이용되었지만 먼지 등에 의해 입구가 쉽게 막히는 구조라 최근에는 많이 사용되지 않는다. 요즘에는 냉온수를 계측할 때 대부분 「전자유량계」를 이용하며 앞에서 설명한 응축수 계측도 전자유량계로 대신하는 경우가 많다.

증기계측은 오리피스식을 많이 이용하였지만 계측범위가 좁아 최근에는 범위가 넓은 「소용돌이 유량계」로 교체되는 추세이다. 여기서는 최근 공조설비에서 사용 빈도가 높고 전자유량계 、소용돌이 유량계와 함께 배관 외부에서 계측할 수 있는 초음파 유량계에 대해서 설명한다.

9.4.1 측정오차

계측기 오차에는 풀스케일(full-scale) 오차(FS)와 지시값 오차(Of Reading)가 있다. 계측값으로 요금을 부과하거나 펌프 및 냉동기의 대수제어를 이용하는 경우에는 풀스케일 포인트보다 범위(range)가 큰 쪽부터 작은 쪽까지 오차율이 동일한 편이 바람직하다.

따라서 유량계를 선정할 때는 지시값 오차가 명확하게 표시된 유량계를 선택해야 한다. 지시값에 대한 오차(e) 및 풀스케일에 대한 오차(e_F)는 다음의 수식으로 구한다.

(a) 지시값에 대한 오차(Of Reading)

$$e = \frac{I-Q}{Q} \times 100[\%]$$

e : 지시값에 대한 오차
I : 유량계의 지시값
Q : 기준교정값 또는 기준교정값으로 구한 실제유량

(b) 풀스케일 유량에 대한 오차(F.S)

$$e_F = \frac{I-Q}{I_{max}} \times 100[\%]$$

e_F: 풀스케일에 대한 오차
I : 유량계의 풀스케일 유량

출전 : JIS B 7554 전자유량계 측정오차 및 유량 특성

풀스케일 오차는 그림9.7과 같이 수치가 작아질수록 허용 오차량이 크게 나타난다. 계기장비 중에서 변환기 등은 풀스케일 오차로 표현되는 경우가 많으므로 주의해야 한다.

표9.3은 어느 제어기기 제조사의 유량계 카달로그에 있는 오차표시의 예를 나타낸 것이다. 최대유속 20% 이상에서 지시값의 20%에 해당하는 Of Reading이 발생하나 그 외의 항목은 표현방법이 난해하여 무엇을 의미하는지 이해하기 힘들다. 그래도 이 제조사는 이 정도라도 표시하고 있으므로 양심적이라고 할 수 있으며, 제조사에 따라서는 풀스케일 오차만 표시한 경우도 있다.

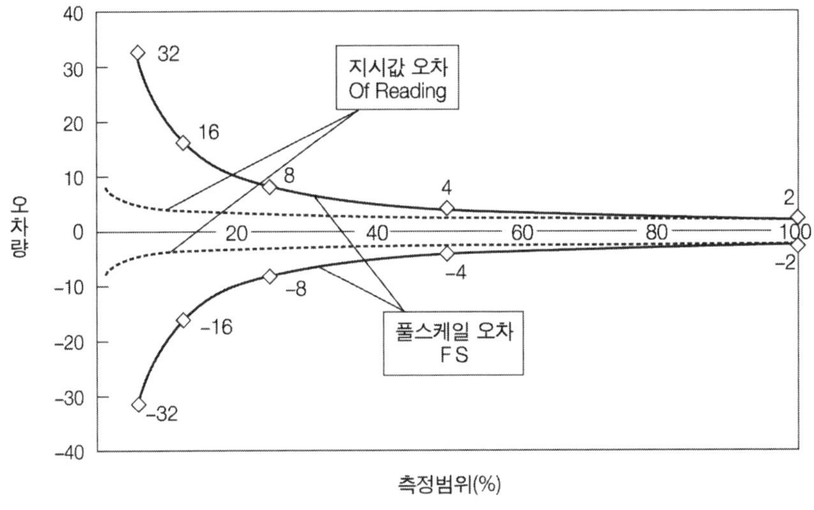

그림9.7 지시값 오차와 풀스케일 오차

표9.3 유량계의 오차표시 예

Vs(m/s)	측정 중 유속 ≧ Vs × 20%	측정 중 유속 〈 Vs × 20%
1.0 ≦ Vs ≦ 10	지시값의 ± 0.5%	지시값의 ± 0.1%
0.1 ≦ Vs ≦ 1.0	지시값의 ± (0.1/Vs + 0.4)%	Vs의 ± 0.2(0.1/Vs + 0.4)%

* Vs : 설정유속 범위(range)의 상한값

9.4.2 전자유량계

전자유량계는 공조용도로 사용되는 물 이외에도 약품이나 슬러리 상태의 물까지도 계측한다. 공조분야에서는 최근 먼지 막힘이나 사용시간 경과에 따른 노후화 걱정이 없다는 이유로 대부분 전자유량계를 이용하고 있다.

(1) 측정원리

전자유량계는 패러데이의 「자계(磁界)에서 전하를 가진 물질이 움직이면 그 물체 내에 기전력이 발생한다」는 전자유도 법칙을 측정원리로 한다. 그림9.11과 같이 배관을 둘러싼 코일에 자속(磁束)밀도 B가 가해지면 배관 속의 유체가 V의 속도로 흐르고 이 때 그 유속에 해당하는 기전력(es)을 얻을 수 있다.

(2) 선정 시 주의사항

측정오차를 고려하면 유량계의 크기는 특별히 상관없지만, 무조건 큰 것을 선택하는 것은 바람직하지 않다. 일반적으로 공조설비의 수배관에서는 최대유량을 2m 이하로 억제하는 경우가 많은데 유량을 계측해 보면 비교적 유속이 빠를 때 계측정확도가 좋아지므로 전자유량계는 배관보다 1 사이즈 작은 정도를 기준으로 하고 최대유속이 5~7m 정도가 되도록 구경을 선정한다.

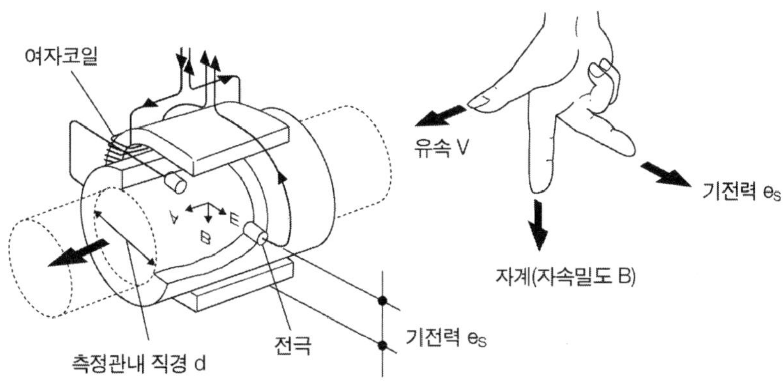

기전력 e_S	$e_S = B \cdot d \cdot v \quad (V)$	(1)
유량(Q)와 유속(V)의 관계	$Q = \dfrac{\pi \cdot d^2}{4} \cdot V$	(2)
(1), (2)에서	$e_S = \dfrac{4B}{\pi \cdot d} \cdot Q \quad (V)$	

그림9.8 전자유량계의 측정원리

(3) 설치

전자유량계의 상류 측에는 배관 내의 유체를 정류량 상태로 유지시키기 위해 직관 부분의 거리가 필요하다.

그림9.9와 같이 구부러진 부분, T형, 게이트밸브, 확대, 축소관의 유무 및 자동제어밸브·펌프종류가 하류에 있는지의 여부에 따라 유량계측기 구경(D)의 몇 배의 거리가 필요하다. 하류측은 직관 부분에 대해 고려할 필요가 없지만 주변에 버터플라이 밸브를 설치하는 등 흐름을 방해하는 원인이 되는 배관을 결합해서는 안 된다.

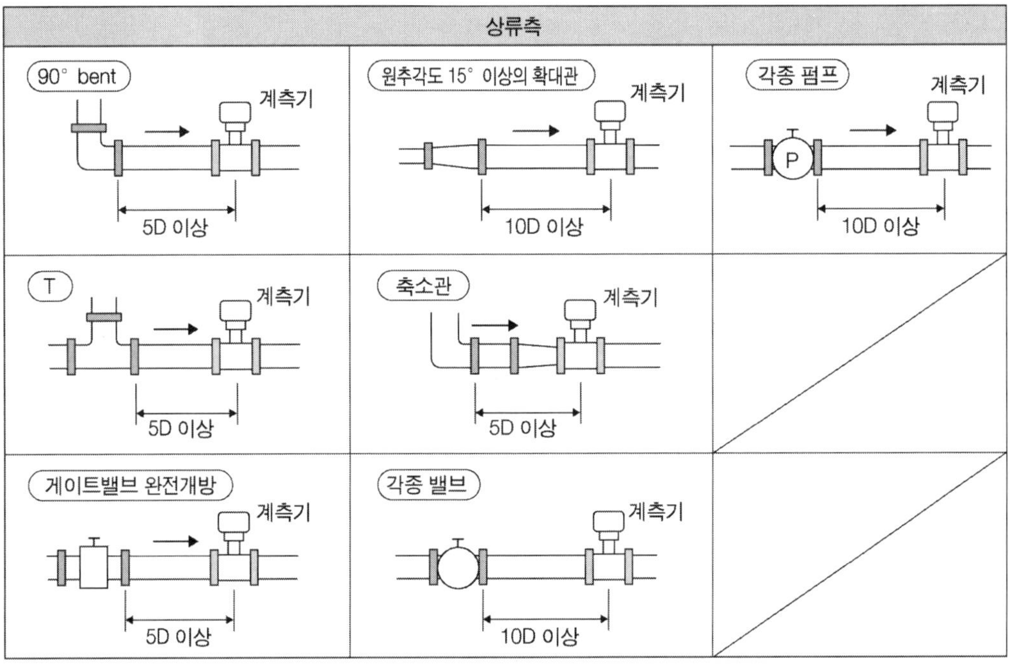

(주) 계측기 상류측의 직관부분(D : 계측기 공칭 구경)

그림9.9 전자유량계의 상류측 직관부분 거리

9.4.3 소용돌이 유량계(Vortex flowmeter)

소용돌이 유량계는 기체, 증기, 물, 기름 등을 계측대상으로 한다. DHC를 사용하는 설비 등, 증기유량을 계측할 때는 측정범위가 넓은 소용돌이 유량계가 널리 이용된다.

레오나르도 다 빈치는 1513년, 강가에 박혀 있는 기둥의 후방에 소용돌이가 발생하는 현상을 관찰하였다. 그리고 T、F、칼만은 1911년, 유체의 한 가운데에 놓인 물체 하류에 서로 나란히 번갈아서 규칙적인 와열(vortex train)이 발생하는 것을 이론적으로 해석하였다. 이것을 「칼만와열」이라고 부른다.

(1) 계측원리

소용돌이 유량계는 그림9.10과 같이 배관 내에 소용돌이를 발생시키는 「소용돌이 발생체(Black Body)」와 소용돌이를 계측하는 「센서」로 구성되어 있다. 칼만 소용돌이가 발생하는 주파수는 그림에 있는 관계식과 같이 유체가 흐르는 속도에 비례한다. 이 식에서 스트로할 정수(St, Strouhal number)는 레이놀즈수(흐름 상태를 결정하는 수치)에 따라 변하는데, 넓은 범위의 레이놀즈수에서는 그 값이 거의 일정하다. 따라서 소용돌이 주파수 (f)는 유속에 비례하게 된다.

와열을 전기신호로 변환하는 방법은 여러 종류가 있지만 압전소자를 이용하여 전기신호를 파악하는 유량신호 방식이 널리 사용되고 있다.

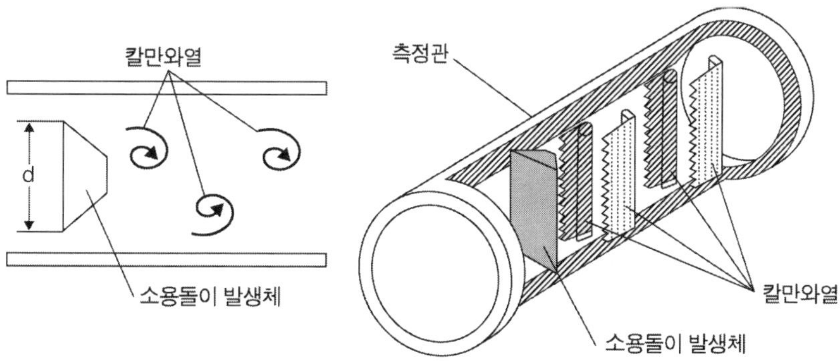

$$f = st\frac{v}{d}$$

f : 소용돌이 주파수
v : 유체의 평균유속
d : 소용돌이 발생체의 폭
st : 스트루할 정수

그림9.10 소용돌이 유량계의 측정원리

(2) 소용돌이 유량계의 측정범위

일반 공조설비에서 자주 사용하는 784.8kPa(8kg/cm^2) 포화증기의 유량계 측정범위를 나타낸 것이 표9.4(지시값 오차 1%)이다. 측정범위가 대단히 넓으므로 부분부하 계측을 중요시하는 DHC 설비의 증기유량 계측 분야에서는 오리피스를 대신하여 사용하는 경우가 많다.

표9.4 포화증기의 과유량계 측정범위

구경(mm)	최대(kg/h)	최소(kg/h)	구경(mm)	최대(kg/h)	최소(kg/h)
15	151	16	100	8,470	400
25	595	39	150	19,100	880
40	1,320	65	200	32,000	1,530
50	2,240	110	250	48,100	3,380
80	5,030	240	300	68,700	4,850

(3) 설치

소용돌이 유량계는 그림9.11과 같이 전자유량계 등에 비해 배관 내에서 유체흐름이 안정되기까지 필요한 직관거리가 길다

	배관상태	직관부분 길이	비고
리듀서 (reducer)	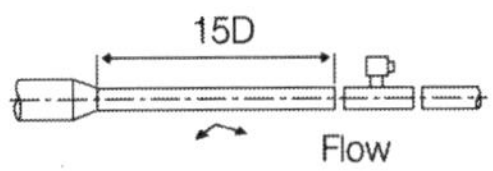	15D 이상	상류측에 동심(同心) 리듀서가 있는 경우
엘보	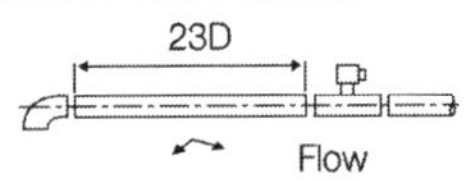	23D 이상	상류측에 엘보가 있는 경우
	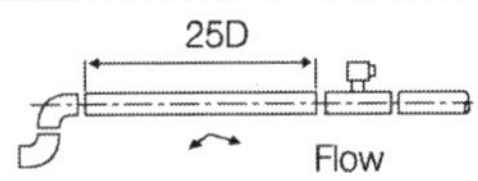	25D 이상	상류측에 2개의 엘보가 수평으로 있는 경우
	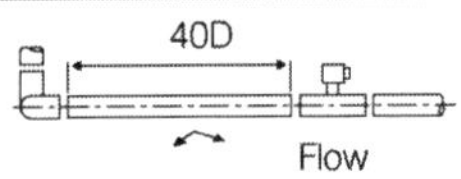	40D 이상	상류측에 2개의 엘보가 수직으로 있는 경우
완전개방의 게이트밸브	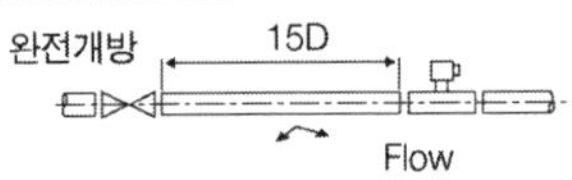	15D 이상	상류측에 완전개방의 게이트밸브가 있는 경우
50%개방의 게이트밸브	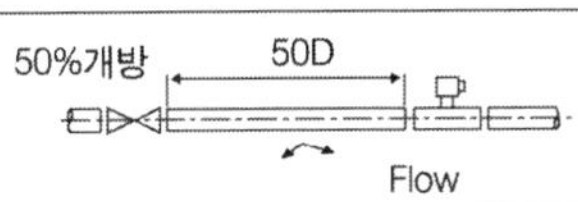	50D 이상	상류측에 50%개방의 게이트 밸브, 급격한 조임 등, 현저하게 흐름을 방해하는 것이 있는 경우

그림9.11 소용돌이 유량계의 상류측 직관부분 거리

9.4.4 초음파 유량계

초음파 유량계는 배관을 분리하지 않고 배관 바깥에 계측기를 설치하여 유속을 측정할 수 있으므로 이미 설치된 냉동기 능력 등을 측정할 목적으로 할 때 매우 효과적이다. 초음파란 인간의 귀로는 들을 수 없는 높은 주파수대의 음파이며 일반적으로 20kHz 이상의 음향진동으로 구성된다.

(1) 측정원리

초음파 유량계의 측정원리는 전반(傳搬, 전기에너지 전파)시간차이법, 싱 어라운드법(Sing Around method), 도플러법 등이 있는데, 여기서는 가장 많이 사용되는 「전반시간차법」에 대해 설명할 것이다.

그림9.12에서 초음파센서 A와 B는 A→B 및 B→A와 같이 상호 초음파를 송수신한다. 초음파 이동에 걸리는 시간 A→B를 Tab, B→A를 Tba라 하면 유속이 "0"일 때 Tab = Tba = L/C가 된다. 여기서 L은 센서간 거리, C는 음속이다. 흐름이 있는 경우의 초음파 전반시간은 센서 AB 사이에서 (a)와 (b)가 된다. 이 두 개의 식으로 (c)를 얻고 유속을 구하는 식(d)을 얻는다.

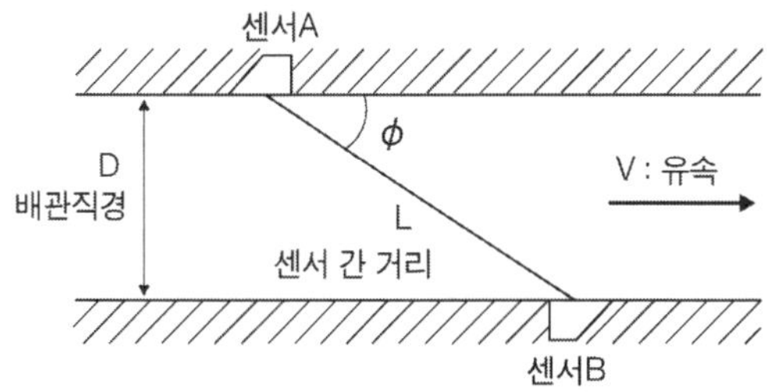

(a) 초음파 A → B

$$Tab = \frac{L}{(C + V\cos\phi)}$$

(b) 초음파 B → A

$$Tba = \frac{L}{(C + V\cos\phi)}$$

(c) 연립방정식에서

$$\frac{1}{Tab} - \frac{1}{Tba} = \frac{(C + V\cos\phi) - (C + V\cos\phi)}{L}$$

(d) 유속을 구하는 식

$$V = \frac{L}{2\cos\phi}\left(\frac{1}{Tab} - \frac{1}{Tba}\right)$$

그림9.12 초음파 유량계

9.5 풍속계

덕트 내부 및 공조기 취출구의 평균풍속을 측정하는 방법으로는 열확산을 이용한 열선식, 회전을 이용한 비람(Biram)식(풍차), 압력차이를 이용한 피트관식, 빛을 이용한 레이저유속계, 음파를 이용하는 초음파 유속계 등이 있다.

9.5.1 열선식

현장 사용성이 우수하여 풍속계측에 가장 많이 이용되는 풍속계이다. 백금 등의 가는 금속선을 가열해 두고 여기에 바람이 닿으면 온도변화가 발생하여 전기저항에 변화가 발생한다. 이 저항변화를 그림9.13의 휘드스톤 브리지(Wheatstone bridge)로 계측한다.

풍속센서의 저항체(r) 및 여기에 흐르는 전류(i)와 열량(q)의 관계는 $q = i^2 \times r$이다. 주위 유체의 온도(Ta) 및 풍속센서의 표면온도(T)와 방산열량(q) 사이에는 $q = (a + bU^{1/m})(T - Ta)$의 식이 존재한다(a, b, m은 유체 및 열선의 형상에 따라 정해지는 정수). 이 두 개의 식으로 $i^2=(a+bU^{1/m})(T-Ta)/r$을 얻을 수 있다. 이 저온형 열선식 풍속계의 기본식을 King식이라고 하며 열선온도를 통해 풍속을 구하는 식이 된다.

9.5.2 비람(Biram)

원통 내부를 통과하는 풍속과 풍차의 회전수는 비례하므로 일정한 측정시간에 통과하는 바람(회전수)을 계측하여 풍속을 구할 수 있다(그림9.14).

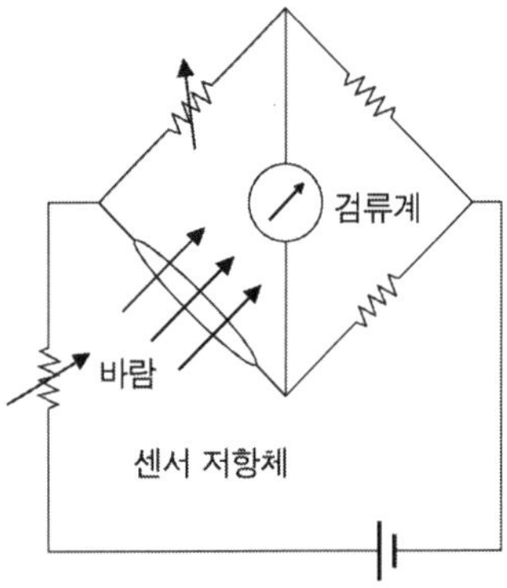

그림9.13 열선식 유속계

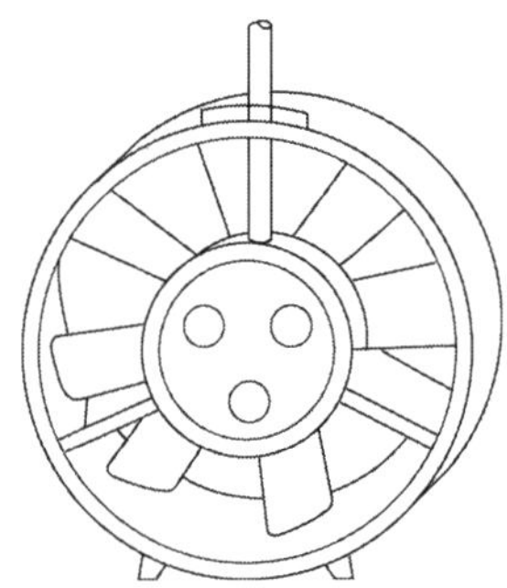

그림9.14 비람(Biram)

9.5.3 피트관(그림9.15)

전압력에서 정압을 뺀 것이 동압이며 다음 식으로 풍속을 구할 수 있다.

$$V=4.04\sqrt{Pv}$$

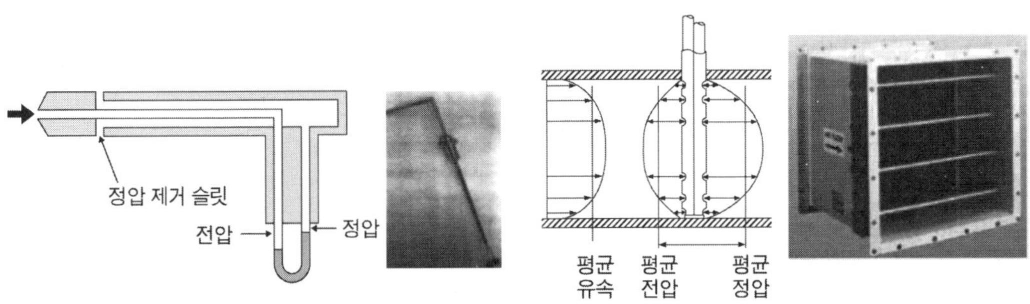

(a) 피트관

(b) 피트관의 응용제품

그림9.15 피트관과 응용제품

피트관의 원리를 응용하여 전압력과 정압의 차압으로 풍속을 구하는 유속측정기에는 아뉴바(Annubar) 및 에어로댐퍼 등이 있으며 공조설비에서는 풍량계측용으로 많이 이용하고 있다.

9.5.4 VAV용 센서

VAV 제어에 대해서는 제6장 2항 「VAV 방식의 제어」에서 설명하였다. 여기서는 해당 제어에 신호를 공급하는 풍속센서에 대해 소개한다.

일반적으로 VAV 풍속센서는 VAV 본체에 부착되어 있으며 VAV 제조사가 공급하는 경우가 많다. 그림9.16은 열선형 센서를 이용한 경우이다. 그림9.17은 VAV 전방에 2W 이상을 확보하기 위한 시공요령을 나타낸 것이다. 천장내부 공간에서 덕트의 직관을 확보하는 것은 쉽지 않으므로 VAV 제조사에 여러 형태의 시공방법을 명시하기도 하지만, 이러한 문제를 알면서도 대응하지 않는 제조사도 있다.

VAV 풍속센서처럼 특정한 곳에 사용되는 센서는 적고, JIS 등에 규정되어 있지 않기 때문에 제조사에서도 건물에 적용해가며 상황에 맞는 센서를 사용하기도 한다. 하지만 건물에 설치되는 VAV 수만큼 풍속센서가 필요하므로 실제 센서의 숫자는 상당히 많아지며, VAV 댐퍼제어뿐만 아니라 공조기 풍량제어 등에도 관련되므로 신중히 선정해야 한다.

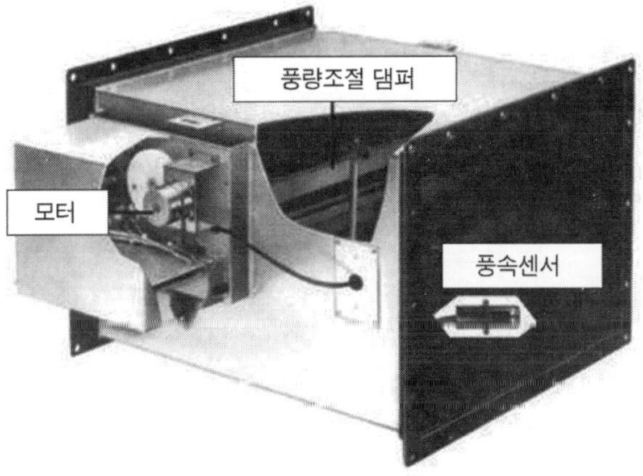

그림9.16 VAV 유닛 및 풍속센서

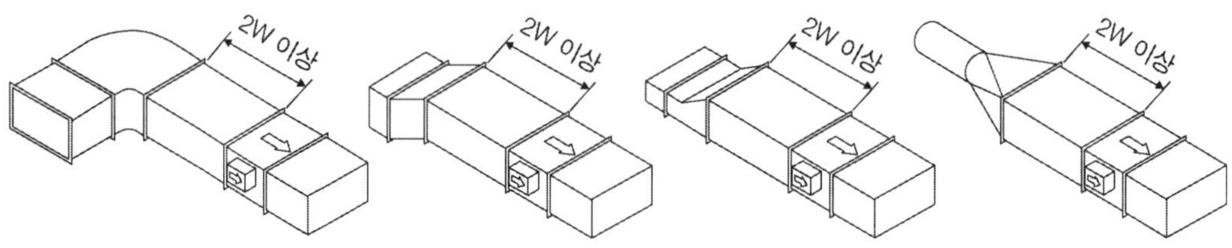

그림9.17 VAV전방의 직관길이

9.6 자동제어밸브와 댐퍼 조작기

자동제어밸브 및 댐퍼를 작동시키는 조작기에는 전동식(전기식 · 전자식)과 공기식이 있다. 일반적으로 전동식은 힘이 약하므로 3인치가 넘는 제어밸브 등에는 적합하지 않으며, 큰 제어밸브는 공기식을 이용하는 경우가 많다.

빌딩제어의 경우 공조기 주변에 소형 제어밸브가 많으므로 전자식으로 통일하는 경우도 많다. 열원기기 등에 대형 제어밸브의 설치 개수가 많을 경우에는 공기원 장치를 설치하여 공기식으로 하고, 개수가 적을 경우에는 대형 제어밸브를 자력식 제어밸브로 하는 경우가 일반적이다.

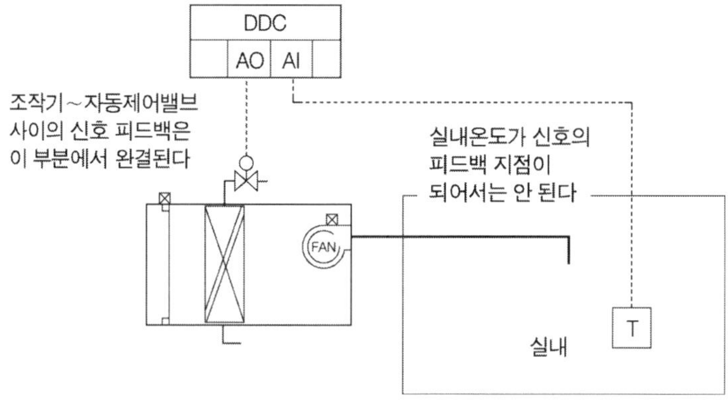

그림9.18 신호 피드백

조절기의 출력신호대로 제어밸브나 제어댐퍼가 동작하고 있는지에 대한 피드백은 조작기 부분에서 한다. 그림9.18과 같이 신호 피드백은 실내온도를 통해 이루어지므로 조절기 출력신호에 조작기 입력신호의 피드백을 받는 기능이 없으면 실온 목표값에 도달하는

데 여러 로직의 모순이 발생한다. 제어신호의 피드백과 실내온도 제어 전체의 피드백을 혼동하지 말기 바란다.

그림9.19(a)의 전기식 기기는 조작기에 기계기구의 밸런싱 릴레이를 내장하고 있으며, 온도제어를 하는 경우에는 측온 저항체의 신호를 주는 것만으로 제어루프가 완성된다.

전자식 기기는 그림9.19(b)와 같이 조절기 개방 또는 차단 릴레이 출력신호를 받아, 밸런싱 릴레이 대신에 피드백 포텐셜미터로 측온 저항체와의 브리지에서 균형을 이루어 제어루프의 평행을 이룬다(온도조절기 내에서 단자 A－B간의 전류값이 "0"이 되기까지의 접점①의 반시계 방향과 ②의 시계방향 신호 사이에서 피드백을 한다. 9장 2.1.1항「측온 저항체의 계측원리」 참조).

이러한 방법을 선택함으로써 전기신호 레벨의 피드백이 성립된다. 공기식인 경우에는 그림9.19(c)에서와 같이 포지셔너(Positioner)를 설치하여 기계적으로 공기신호의 피드백을 구성한다.

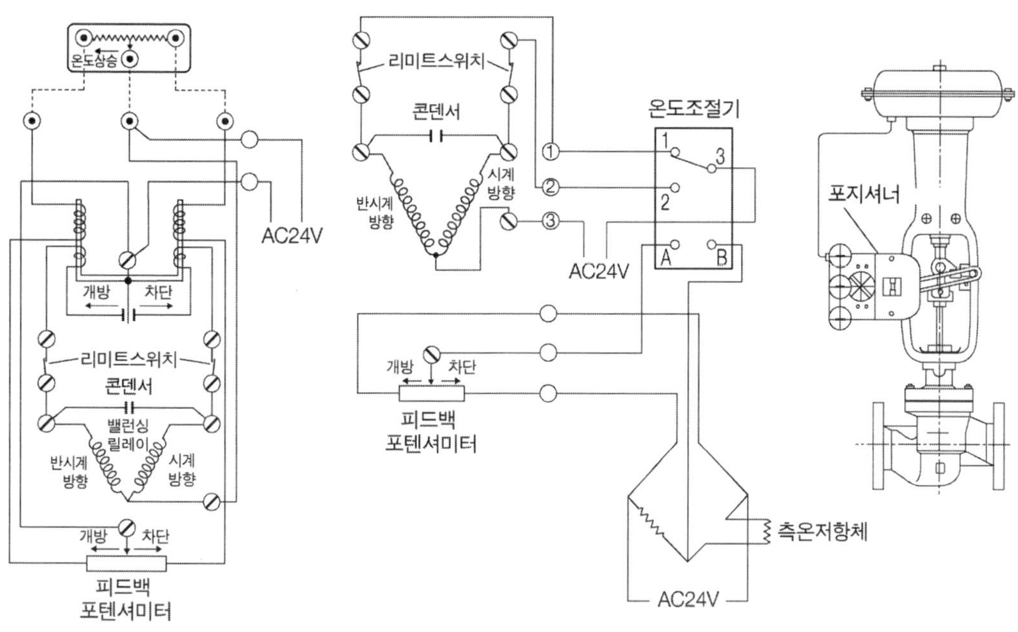

(a) 전기식 비례식 온도계측기 (b) 선사식 (c) 공기식 포지서너

그림9.19 전동형과 공기식 조작기

7장 3항「VAV 방식 건물 사례」에서 VAV 댐퍼 오픈신호에 대해 설명하였듯이 실제로는 부적절한 신호제어가 일어나는 경우가 많다.

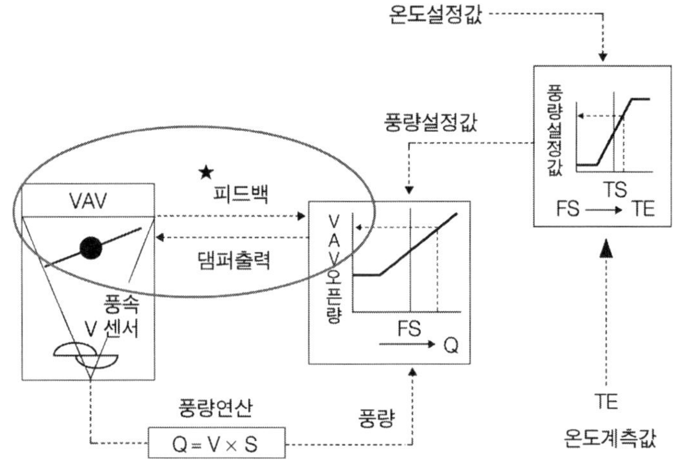

그림9.20 VAV 제어

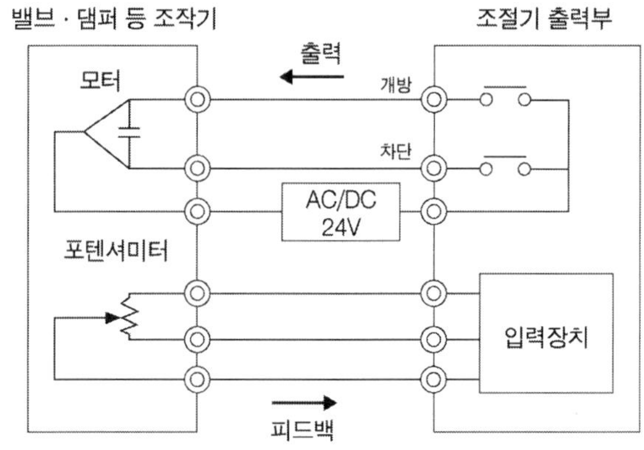

그림9.21 조절기와 조작부의 관계

6장 2항 「VAV 제어」의 그림6.5도 그렇지만, 원래는 그림9.20과 같이 DDC 출력에 대해 VAV 댐퍼에서 피드백을 받아야 하며, DDC 등의 조절기 출력부와 자동제어밸브 및 제어댐퍼의 조작부와의 연결은 그림9.21과 같이 이루어져야 한다. 단 풍속센서와 VAV댐퍼에서 풍량조절부 등의 제어부분은 VAV 제조사의 영역이다. 이러한 현실적인 요인 때문에 원래의 모습이 사라진 것이다. 따라서 중앙감시반에서 보는 VAV의 오픈량은 희망사항의 DDC 내 연산값이며 실제의 VAV 오픈량은 아니다.

피드백을 받는 방법은 그림 9.21처럼 열리는 방향 또는 닫히는 방향에 있는 릴레이 접점출력으로 하고, 피드백 포텐셔미터로 평형을 유지하는 방법이나 전류신호 및 전압신호로 피드백을 받는 방법이 있다.

포텐셔미터는 고장이 자주 일어나기 때문에 제조사 선정에 유의해야 한다. 7장 3항에서 설명한 바와 같이 VAV의 잘못된 운용사례는 피드백을 받는 기본적인 제어가 안 되어 일어난 것이 많다.

9.7 자동제어밸브

최근 공조기에 적용되는 2인치 이하 정도의 소형 제어밸브는 그림9.22(a)와 같이 조작기 일체형으로 비례제어에 적합한 로터리 밸브가 널리 이용된다. 로터리 밸브는 볼 밸브를 나열한 것으로 측정범위를 넓혀 유량이 낮은 영역에도 대응할 수 있다. 그림9.23과 같이 비례제어에 적용할 수 있는 좁고 긴 홈을 커팅하여 고안한 것이다. 또한 동일한 사이즈의 단좌밸브에 비해 볼 밸브를 기본으로 하므로 대부분의 유량을 흘려보낼 수 있으며, 유량이 큰 복좌(複座)밸브와 비교하더라도 보다 많은 유량을 흘려보낼 수 있다.

열원 등에 이용하는 대형 제어밸브의 경우는 그림9.22의 (b) 단좌2방향밸브, © 복좌2방향밸브를 주로 채택한다.

제어밸브를 증기계통에 이용할 때, 복좌밸브는 시트가 2개이기 때문에 구조적으로 누출량이 많다는 이유로 사용을 꺼리는 경우가 많다. 또한 공조설비에서 일반적으로 사용되는 제어밸브는 뒤에서 설명할 Cv값에 대하여 0.5%의 누출량이 허용된다는 것도 기억해 두자(JIS B 2007).

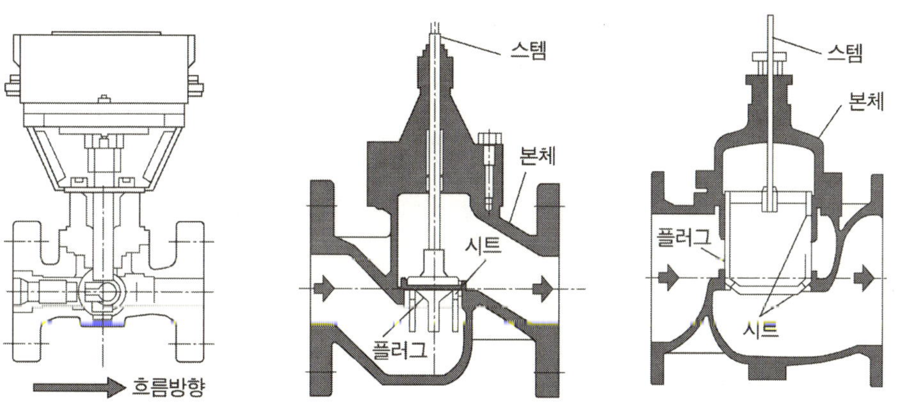

(a) 조작기 일체형 로터리밸브 (b) 단좌2방향밸브 (c) 복좌2방향밸브

그림9.22 자동제어밸브의 구조

그림6.23 로터리 밸브

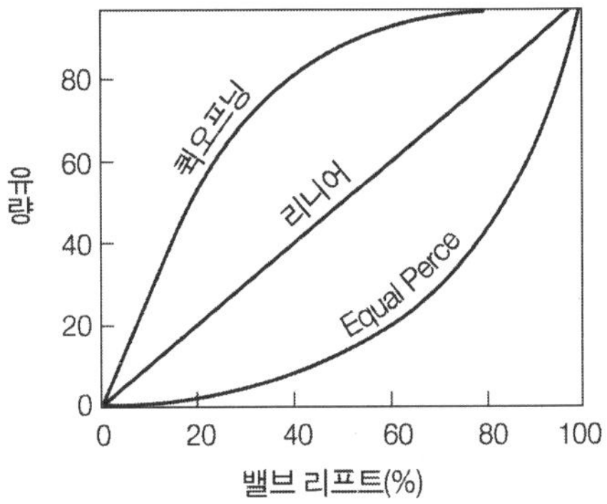

그림9.24 제어밸브의 특성

9.7.1 제어밸브의 특성

그림9.24와 같이 자동밸브의 리프트와 유량의 관계를 나타내는 제어밸브 고유특성에는 퀵오프닝 특성, 리니어 특성, Equal Percent 특성 등이 있다. 공조용 비례 제어밸브로는 제어밸브 리프트와 열출력 관계가 직선에 가까운 Equal Percent 특성을 이용한다.

9.7.2 자동제어밸브의 구경 계산

(1) Cv값 계산

제어밸브는 저항체 전후의 압력에 따라 배관 내부에서 흐르는 유량에 변화가 생기므로 별도의 조건을 부여하여 유량의 변화를 원래대로 되돌려야 한다. 제어밸브의 용량을 나타내는 수치로 대표적인 것이 Cv값이다. Cv값은 밸브가 완전개방상태일 때를 기준(밸브 전후 차압 1psi=0.048kPa)으로 15℃(60°F)의 물이 해당 제어밸브를 통과할 때의 유량을 US갤런으로 나타낸 것이다.

(a) 유체가 냉온수인 경우

$$\mathrm{Cv} = \frac{0.693\,W\sqrt{G}}{\sqrt{h}}$$

W : 최대유량[L/분]
G : 비중(물 = 1)
h : 밸브의 압력강하(Pa)

(b) 유체가 포화증기인 경우

$$\mathrm{Cv} = \frac{0.3643\,W\sqrt{V}}{\sqrt{h}}$$

W : 증기중량유량[kg/h]
h : 밸브의 압력강하[kPa]
h = 0.2(P1 − P2) 2위치 동작밸브
h = 0.5(P1 − P2) 비례동작
P1 : 밸브 입구 증기압[Pa]
P2 : 밸브 출구 증기압[Pa]

(2) 클로즈오프(Close-off) rating

그림9.25(a)와 같이 공조시스템 대부분이 운전상태이나, 단 하나의 AHU 계통만이 정지된 경우 제어밸브 전후에 차압이 걸리므로 제어밸브가 완전 차단상태라고 해도 차압이 커져 밀려 올라간다. 제어밸브의 Close-off rating이란 제어밸브가 특정 조작기와 결합되었을 때 제어밸브를 완전차단으로 유지할 수 있도록 제어밸브 전후에 걸리는 최대 허용압력차를 의미한다.

그림9.25(b)에서 제어밸브의 스템(stem)에 작용하는 힘은 아래쪽을 향하는 F2이며, 이에 대해 제어밸브 전후의 압력차(P1－P2)는 F1이 되어 위방향으로 움직인다. F2는 제어밸브 조작기가 스템을 통해 제어밸브에 가하는 힘이므로 이 힘이 약하면 제어밸브는 완전차단을 유지할 수 없게 된다. 따라서 제어밸브의 구경을 정할 때에는 Cv값 계산뿐만 아니라 조작기까지 고려한 Close-off rating을 체크해야 한다.

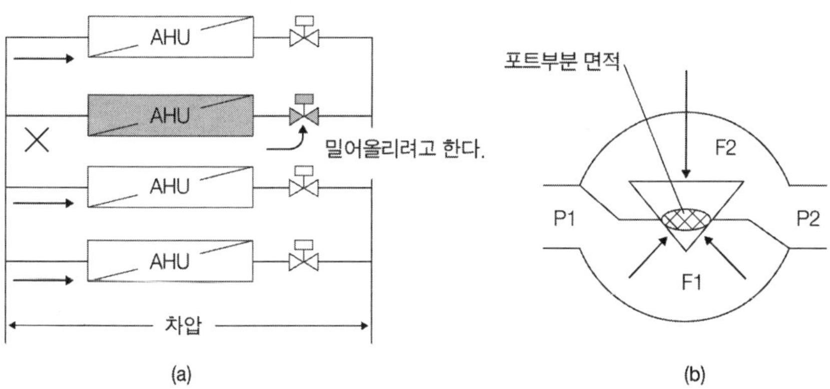

그림9.25 close-off rating

9.8 자동제어댐퍼

공조제어에서는 루퍼댐퍼가 많이 사용되며 그림9.28 (a) 평행익(平行翼)과, (b) 대향익(對向翼) 댐퍼가 대표적이다. 야간의 외기를 차단할 목적으로 ON/OFF 제어를 하는 경우에는 평행익 댐퍼를, 외기냉방 제어 등의 비례제어로 사용하는 경우에는 대향익 댐퍼를 선정한다.

댐퍼 구동조작기는 그림9.28(c)와 같이 댐퍼 중심에 직접 연결하는 조작기를 주로 사용한다. 이는 조작기의 능력에 따라 댐퍼를 분할하는 것을 의미한다. 간이계산법으로 "1m²당 조작기 한 대"로 분할해도 크게 무리는 없다. 댐퍼토크 산출 계산에에서와 같이 실험수치에 의존할 수밖에 없는 사정이라 부득이하게 간이기법을 사용하는 것이다.

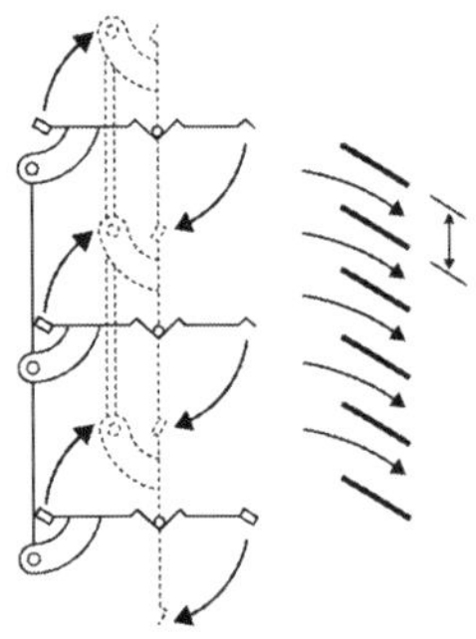
(a) 평행익댐퍼

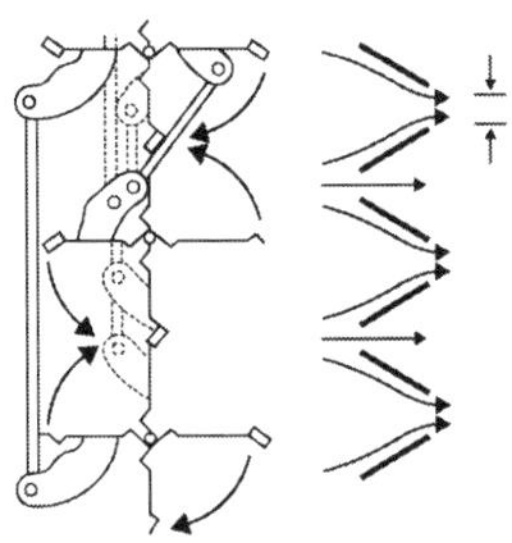
(b) 대향익댐퍼

(c) 직결형 댐퍼조작기

그림9.26 댐퍼의 종류와 조작기

9.9 인버터

공조설비에서 VAV 방식의 공조기 풍량을 제어하거나 펌프계통의 압력을 제어할 때 인버터가 널리 사용된다.

9.9.1 인버터의 기본원리

일반적인 인버터 기기의 내부구조를 분해하면 그림9.27과 같이 컨버터 회로(교류→직류)에서 평활회로(컨버터 출력의 리플(Ripple)을 콘덴서로 제거하는 회로 : 그림9.28)를 경유하여 직류로 변환된 후 다시 인버터 회로에 의해 교류가 되는 방식으로 되어 있다.

스위치 회로의 ON/OFF 신호제어 결과 직류로 변화된 전압은 인버터회로 부분에 배치된 사이리스터(Thyristor) 또는 트랜지스터를 통해 사인커브 형태의 펄스를 송출한다(그림 9.29). 이러한 방식의 인버터를 「PWM 방식(Pulse Width Modulation)」이라 한다.

이에 대하여 전압의 파고값을 증감시키는 「PAM 방식(Pulse Amplitude Modulation)」이 있다. PWM 방식의 특징은 모터 등에 가하는 진동은 작지만 노이즈가 크며, PAM 방식은 노이즈가 적지만 진동이 크다. 널리 보급되어 있는 것은 PWM 방식이다.

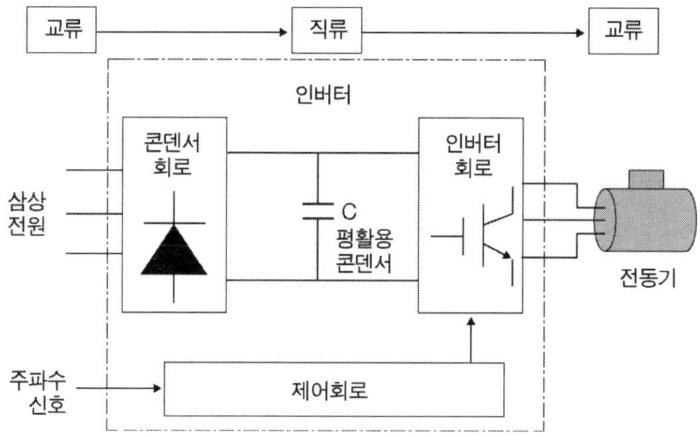

그림9.27 인버터 내부구성

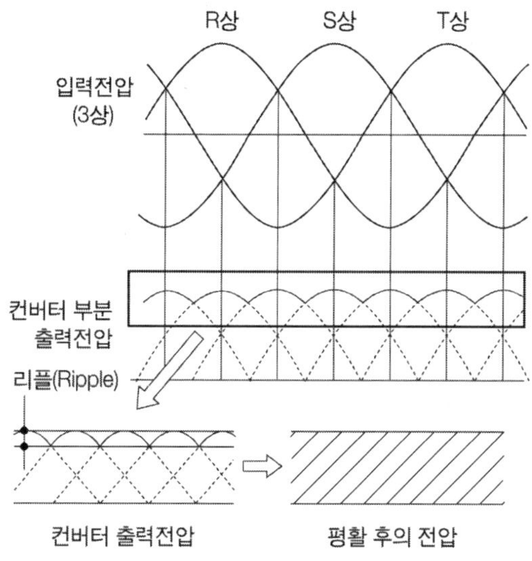

그림9.28 교류-직류변환

9.9.2 인버터와 노이즈

교류파형은 매끈한 형상의 사인커브이나, 제어기기에서 인위적인 조작을 가하기 때문에 불가피하게 전기적 노이즈와 소음이 발생한다. 최근에는 이 부분이 상당히 개량되어 문제점들이 해결되는 추세이다. 특히 소음문제 등은 초기 인버터에 비해 상당히 개선되었다. 이는 캐리어주파수(그림9.29)를 높여 소음을 억제하는 방법을 채택하게 되었기 때문인데 이로 인해 누전차단기 및 전동기 베어링에 미치는 악영향 등의 새로운 문제요인이 유발되기도 한다.

전기적인 노이즈를 「고조파」라고 하며 컨버터 부분의 정류회로가 발생원인이다. 그림9.28과 같은 리플(Ripple)을 포함한 정류파형을 만들어 내기 위해 사인커브는 그림9.30(a)처럼 일그러진 파형이 된다. 이런 변형파형은 「기본파」와 다른 「고조파」로 표현한다. 이 고조파는 전원으로 변환되어 트랜스 및 동일 전원선에 접속된 다른 기기에 파손사고를 유발하는 악영향도 초래하기도 한다. 범용인버터에서 고조파가 발생하는 차수(次數)는 7, 11, 13차이다. 고조파 차수가 클수록 발생량은 적어진다.

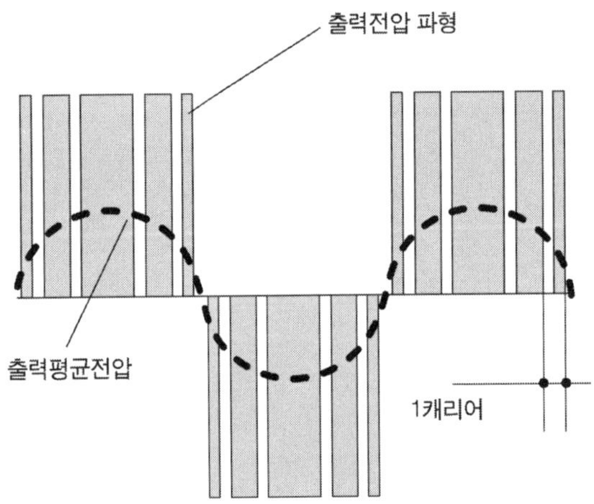

그림9.29 인버터 출력전압 파형

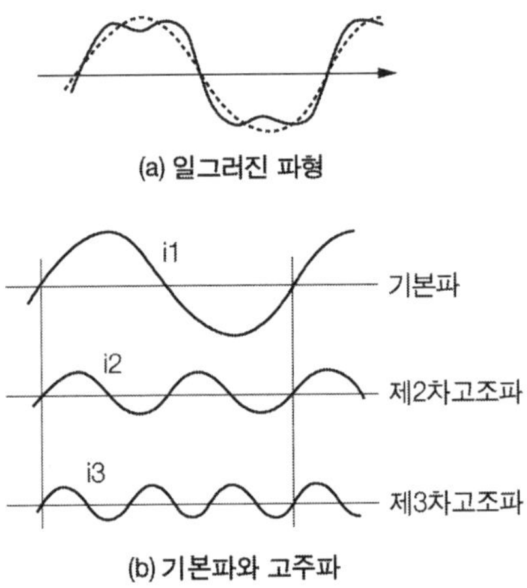

그림9.30 고조파

9.9.3 인버터에 의한 동력 감소

인버터를 사용하면 유량에 따라 동력이 3승의 관계로 줄어들 거라 잘못 알고 있는 사람이 많으나 제1장 「2차 펌프제어」 1.3항 「인버터 제어에 의한 에너지절감」을 참조하여 시스템을 잘 구성해야 한다. 적절한 시스템구성과 파라미터설정을 하지 않으면 인버터 도입은 불필요한 투자가 되어버린다.

9.9.4 인버터의 수명

인버터와 같은 반도체 기기는 시간에 따른 노후화(열화)가 없는 것으로 여겨지나, 제어반 내부의 온도가 너무 높을 경우 처리성능이 떨어지고 수명도 짧아진다.

인버터 내부의 부품 중에는 평활 콘덴서 수명이 가장 짧다. 일본전기공업회(JEMA)에서는 「범용인버터의 정기점검」 기간을 5년으로 권장하고 있다.

9.10 UPS

컴퓨터를 비롯하여 중요한 자동기기의 정전 및 순간적인 전원 공급중단에 대한 대책으로 비상 전원장치인 UPS(Uninterruptible Power Supply, 무정전 전원장치)를 이용한다.

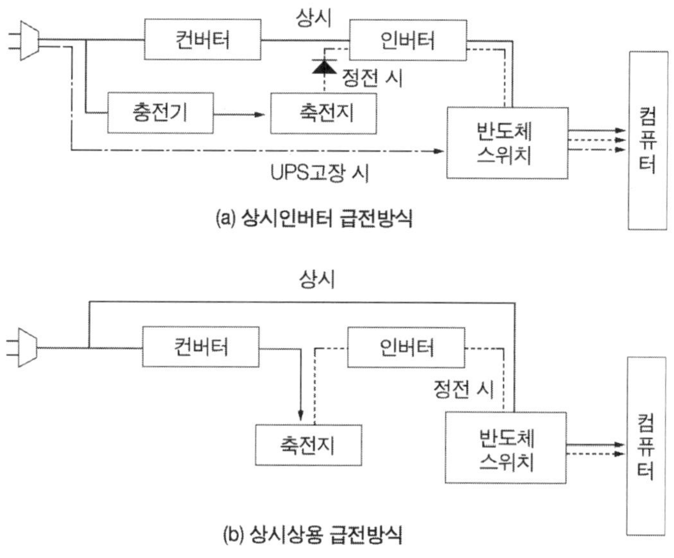

그림9.31 UPS의 급전방식

9.10.1 정전과 순간정지

정전은 문자 그대로 전력회사의 송전이 정지되는 것을 말한다. 전원콘센트가 빠지거나 차단기가 내려가는 것도 컴퓨터 등에서는 정전과 동일하게 취급한다. UPS는 이러한 현상에 대하여 특별한 대응을 할 수 없다. UPS가 지닌 백업용 전지는 5분에서 10분 정도밖에 되지 않기 때문이다. UPS는 순간정지 대책 정도로 생각해야 한다.

「순간정지」란 주로 낙뢰 등이 송배전선에 영향을 미쳐 몇 사이클 정도의 전원전압이 저하되는 것을 말한다. 낙뢰가 많은 지역에서 80% 이하의 전압으로 저하되는 회로는 연간 10회 이상이며 대부분은 0.2초 이하의 순간이다. 한편, 번개의 전류 중 강한 것은 100kA도 있으며 송전선에 낙뢰가 칠 때 송전선이 쇼트되는 경우가 있다. 낙뢰가 관찰되면 변전소 차단기에서 회로를 떼어내어 피해를 막는 처리를 하지만 이 사이에도 0.07～3초 정도 전압강하 현상이 발생하는 경우가 있다. 이상이 순간정지를 유발하는 주요 원인이다.

순간정지를 정의하기가 곤란한 것은 순간 정지 시에도 완전하게 전원이 꺼지는 것이 아니기 때문이다. 송전선 중에는 코일의 리액터에 해당하는 지연 저항성분이나 콘덴서에 해당하는 진행 저항성분이 포함되어 있기 때문에 완전하게 전원이 꺼지지 않고 전압만 저하되는 형태로 나타난다. 따라서 어느 정도 양의 전압저하가 얼마만큼 지속되었는가 하는 접근방법이 필요하다. 이것이 순간정지에 대한 대책을 세우는 데 있어서 고민되는 부분이다.

9.10.2 UPS의 구조

UPS의 급전방식은 그림9.31(a)와 같이 상시 인버터 급전방식, 그림9.31(b)의 상시 상용 급전방식 및 라인 인터럽터 방식 등이 있다. 그림9.31(a)의 상시 인버터 급전방식은 평상시에 상용전원과 맞물려 있어 전원트러블이 발생하였을 때 축전지에서 인버터를 경유하여 급전하는 형태이며 일반적으로 많이 이용된다. 또한, 사용조건에 따라 수명의 차이가 있으나 축전지는 소모품이므로 3～5년마다 교체한다.

제10장

자 료 편

10.1 냉동기의 원리

냉동기 제어에 대한 검토를 위해 냉동기 원리에 대해 알아보도록 하겠다.

10.1.1 압축식 냉동기의 냉동사이클

주사를 놓을 때 알코올 소독을 하면 순간적으로 시원해진다. 알코올이 증발하면서 피부의 증발잠열을 빼앗아 가기 때문이다. 터보냉동기, 패키지형 공조기 및 가정용 냉방장치(Room Aircon) 등도 이러한 원리를 기본으로 한다. 알코올을 상시 증발시킬 수 없으므로 알코올 대신에 냉매가스를 순환시켜 그림10.1과 같은 사이클을 만든다. 이러한 사이클을 「냉동사이클」이라 하며 몰리에선도로 표현한다.

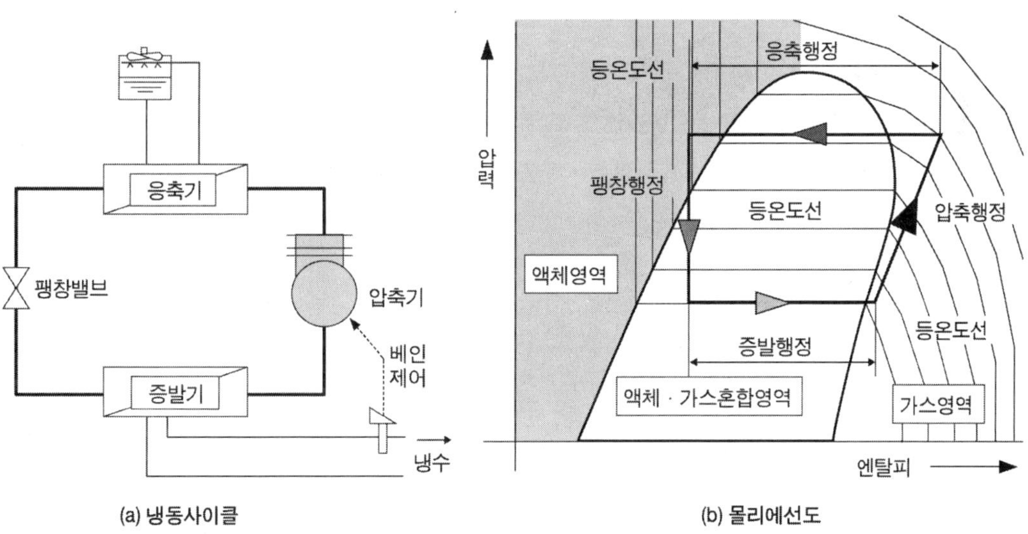

그림10.1 냉동사이클과 몰리에선도

(1) 압축행정

압축기에서 나온 냉매가스는 고온고압 가스 상태가 되어 응축기로 보내진다. 몰리에선도 상에서는 좌측에 가스영역이 있고 우상향으로 갈수록 압력과 엔탈피가 높아진다. 압축행정이 압축기가 역할을 하는 부분이며, 이 때 동력을 사용한다.

(2) 응축행정

응축기에서 냉각수에 의해 냉매가 냉각되면 고온고압의 액체가 된다(가정용 룸에어컨의 경우에는 냉각탑을 이용하는 대신에 공기냉각방식을 사용한다). 몰리에선도 상에서 대부분 액체·가스혼합영역이며 등압력선상을 따라 엔탈피가 낮은 쪽(왼쪽)으로 움직이고 마지막에는 액체영역으로 들어간다.

(3) 팽창행정

냉매가 팽창밸브의 가는 관을 통과하면 고온저압의 액체가 된다. 몰리에선도 상에서는 액체영역과 액체·가스혼합영역이며, 압력이 낮은 방향으로 진행된다.

(4) 증발행정

냉매가 증발기의 폭이 넓은 관으로 들어오면 냉매액은 가스 상태가 됨과 동시에 증발되어 저온저압 가스 상태가 된다. 액체상태에서 가스상태로 변할 때에 주변에서 증발잠열을 빼앗고 냉수 또는 냉풍이 만들어진다. 몰리에선도상으로는 액체·가스 혼합영역에서 엔탈피 등압력선이 오른쪽으로 진행하는 부분이다. 마지막에는 완전한 가스영역으로 들어간다. 그 후, 냉매가스는 다시 압축기로 보내져서 냉동사이클을 반복한다.

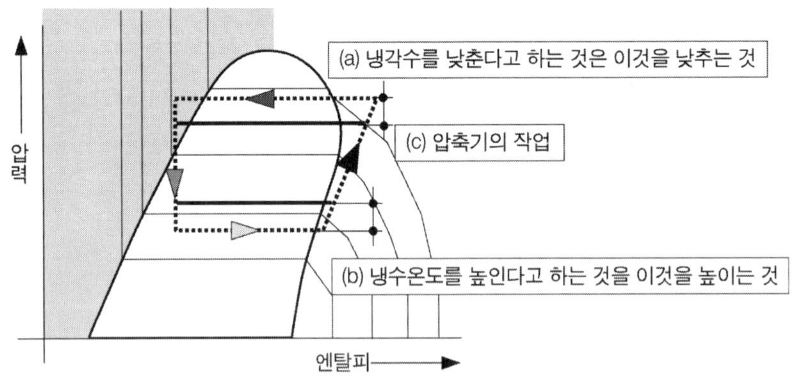

그림10.2 냉수온도와 냉각수 온도

냉각수 온도를 낮춘다는 것은 그림10.2에서 (a)부분을 의미하고, 냉수온도를 높인다는 것은 (b)부분을 의미한다. 압축기의 작업은 (c)부분으로 이를 통해 냉동기 작업량을 줄이고 에너지절감으로 연계시킨다.

냉동기의 성적계수는 COP = 냉방능력[MJ]/소비동력의 열량환산값(MJ : kW×0.86×4.187)을 통해 구할 수 있는데, 그림10.3과 같이 몰리에선도 상에서도 COP = h2/h1로 구할 수 있다. 터보냉동기의 COP는 3~7 정도이지만 최근에는 인버터 부착형이 개발되어 그림10.4와 같이 부분부하 운전일 때 COP가 20 이상이 되는 경우도 있다. 12℃의 냉각수를 이용가능하게 된 것이 높은 성적계수의 한 요인이다(미쓰비시중공업 AART－1 카탈로그).

★ COP와 APF

- 성적계수 COP(Coefficient Of Performance)
  전력 1kW를 투입하여 얼마만큼의 냉방·난방효과를 기대할 수 있는지를 나타내는 지표이며, 일정한 온습도 환경 하에서의 냉동기 효율을 나타내는 수치이다.
- 연간 에너지소비효율 APF(Annual Performance Factor)
  가정용 룸에어컨 등에서 이용되는 지표이며 1년 동안의 운전환경을 가정한 후, 해당 환경에서 에어컨 운전 시의 효율을 나타낸다.

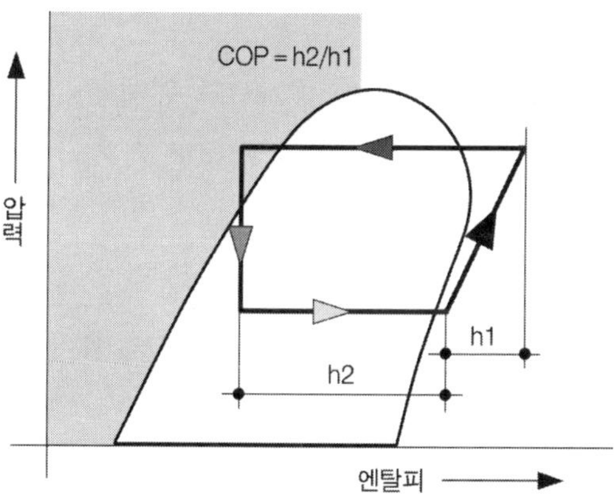

그림10.3 COP의 산출식

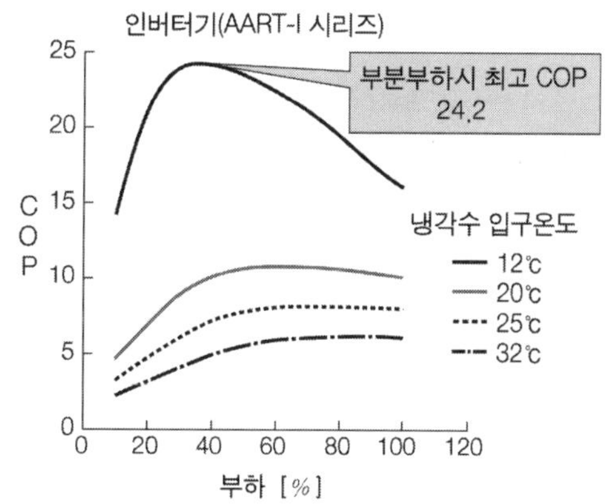

그림10.4 냉각수 온도와 COP

10.1.2 히트펌프

히트펌프식 급탕기의 원리도 몰리에선도를 이용하여 설명할 수 있다. 그림10.5와 같이 증발기 부문에 공기 열교환기를 설치하고 대기로부터 열을 흡수한 후 응축기 부분에 물 순환 열교환기를 설치하면 압축기를 움직이는 전력만으로 많은 양의 온수를 얻을 수 있다. COP가 5라면 전열히터를 이용할 때의 1/5(COP의 역수)의 전력을 사용하는 것이라 보면 된다. 냉매가스로 CO_2를 이용하여 한계점보다 높은 압력으로 응축하여 90℃ 온수를 만들어내는 기기도 있다. 룸에어컨의 히트펌프는 그림10.6과 같이 응축기와 증발기 사이에서 4방향밸브가 90° 회전하여 하나의 기계로 냉난방을 가능하다.

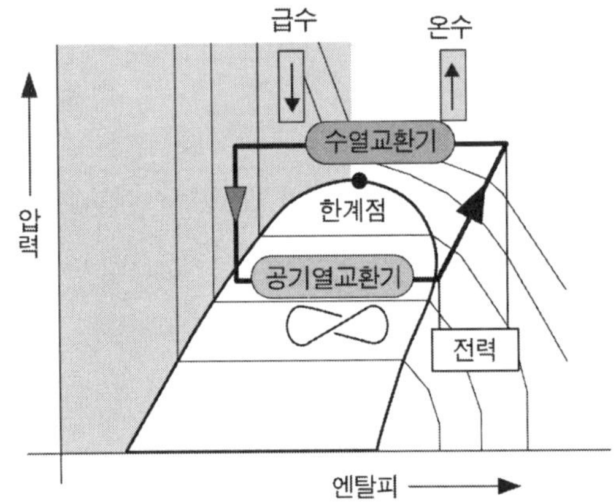

그림10.5 히터펌프급탕기

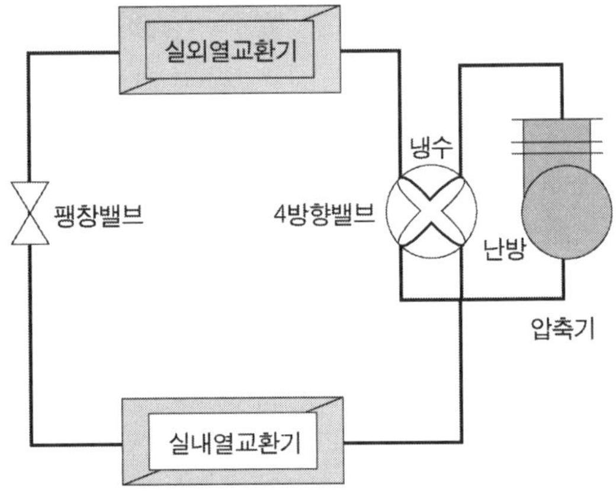

그림10.6 룸에어컨

10.1.3 흡수식 냉동기의 원리

흡수식 냉동기는 가스 및 증기를 에너지원으로 한다. 냉수를 만들어내기 위해 가스를 태우거나 증기를 이용한다는 것이 이상할 수도 있으나 앞에서 언급한 것처럼 잠열의 성질을 이용한 열의 이동이라는 측면은 동일하다.

흡수식 냉동기는 그림10.7과 같이 재생기/응축기 부분과 흡수기/증발기 부분으로 나뉜다. 내부를 순환하는 액체 측면에서 보면 냉매(통상적으로는 물)와 흡수액(브롬화리튬) 회로가 있다.

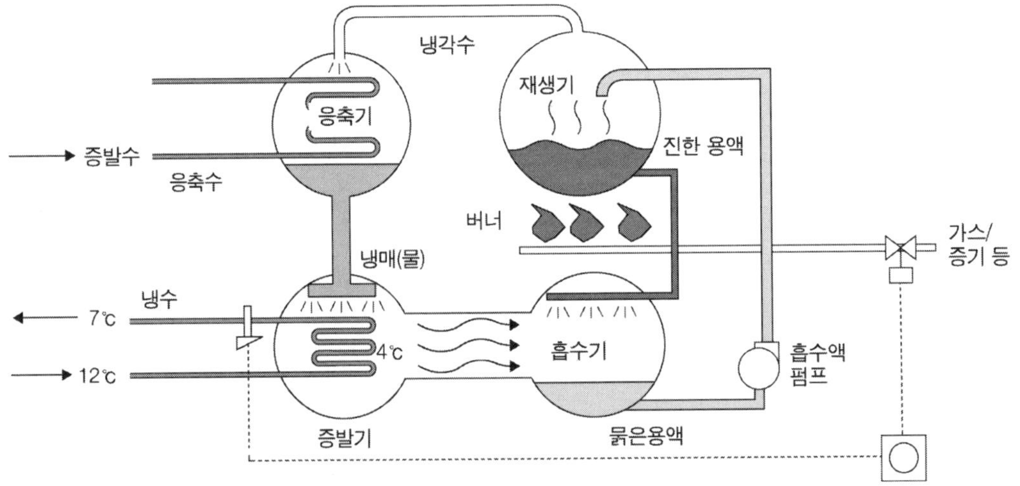

그림10.7 흡수식 냉동기의 구조

높은 산에서는 기압이 낮으므로 100℃ 이하에서 물이 끓어서 증발한다. 흡수식 냉동기의 냉수제조도 이런 원리를 따른다. 증발기 내의 압력은 진공에 가까운 수준으로 유지되며 냉매(물)는 약 4℃에서 증발한다. 이 때, 냉수관 내부의 물을 증발잠열 작용으로 냉각시켜 7℃ 정도의 냉수를 얻게 된다.

흡수기 내부에는 냉각수관이 설치되어 있으며 냉매와 하나가 된 흡수액(희용액)의 온도를 낮추는 역할을 한다. 흡수액 펌프를 따라 재생기로 보내진 희석 용액은 열을 받아 냉매(물)를 증발시켜 진한 용액이 되고 흡수기로 다시 보내진다.

재생기에서 진한 용액과 분리증발한 냉매(물)는 응축기에서 냉각수로 인하여 차가워져서 액화되고 다시 냉매로서 증발기로 이동한다. 증발기가 진공에 가까울 정도의 압력이 요구되므로 추기펌프(extraction pump)를 동작시켜 증발기 내를 저압으로 유지시켜야 한다.

여기서는 기본적인 설명을 중점으로 하여 단효용 방식만을 설명하였지만, 보통은 다수의 열교환기를 효율적으로 배치하여 COP를 높인 다중 효용방식으로 되어 있다. 최근에는 COP가 2에 가까운 것도 개발되었다.

흡수식 냉동기는 화학반응을 응용하고 있으므로 운전개시 후 본래의 능력을 발휘하기까지 10~20분 정도의 시간이 소요된다. 또한 냉동기가 정지되고 증기나 가스의 공급을 멈춘 후에도 곧바로 운전이 정지되지 않는다. 이 때에도 15분~30분의 잔류운전이 필요하게 되며 이를 희석운전이라 한다. 희석운전 시간은 타이머 또는 증발기 내의 압력을 체크하여 이루어진다.

어떤 경우라도 냉수、냉각수펌프에 대한 운전정지출력은 냉동기에서 이루어진다. 덧붙여 터보냉동기의 경우에도 전동기 회전이 완료될 때까지 5분 정도의 잔류운전이 필요한데 일반적으로 이러한 잔류운전 타이머처리는 동력반에서 이루어지는 경우가 많다.

흡수냉동기의 용량제어는 냉수출구온도가 일정해지도록 증기량이나 가스량을 제어하여 이루어진다. 앞에서 설명한 희석운전과 마찬가지로 흡수냉동기는 화학반응의 응용이므로 제어밸브에 신호를 보내도 응답하는데 걸리는 시간이 있으므로 급격한 부하변동을 가하는 등의 사용은 피해야 한다.

10.1.4 냉동기 출구온도 제어

제8장 2.4항 「PID제어」에서 설명한 바와 같이 P동작에 I 및 D 동작을 추가하면 출구온도 제어의 Offset을 해소할 수 있다. 하지만 I 및 D 동작은 시간요소이므로 신속히 운전

되어야 하는 냉동기 제어에서는 적합하지 않아 P 동작만으로 되어 있는 냉동기 제조사도 있다. 부하차에 따라 송수온도에 변화가 있는 경우라면 P 동작만을 적용해도 무방하다.

10.2 공기선도 보는 방법

공조기 제어 검토 시 공기선도는 필수적인 것이다. 그래프라고 하면 보통 X축과 Y축 두 개의 정보에 대하여 직선이나 곡선으로 이루어져 있지만, 공기선도는 직선뿐만 아니라 기울기 및 커브가 복잡하게 구성되어 있어서 이해하기가 힘들다. 하지만 냉동기의 특성을 나타내는 몰리에선도(Mollier diagram)와 마찬가지로 엔지니어라면 이러한 표현들에 익숙해야 한다.

주로 사용되는 공기선도는 정확하게는 "습공기선도"이다. 상세한 공기선도 이론부터 이해하려고 하면 그 깊이가 끝이 없고 매우 난해하므로 여기에서는 공조설비 운용의 목적에 부합되는 NC선도의 대표적인 부분만을 설명하기로 한다.

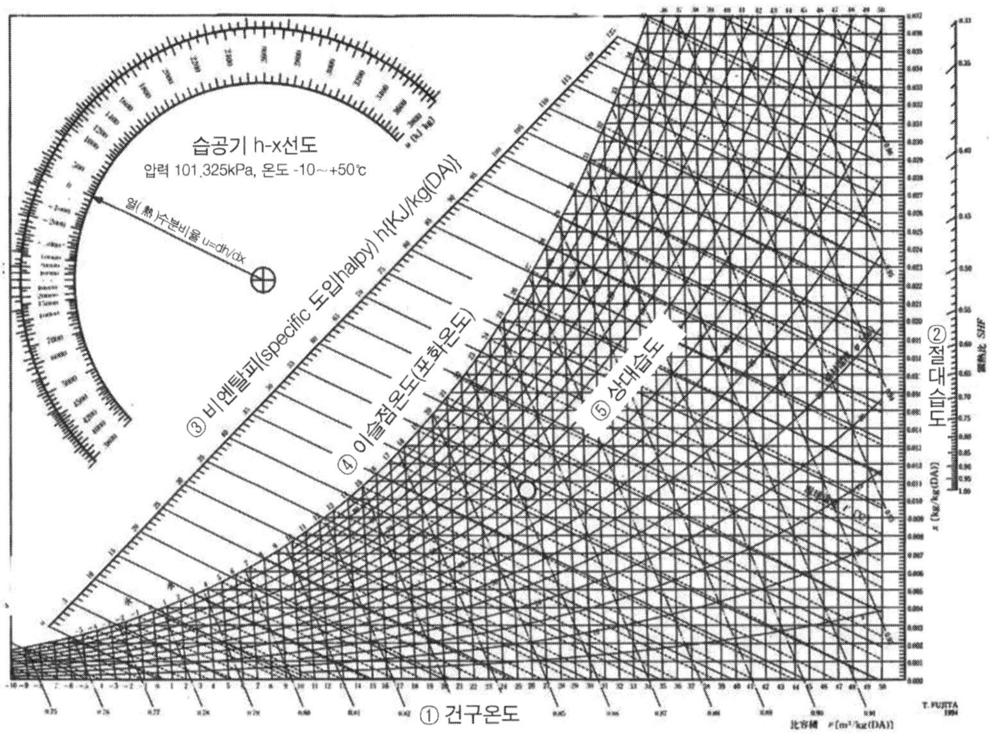

그림10.8 습공기선도

그림10.8과 같이 X축은 ① 건구온도(Dry Bulb)이며, 일반적으로 우리가 사용하는 실내 온도 및 외기온도이다.

Y축은 ② 절대습도이며 공기 중에 함유되어 있는 습기(수증기)의 절대량이다. 건조공기 1kg에 들어있는 수분이므로 kg/kg'나 kJ/kg(DA)로 표기한다.

③ 엔탈피는 0℃의 건조공기 엔탈피를 0kJ/kg으로 하였을 때의 습공기가 지니는 에너지이다. 정식으로는 비(比)엔탈피(specific enthalpy)라고 하며 오른쪽 아래에서 왼쪽 위를 향해 사선으로 그은 것이다.

④ 이슬점온도(포화온도)에서 건구온도가 높은 공기는 수증기를 많이 포함할 수 있지만 해당 공기의 건구온도를 절대습도는 바꾸지 말고 하강시켜 나가면(공기선도상에서 왼쪽 옆으로 조금 옮긴다. 일정 온도에서 포화상태에 도달한 후(상대습도 $\psi = 100\%$), 온도를 낮추면 수증기의 일부가 응축되어 이슬을 맺는다. 바로 $\psi = 100\%$일 때의 온도를 이슬점온도라고 한다.

⑤ 상대습도는 일상에서 자주 사용하는 「습도」를 말하며 이슬점온도의 대기 압력에 대한 해당 공기의 대기 압력 비율이다. 이슬점온도 곡선에 대하여 상사(相似)형에 가까운 곡선을 그린다. 이외에 엔탈피선과 각도가 약간 다른 습구온도선 등이 있다. 그림10.9는 건구온도 26℃、상대습도 50%일 때는 각각의 값을 나타낸 것이다.

엔탈피	: 53kJ/kg'
절대습도	: 0.0106kg/kg'
이슬점온도	: 14.9℃
습구온도	: 18.7℃

이와 같이 두 가지 항목을 알면 위와 같이 다른 항목을 모두 알 수 있다. 또한 습구온도선은 엔탈피선과 비슷한 기울기의 점선으로 표현된 선을 따라 왼쪽위로 올라가 이슬점온도선과 교차한 부분의 온도를 읽는다.

한편 공조에 대하여 검토할 때는 현열비(Sensible Heat Factor, SHF)에 대해 알아 둘 필요가 있다. 인간처럼 땀을 흘리는 것에 비유될 수 있는 "열부하"는 습기를 발산한다. 따라서 Y축의 절대습도에 대한 변동요소가 된다. 일반 오피스빌딩에서는 현열비를 0.9 정도로 생각하면 된다. 그림10.8과 같이 공기선도의 어딘가에 현열비의 중심점이 되는 부분이 있다. 그림10.10과 같이 현열비와 중심점을 연결하여 그 선과 평행하게 선을 긋는다.

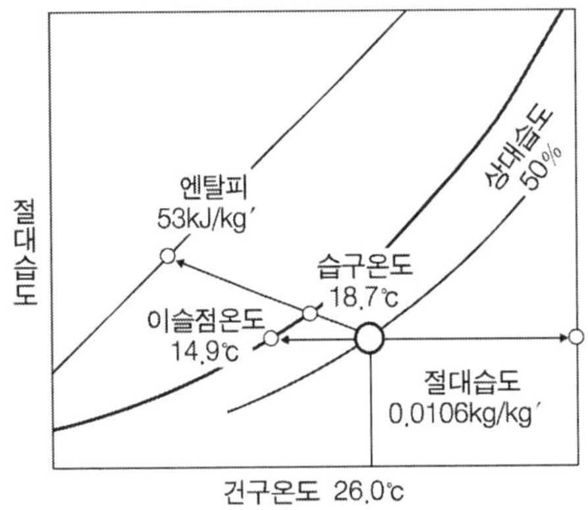

그림10.9 공기선도 상의 각각의 값

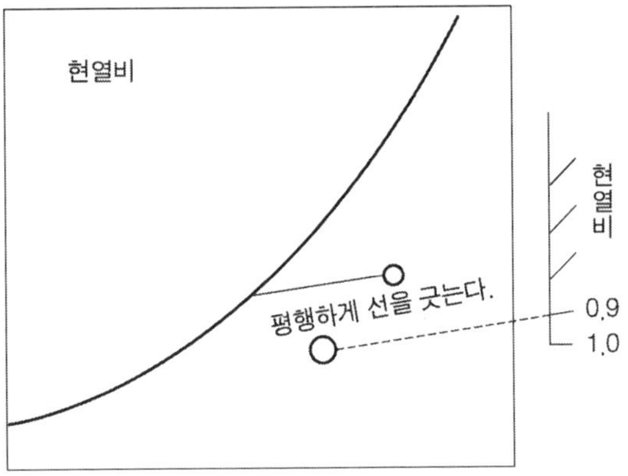

그림10.10 현열비

그림10.11은 표계산 프로그램을 이용하는 것으로 건구온도(D열)와 상대습도(E열)를 입력항목(point)으로 하여 공기선도상의 각 값을 구하는 것이다.

F열에는 수증기압, G열에는 절대습도, H열에는 이슬점온도, I열에는 엔탈피의 해(解)가 각각 산출된다.

(1) 여름철의 예

외기가 32℃ · 70%, 실내온도가 26℃ · 50%이며 급기풍량에 25%의 외기를 도입할 때, 각 지점 공기의 건구온도와 상대습도 등은 그림10.12와 같이 구할 수 있다. 실내와 외기의 점을 연결하여 25%만큼 외기측에 가까워진 M점이 공조기 입구의 공기상태라고 보면 된다. 이 공기상태가 공조기의 냉수코일을 통과할 때에 냉각과 제습이 이루어져 급기점으로 도달하며 앞에서 가정한 현열비(SHF) = 0.9의 기울기에 따라 실내로 공급된다.

(2) 겨울철의 예

외기가 3℃ · 40%, 실내온도가 22℃ · 50%이며 급기풍량에 25%의 외기를 도입할 때, 각 지점의 건구온도와 상대습도 등은 그림10.13에서 구할 수 있다. 실내공기와 외기가 혼합된 M점의 공기는 가열코일로 가열된 후 다시 가습되어 실내로 공급된다. 난방의 경우 송풍기 동력에 의한 온도상승도 고려해야 하지만 보통은 안전치로 두는 경우가 많다. 이러한 예의 가습방식은 적하(滴下)식 가습을 이미지화한 것이다.

참고문헌 : 空気調和 · 衛生工学会 編.「空気線図の読み方 · 使い方」.

	D	E	F	G	H	I
2	건구온도	상대습도	수증기압	절대습도	이슬점습도	엔탈피
3	℃	%	kPa	kg/kg′	℃	kJ/kg′
4	4.4	35	2.19	0.0018	-8.7	8.9
5	32.1	75	26.85	0.0228	27.1	90.6
6	10.5	54	5.13	0.0042	1.6	21.2

	V	W	X
3	포화절대습도 계산		이슬점온도의 계산
4	PSWF의 계수		DPF의 계수
5	6.181450E-12		-0.004687738
6	-3.429809E-09		-0.13461130
7	1.113410E-06		-1.46146200
8	-2.986330E-04		-6.83341500
9	7.265429E-02		2.34837500
10	-5.113360000		77.10049000
11			0.80452910
12			5.58015000

수증기압(F4의 예)

=EXP ($V$5 * D4 ^5 + $V$6 * D4 ^4 + $V$7 * D4^3 + $V8 * D4 ^2
+ $V$9 * D4+$V$10) * 760 * E4/100

절대습도(G4의 예)

=0.622 * F4 (760−F4)

이슬점온도(H4의 예)

= $X$5 * LN (G4) ^5 + $X$6 * LN (G4) ^4 + $X$7 * LN (G4) ^3 + $X$8 * LN (G4) ^2
+ $X$9 * LN (D4) + $X$10 + $X$11 * ABS { LN (G4) + $X$12 }

엔탈피(I4의 예)

= {0.24 * D4 + (597.3 + 0.441 * D4) * G4 } * 4.187

그림10.11 표계산 프로그램

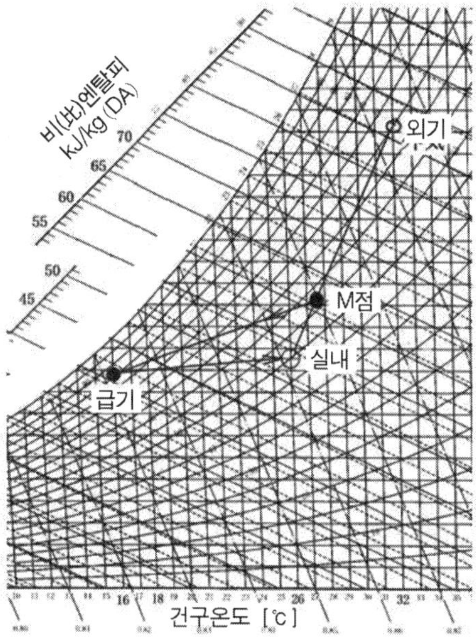

그림10.12 공기선도(여름철의 예)

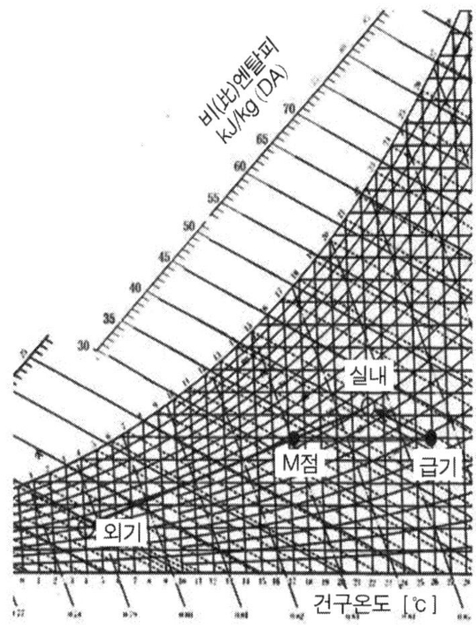

그림10.13 공기선도(겨울철의 예)

10.3 적산값

10.3.1 적산값의 특징

앞서 아날로그값과 디지털값의 트렌드 그래프화에 대해서는 상세하게 서술하였다. 흔히 적산값은 아날로그값과 동일하게 취급되지만 다음과 같은 명확한 차이가 있다.

전력량 등의 적산 펄스데이터를 아날로그량으로 파악하는 것은 잘못된 것이다. 그림10.14(a)와 같이 기계식 적산전력계는 원반이 1회전할 때 1펄스를 출력한다. 전력소비가 적을 때 원반 회전은 느리며 전력소비가 많을 때에는 원반이 빠르게 돌아간다. 하지만 1회전에 해당하는 펄스의 출력은 동일하다. 요즘에는 출력부분이 반도체화 되어 아날로그 출력과 비교하여 물리적인 구조 차이는 없어졌지만 약 수십 년 전까지만 해도 펄스출력은 릴레이 접점이었다. 출력 형태로만 보면 디지털신호와 동일하다.

또한, 적산이므로 숫자가 줄어들지 않는 특징이 있다. 오로지 증가만 있을 뿐이다. 따라서 해당 적산미터가 지니는 유효자리수의 풀스케일에 도달하면 리셋되어 "0"으로 돌아온다. 이 때 처리방법을 잘못하면 황당한 값이 나온다. 그림10.14(b)에서 보듯 카운트업

이후 단순 뺄셈을 하면 단위시간 값이 －9997이 되어 버린다. 컴퓨터는 실수를 하지 않을 것 같지만 초기의 건물관리 컴퓨터에서는 이런 일들이 자주 있었다. 그리고 최근에는 데이터 출력을 외부 컴퓨터로 자유롭게 할 수 있는 환경이 되면서 다시금 이런 실수가 증가하고 있다.

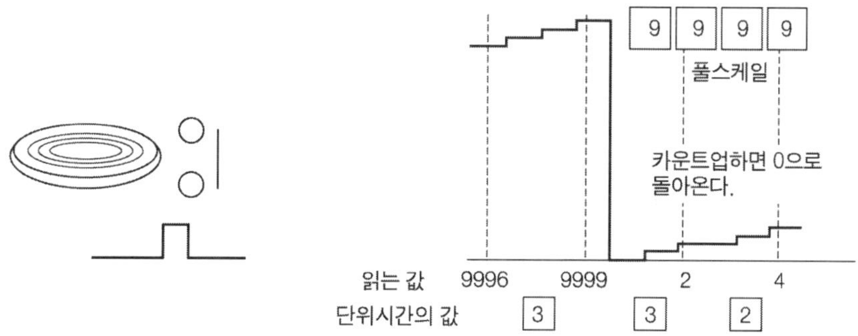

(a) 원반이 1회전하면 1펄스 출력 (b) 카운트업

그림10.14 적산펄스의 특징

10.3.2 펄스비율(Pulse-rate)

적산전력계의 예에서 알 수 있듯 몇 kW 소비를 1펄스로 할 것인가에 대한 문제가 생긴다. 일반 가정용에서는 1개월 단위로 전기사용량을 측정하므로 회전 속도를 매우 느리게 해도 된다. 하지만 건물의 에너지소비 경향을 볼 경우에는 1시간단위 정도로 하는 것이 좋다. 이를 위해 1펄스를 몇 kW로 할 것인가에 대한 검토가 바로 펄스비율(Pulse-rate)이다. 펄스출력이 릴레이 접점이었던 시대에는 릴레이 접점의 마모를 줄이기 위해 펄스 수가 적어지도록 그 값을 정하거나 릴레이 접점에 금박을 하여 내구성을 높였는데, 반도체화가 진행된 요즘에는 이러한 일들이 필요 없어졌다.

10.3.3 신호변환기

냉수나 온수의 열사용량을 검토할 때는 적산량이 이용되며, 냉동기 대수제어의 입력신호에 사용되는 경우에는 열량이 동일하더라도 아날로그 값의 순간량이 사용된다. 따라서 대수제어 등에 이용되는 열량계는 아날로그 및 적산 신호 양쪽 모두의 기능이 요구된다. 수전 전력계 및 DHC유입설비에 설치하는 열량계도 동일하다.

전력량의 디맨드(demand) 감시는 30분 단위로 이루어진다. 트렌드 그래프에 의한 시간별 모니터링 등으로 세밀한 관리를 하면 무엇이 불필요한 수요를 야기하는지 알 수 있을 것이다. 그러면 이에 따라서 운전스케줄을 짜 주면 된다.

DHC 유입설비도 동일하게 생각한다. 최근의 DHC는 기본요금과 종량요금뿐만 아니라 순간적인 최대 열량에도 제한을 두는 예가 증가하고 있다. 공조기 운전 시작시간을 조금씩 달리하는 것도 하나의 대응 방법이지만, 순간열량 트렌드 관리를 하면 공조기 시작 시간의 구체적인 계획을 쉽게 세울 수 있다.

10.3.4 그래프와의 차이

적산량 데이터를 그래프로 표현할 때에는 막대그래프가 적합하다. 값이 점점 증가하는 모습이 막대그래프의 이미지와 잘 맞아 떨어진다. 실측치와 예상값과의 차이나 작년과 올해의 변화 등을 명확하게 표현할 수 있다. 연간 월별 소비량의 동향이나 하루 중에도 시간대별 소비동향에 대해 검토할 때에도 이용한다.

그림10.15는 월별 전력소비량의 실적데이터와 에너지절감 대책으로 실시한 시뮬레이션 결과의 예상 전력소비량을 비교한 그래프이다. 에너지절감 대책이 어떤 시기에 도움이 되는지 판단을 내리는데 도움이 된다.

그림10.16은 대수제어가 이루어지고 있는 펌프그룹의 1시간별 전력소비량이다. 누적그래프 형태로 만들면 펌프의 로테이션 운전 상황도 파악할 수 있다.

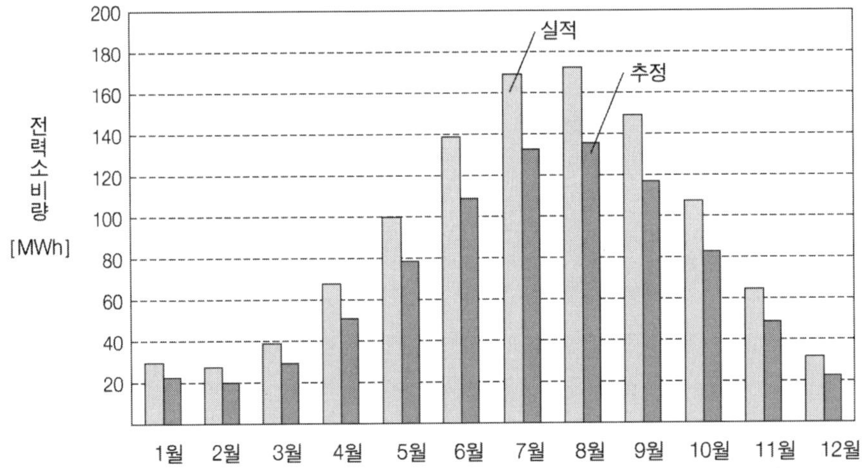

그림10.15 전력소비량의 막대그래프 1

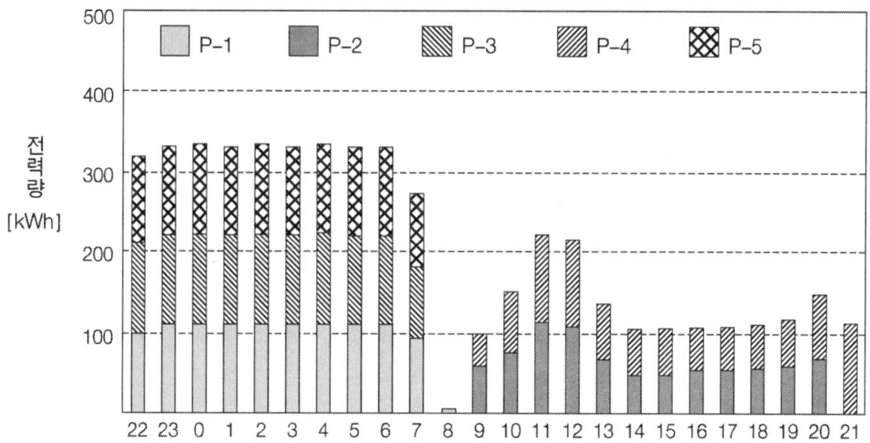

그림10.16 전력소비량의 막대그래프 2

10.3.5 출력 타이밍

아날로그 데이터에서 x시x분의 데이터라 함은 해당 시간의 순간 데이터이다. 하지만 펄스데이터에서는 그림10.17과 같이 10시 데이터란 9시 대에 모은 펄스 데이터이다. 4장의 그림4.1을 자세히 보면 13시경에 전력량이 살짝 줄어든 것을 알 수 있다. 이러한 부분까지 체크를 할 때 비로소 전문가라는 얘기를 듣게 된다.

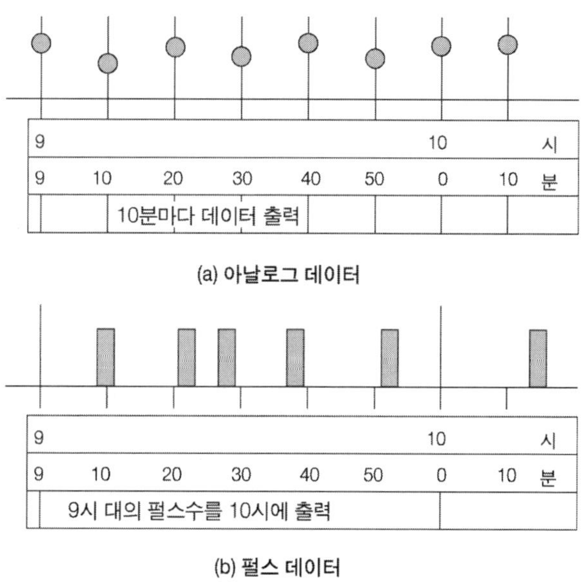

그림10.17 데이터 출력 타이밍

10.4 기기 기호와 컬러코드

10.4.1 기기 기호

트렌드 그래프 프로그램에서 그래프를 가능한 크게 보기 위해 그래프에 기호만 표시한다. 기호이다 보니 가능한 짧은 편이 좋다. 무턱대고 길게 늘려서는 기호의 의미가 없으며 10문자 이내로 하는 것이 바람직하다.

표10.1에 데이터 기호를 붙이는 방법의 기본을 나타내었다. JIS Z 8204(계기장비용 기호)를 참고로 작성한 것인데 가능한 길이를 줄이기 위해 알파벳 소문자를 이용하고 있다.

표10.1 데이터기호 붙이는 방법

기호는 원칙적으로 10문자 이내로 한다.

제1종별

계측종류별
원칙적으로 1문자
대문자

T	온도
TD	이슬점온도
H	습도
F	유량
Q	순간열량
P	압력
I	전류
E	전력량(순간값)
O	출력
C	CO_2
R	오픈량
Z	해당되지 않음
D	디지털데이터
SE	전력량적산값
SQ	열량적산값
SG	가스량적산값
SF	유량적산값

제2종별

계통

cw	냉수
hw	온수
ch	냉온수
st	증기
r	반환수
cd	냉각수
OA	외기
pr	예측
STG	축열
WD	풍향
WV	풍속
RA	일사량
H	고층
M	중층
L	저층

제3종별

기기 명칭

대문자

RA	흡수식 냉동기
RT	터보냉동기
RC	칠러
HXS	열교환기1차측
HXL	열교환기2차측
AH	공조기
V	VAV

제4종별

센서 위치

소문자

o	출구온도
i	I입구온도
s	송출온도
r	반환온도
C	설정값(대문자)

동력 운전상태 및 전환상태 등의 디지털데이터는 제1종별에 D_를 붙인다.

예 D_RT-1

여기서 사용하는 기호는 반드시 이렇게 해야 한다는 것을 의미하는 것은 아니므로 건물에서 익숙하게 사용하는 기호를 우선시해도 된다. 다만, 디지털 데이터를 나타내는 제1종별 "D_"는 그래프를 표시할 때에 아날로그 데이터와 식별하기 위해 사용하는 것이며 다른 기호를 이용해서는 안 되므로 주의가 필요하다.

표10.2 ~ 표10.6이 이런 관점에서 작성한 견본이다.

표10.2 데이터기호 별(열원시스템)

분류	기호	명칭
폐회로(closed)대수제어	D_CLS	냉열원 대수제어 상태
	T_cws	냉수메인관 송수온도
	T_cwr	냉수메인관 반환수온도
	F_cwi	냉동기 입구온도(전체)
	F_cw	합계부하유량
	Q_cw	냉수부하열량
	Q_pr22	22시 예상부하열량
	Q_prC1	부하열량 예실대비1
	Q_prC2	부하열량 예실대비2
	T_cdARi	흡수계 냉각수 입구온도
	T_cdARo	흡수계 냉각수 출구온도
	T_cdERi	터보계 냉각수 입구온도
	T_cdERo	터보계 냉각수 출구온도
외기환경	T_OA	외기온도
	H_OA	외기습도
	Z_WD	풍향
	Z_WV	풍속
	Z_RA	일사량
축열	Q_STG	축열량

표10.3 데이터기호 별(2차 펌프)

분류	기호	명칭
냉수2차측	D_cwH	냉수고층펌프그룹명령
	D_C2P05	냉수고층펌프(C2P05)상태
	D_C2P06	냉수고층펌프(C2P06)상태
	D_C2P07	냉수고층펌프(C2P07)상태
	D_C2P08	냉수고층펌프(C2P08)상태
	P_cwHC	냉수고층송수압력설정
	T_cwH	냉수고층송수압력
	T_cw1H—1	HEX01냉수입구온도(1차측)
	T_cw1H—1	HEX01냉수출구온도(2차측)
	T_cw1H—1	HEX01냉수2차송수온도
	T_cw2H—1	HEX01냉수2차환수온도
	Q_H—1	HEX01냉수열량
	F_H—1	HEX01냉수유량
온수2차측	D_hwH	온수고층펌프그룹명령
	D_H2P01	온수고층펌프(H2P01)상태
	D_H2P02	온수고층펌프(H2P02)상태
	D_H2P03	온수고층펌프(H2P03)상태
	D_H2P04	온수고층펌프(H2P04)상태
	P_hwHC	온수고층송수압력설정
	P_hwH	온수고층송수압력
	T_hw1H—21	HEX21온수입구온도(1차측)
	T_hw1H—21	HEX21온수출구온도(1차측)
	T_hw2H—21	HEX21온수2차송수온도
	T_hw2H—21	HEX21온수2치환수온도
	Q_H—21	HEX21온수열량
	F_H—21	HEX21온수유량

표10.4 데이터기호 예(냉동기 등)

분류	기호	명칭
흡수식 냉동기	D_RA01	RA⊖01 흡수식 냉동기 상태
	P_RA01h	RA⊖01 흡수식 냉동기 고압재생기 압력
	P_evAR01	RA⊖01 흡수식 냉동기 증발기 압력
	R_bvRA01	RA⊖01 흡수식 냉동기 용량제어밸브 오픈량
	T_cdRA01r	RA⊖01 흡수식 냉동기 냉각수출구온도
	T_cwRA01sC	RA⊖01 흡수식 냉동기 냉수출구온도설정값
	T_cwRA01o	RA⊖01 흡수식 냉동기 냉수출구온도
	T_cwRA01i	RA⊖01 흡수식 냉동기 냉수입구온도
	Q_RA01	RA⊖01 흡수식 냉동기 냉수제조열량
	F_RA01	RA⊖01 흡수식 냉동기 냉수유량
	D_CCP01	CCP01 (RA⊖01 냉수펌프)
	D_CDP01	CCP01 (RA⊖01 냉각수펌프)
터보냉동기	D_RTO1	RT⊖01 터보냉동기 상태
	R_brRT01	RT⊖01 터보냉동기 베인 오픈량
	I_RT01	RT⊖01 터보냉동기 메인전동기 전류
	P_cdRT01	RT⊖01 터보냉동기 응축기 압력
	P_evRT01	RT⊖01 터보냉동기 증발기 압력
	T_CWrt01sC	RT⊖01 터보냉동기 냉수출구온도설정값
	T_cdRT01i	RT⊖01 터보냉동기 냉각수 출구온도
	T_cwRT01o	RT⊖01 터보냉동기 냉수출구온도
	T_cwRT01i	RT⊖01 터보냉동기 냉수입구온도
	Q_RT01	RT⊖01 터보냉동기 열량
	F_RT01	RT⊖01 터보냉동기 유량
	D_CCP04	CPP04 (RT⊖01 냉수펌프)
	D_CDP04	CPP04 (RT⊖01 냉각수펌프)
열교환기	T_cwHEX01sC	HEX⊖01 냉수출구온도설정값
	T_cwHEX01i	HEX⊖01 냉수입구온도
	T_cwhex01o	HEX⊖01 냉수출구온도
	T_brHEX01o	HEX⊖01 브라인출구온도
	D_CCp09	CCP09 (HEX⊖01 냉수펌프)
	D_CCP01	CCP01 (HEX⊖01 브라인펌프)
	Q_HEX01	HEX⊖01 순간열량

표10.5 데이터기호 예(공조기 · VAV)

분류	기호	명칭
내주부 공조기	T__AH⊖31s	AHU⊖31 급기온도
	T__AH⊖31r	AHU⊖31 환기온도
	H__AH⊖31r	AHU⊖31 환기습도
	T__AH⊖31sC	AHU⊖31 급기온도설정값
	O__AH⊖31	AHU⊖31 급기인버터출력
	F__AH⊖31oa	AHU⊖31 도입외기량
외주부 공조기	T__AH⊖32s	AHU⊖32 급기온도
	T__AH⊖32r	AHU⊖32 환기온도
	H__AH⊖32r	AHU⊖32 환기습도
	T__AH⊖32sC	AHU⊖32 급기온도설정값
	O__AH⊖32	AHU⊖32 급기인버터출력
	T__AH⊖32	AHU⊖32 페리미터온도
VAV온도풍량	T__30V01	30층 실내온도기준설정값
	T__30V01C	30층 VAV01 실내온도설정값
	T__30V01	30층 VAV01 실내온도
	F__30V01	30층 VAV01 계측풍량
	T__30V02C	30층 VAV02 실내온도설정값
	T__30V02	30층 VAV02 실내온도
	F__30V02	30층 VAV02 계측풍량
	T__30V03C	30층 VAV03 실내온도설정값
	T__30V03	30층 VAV03 실내온도
	F__30V03	30층 VAV03 계측풍량
	T__30V04C	30층 VAV04 실내온도설정값
	T__30V04	30층 VAV04 실내온도
	F__30V04	30층 VAV04 계측풍량
	T__30V05C	30층 VAV05 실내온도설정값
	T__30V05	30층 VAV05 실내온도
	F__30V05	30층 VAV05 계측풍량
	T__30V06C	30층 VAV06 실내온도설정값
	T__30V06	30층 VAV06 실내온도
	F__30V06	30층 VAV06 계측풍량
	T__30V07C	30층 VAV07 실내온도설정값
	T__30V07	30층 VAV07 실내온도
	F__30V07	30층 VAV07 계측풍량
	T__30V08C	30층 VAV08 실내온도설정값
	T__30V08	30층 VAV08 실내온도
	F__30V08	30층 VAV08 계측풍량

표10.6 데이터기호 예(적산값)

분류	기호	명칭
전력량		
열원시스템	SE_TTL SE_NIT SE_CGS1 SE_CGS2	수전(受電)전력량 야간전력량 CGS1 발전량 CGS2 발전량
열원기기	SE_CT01 SE_OT01 SE_CCP09 SE_CPP09	CT01 터보냉동기 전력량 CT01 잠열축열냉동기전력량 HEX01펌프2차측소비전력량 HEX01펌프1차측소비전력량
2차펌프	SE_Ch SE_Hh	냉수고층계펌프전력량 온수고층계펌프전력량
냉각탑	SE_CTF01 SE_CTH01	냉각탑송풍기전력량 냉각탑히터전력량
열원기보조기기	SE_RA01 SE_CCP01 SE_CDP01 SE_CBP01	RA01흡수식 냉동기전력량 CCP01냉수펌프 CDP01냉각수펌프 CBP01브라인펌프

분류	기호	명칭
전력량		
열원기기	SQ_RA01 SQ_CT01 SQ_HEXC01 SQ_OT01 SF_RA01	RA01냉수적산열량 CT01냉수적산열량 HEX01냉수적산열량 OT01냉수적산열량 RA01환수유량
2차펌프	SQ_Ch SQ_Hh	HEX01냉수고층적산열량 온수고층적산열량
증기	SS_SL1 SS_CGS	저압증기소비량 CGS증기적산유량
코제너레이션	SG_CGS1 SS_CGS1 SW_CGS1	CGS1가스유량 CGS1증기발생량 CGS1급수량

10.4.2 선의 표시색상 변경

대상을 그룹화하여 분석할 때, 표시선의 색상을 미리 정해 두면 분석능력을 높일 수 있다. 실제로 작업을 수행할 때는 유용하게 사용된다. Excel에서 자동적으로 생성되는 선을 그대로 이용하면 시각적 분석능력이 떨어진다.

그래프선의 색상은 표10.7과 같이 저항기 등 전자부품에서 사용하는 컬러코드를 따르는 것도 하나의 방법이다. 데이터를 해석할 때 냉동기 번호에 해당 컬러코드를 대응시키면 편리하다.

표10.7 그래프 선의 색상(컬러 코드)

0 흑색	2 – 적색	4 – 황색	6 – 청색	8 – 회색
1 – 갈색	3 – 주황색	5 – 녹색	7 – 보라색	9 – 백색

10.5 DDC 명칭의 유래

10.5.1 공조제어에 컴퓨터를 이용한 역사(1970년 무렵)

건물 관리시스템이 도입되기 시작한 1970년대의 시스템은 자동제어반 부근에 AI · DI · AO · DO · PI 등의 입출력 단말이 수납된 리모트 스테이션(Remote Station)을 두고, 중앙연산 처리장치(Central Processing Unit, CPU)로 입출력 정보를 전송하였다. 공조제어에서 온도조절은 자동제어반의 온도조절기로 이루어지며 CPU에서 그 설정값을 부여하였기 때문에 SPC(Set Point Control) 방식으로 불렀다(그림10.18).

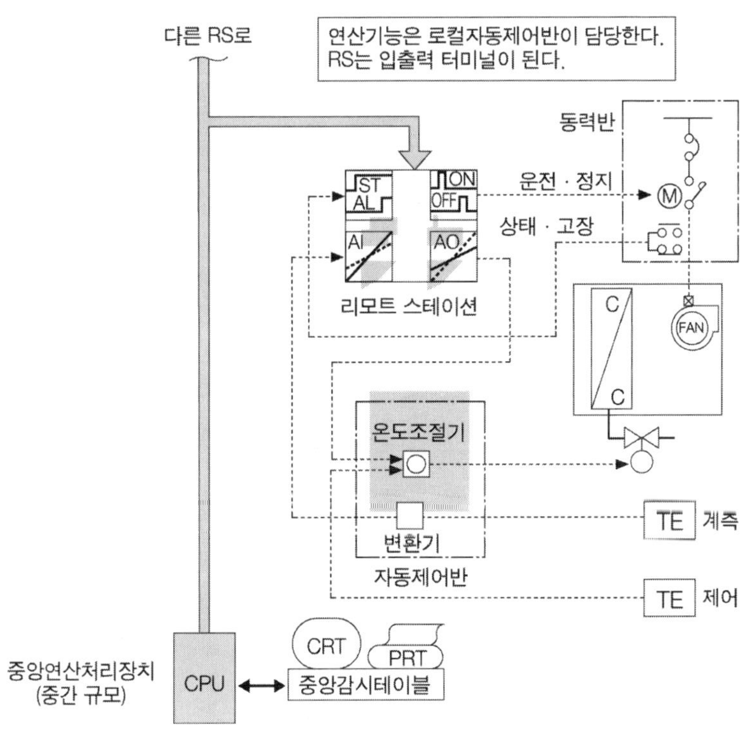

그림10.18 SPC방식

이 방식은 중앙 감시장치에서 스케줄의 운전·정지가 가능하다는 점, 실내온도 감시 및 동력기기의 운전, 고장상태 등을 모니터링할 수 있는 것으로 당시로서는 획기적인 것이었다.

10.5.2 초기의 DDC(1980년 전후)

1980년대에 출현한 DDC는 SPC방식과 마찬가지로 리모트 스테이션을 이용하여 입출력 정보를 CPU로 전송하였다. 공조제어는 온도 검출기(TE)의 값을 읽어 중앙의 CPU로 전송하고, 자동제어밸브로 보내는 연산은 미니컴퓨터 CPU가 처리하여 RS로 반송하였다(그림10.19).

이 방식은 CPU가 직접디지털처리를 하므로 DDC(Direct Digital Control)로 불렸지만, 중앙 CPU가 다운되면 모든 기능을 잃어버리게 되는 결점과 모든 것을 컴퓨터로 처리하기에는 이점이 적어 널리 보급되지 못했다.

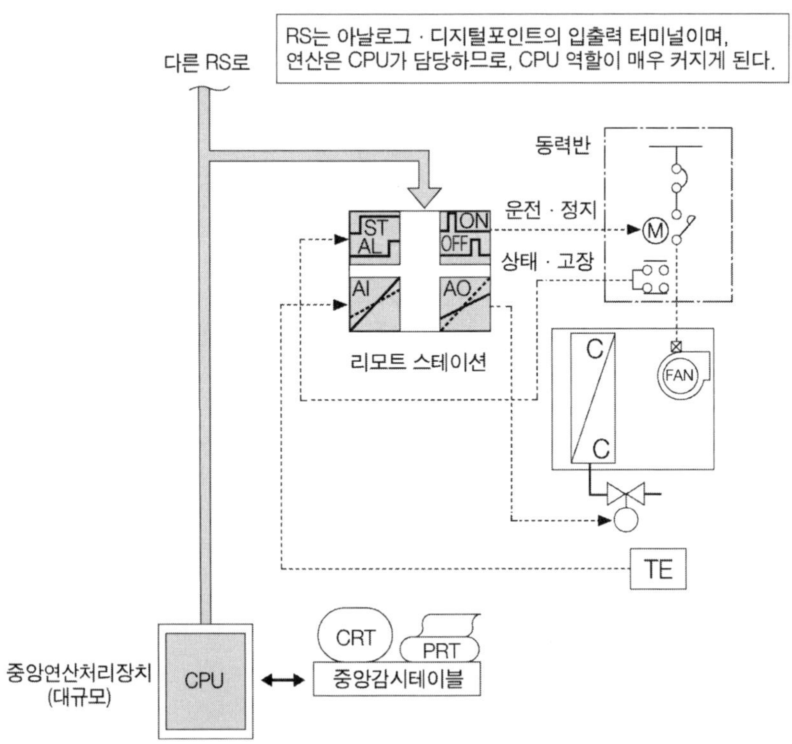

그림10.19 중앙방식의 DDC

10.5.3 분산화 DDC의 등장(1982년 이후)

분산화 DDC방식은 1982년에 등장한 이후 현재 공조제어의 기본이 되었다. SPC방식 및 초기 DDC는 중앙 CPU에 미니컴퓨터를, 분산형 DDC에서는 PC를 이용하였다. 리모트 스테이션에 해당하는 부분은 마이크로컴퓨터를 이용한 제어기능을 가지고 있다. 분산형 DDC방식은 제어의 분산화와 감시의 집중화를 통해 제어시스템 전체의 안전성을 향상시킨다(그림10.20). 공조기 등의 제어대상 기기 부근에 제어기기를 두는 경우는 「SPC」방식(그림10.18)과 유사한 구성을 보인다.

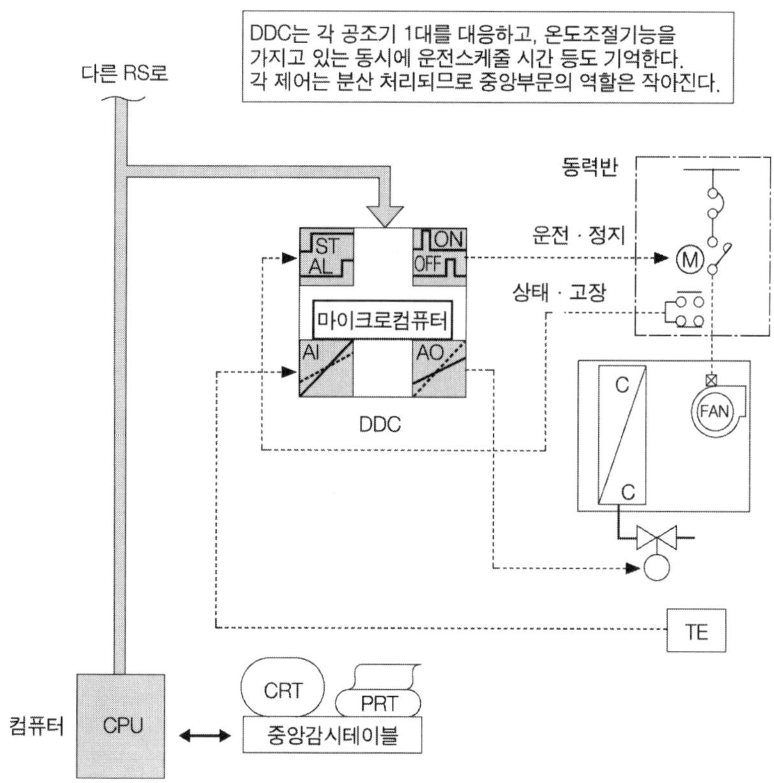

그림10.20 분산형 DDC방식

분산형DDC라는 표현은 현재의 컴퓨터 시스템에서 볼 때 적절하지는 않지만 앞서 설명한 흐름에서 DDC로 정착되었다. 플랜트 분야에서는 컴퓨터를 이용한 제어방식을 DCS(Distributed Control System)라고 한다.

현재는 분산화 DDC에 센서 및 소형 CPU를 넣고 통신 어드레스를 부여하여 더욱 분산시킨 예도 있다. 이 CPU는 연산처리 등도 가능하므로 계기장비기기 구성도 예전보다 많이 변경되었다. DDC의 이니셜은 Direct Digital Control이나 이와 같은 추세라면 Distributed Digital Control로 해석하는 편이 나을지도 모르겠다.

10.6 주요 네트워크 용어

여기서는 네트워크에서 자주 사용되는 용어를 설명해 보려 한다.

(1) 디팩토 스탠더드(de facto standard)

관련분야 표준이라는 뜻이며 "KS" 등과 같이 국가에서 만들어진 표준과는 달리, 특정 기업 및 그룹 등이 채택한 규격 또는 제품사양 등이 해당 산업계에서 표준적인 것으로 받아들여진 것을 말한다. "이더넷" 등이 대표적인 예이다.

특히 미국에서 이러한 예가 많으며, 예를 들어 일본의 "JIS"에 상당하는 "UL(Underwriter's Laboratories Ins., 미국화재보험협회)"은 미국 보험업계가 만든 전기설비의 화재 및 도난에 대한 "지불기준"이다. 이것을 미국의 대부분의 주(州)가 기술규격으로 채택하여 사실상의 표준규격이 되었다.

빌딩용 오픈 프로토콜인 BACnet은 ASHRAE(미국냉동공조공업계)에서 작성된 것이 ANSI(미국규격국) 규격에 의해 인증된 것이며, 이 역시 ANSI에서 인정하기 이전에도 사실상의 업계 표준이었다.

(2) 오브젝트 지향

워드프로세스 프로그램에서 「서식」→「폰트」를 선택하면 그림10.21과 같은 폰트 정보가 표시된다. 이 문서에 작성된 문자는 이러한 조건으로 구성되었다는 뜻이다. 글꼴이나 크기를 변경하면 해당 조건이 같이 바뀐다. 이렇게 실체가 없는 대상에 대하여 연필이나 컵처럼 형태가 있는 것과 동등하게 취급하는 것을 오브젝트 지향이라고 부른다. 이 때 주어진 모든 조건의 집합을 속성으로 표현한다. BACnet에 사용되는 오브젝트 역시 같은 맥락이다. 이러한 것이 규격화됨에 따라 어느 특정 제어기기 제조사가 또 다른 기기 제조사의 항목데이터(point data)를 읽을 수 있게 된다.

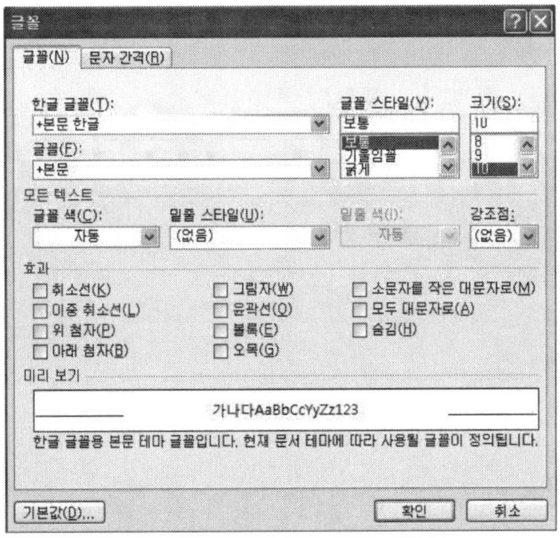

그림10.21 오브젝트의 예

(3) Interoperability

상호운용성이라는 의미로 사용된다. 동일 통신선상에 다른 제조사 및 여러 기종의 컴퓨터가 접속되었을 때, 각 컴퓨터 간에 데이터 교환 및 송수신을 할 수 있도록 구축된 시스템을 Interoperability가 가능한 시스템이라 한다. 원래는 중대형 컴퓨터들을 연결하기 위한 것이었다. 공조기의 DDC 및 VAV 제어기 등을 비롯하여 대부분의 빌딩 내 단말 제어기가 마이크로 컴퓨터화되었고, 이것이 동일 통신선상에서 가동될 때 Interoperability가 성립한다고 표현한다.

(4) 게이트웨이(Gateway)

게이트웨이는 인터넷 분야 등에서 LAN 및 그룹웨어 등의 네트워크를 다른 네트워크에 접속하여 데이터를 상호 송수신할 수 있도록 하는 하드웨어 및 소프트웨어 프로그램을 의미한다. 메시지 포맷 및 어드레스, 프로토콜을 접속처의 네트워크용으로 변환하는 기능을 지닌다. E-mail에서 게이트웨이의 기능은 특히 중요하다. 원격지의 LAN 상호간 또는 LAN과 인터넷 및 컴퓨터 통신 서비스 간의 E-mail 송수신을 위해서는 게이트웨이가 반드시 필요하기 때문이다.

한편, 빌딩제어 분야에서도 게이트웨이가 자주 등장한다. 공조감시와 방재감시 컴퓨터 시스템들을 연결하여 데이터 송수신을 하기 위한 인터페이스를 통칭하여 게이트웨이라고 부르는 경우도 있다 (또는 어플리케이션 레벨의 역할을 기대하는 의미로 채널 컨트롤러 등으로 부르는 경우도 있다). OSI 참조모델과 비교하면, 트랜스포트층에서 어플리케이션층으로의, 즉 상위층 레벨 연결을 담당한다고 볼 수 있다.

어떤 경우에는 데이터의 내용을 분석하여 적절한 상대방에게 전송하거나 데이터 내용을 번역하여 컴퓨터 간 통역 역할을 수행하기도 한다. 게이트웨이 자체가 컴퓨터 시스템으로 구성되어 있는 경우가 많다.

건축설비 설계도상에서는 BACnet과 PLC(시퀀서) 또는 건물관리 컴퓨터를 연결하는 게이트웨이를 iCONT라고 표현기도 한다.

(5) 라우터(Router)

라우터는 서로 다른 네트워크를 상호 접속하는 기기이다. 사내 LAN의 경우 각층 간은 LAN으로 연결하고, 다이얼업 라우터를 인터넷과 LAN을 연결하는 식으로 네트워크 간에 데이터를 전송한다. 단순히 데이터를 전송하는 것이 아니라 데이터의 수신지 정보 및 프로토콜을 판단하여 적절히 전송한다. 수신지에 따라 전송가부 판단을 하거나 복수의 경로가 있을 경우 어느 경로로 보내면 좋을지와 같은 경로제어도 한다.

빌딩제어용 오픈 프로토콜 분야에서는 이더넷과 LON 접속 등에도 라우터가 이용된다.

(6) 브리지(Bridge), 허브(Hub), 리피터(Repeater)

OSI 참조모델의 두 번째 레이어에 위치하는 데이터링크층의 LAN들을 접속시키는 통신장치를 브리지라 하며, 각 컴퓨터들에 접속한 케이블을 한 번에 이어주는 집선장치를 허브(HUB)라고 부른다. 또한 첫 번째 레이어의 물리층에 해당하는 통신장치는 리피터라고 한다. 이렇게 각각 소속되는 OSI 모델의 레이어에 따라 통신장치의 정의 및 부르는 방법도 다양한데, IC 등의 기능향상에 따라 구분하는 위치도 변하므로 혼동해서 사용되는 경우가 많다.

(7) 인트라넷(Intranet)

인터넷기술인 TCP/IP 프로토콜 및 Web서버 등을 사용하여 구축한 사내시스템을 말한다. Intra(내부)와 Internet의 합성어이다. 일반적으로 사외와 사내 네트워크 중, 사외(외부)에서 들어오는 부정 진입을 막기 위해 방화벽을 설치하며 방화벽에서 사내 사이를 인트라넷, 방화벽부터 외부를 인터넷이라 한다.

인트라넷의 메리트는 비교적 낮은 비용으로 문서공유 및 전자게시판 등의 서비스를 구축할 수 있다는 점이다. 사용자는 웹브라우저만 설치하면 되고 설치 및 교육에 관한 비용이 많이 들어가지 않는다는 점이 메리트이다.

(8) 멀티 벤더(Multi Vender)

원래는 컴퓨터 조달 및 이용형태의 하나를 의미하는 것이다. 특정 제조사의 컴퓨터만을 연결하여 사용하는 싱글벤더 방식과 비교하여 복수 제조사의 컴퓨터를 연결하여 사용하는 형태를 멀티벤더 방식이라고 한다. 멀티벤더 방식에는 다음과 같은 두 가지의 메리트가 있다. 첫째, 싱글벤더 방식으로 사용하는 경우에 비해 복수의 제조사를 경쟁시킬 수 있기 때문에 구입가격을 낮출 수 있다. 다른 한 가지는 목적이나 용도에 따라 최적의 컴퓨터 및 주변기기, 소프트웨어를 갖출 수 있다는 점이다.

빌딩 오토메이션 분야에서는 복수의 공조기 제조사 및 VAV 제조사 등이 공통된 통신 전송선을 통해 공존하는 것을 멀티벤더화 되었다라고 한다. 이렇게 하면 각 층 및 임대 상태에 따라 제어기기 제조사를 변경하더라도 감시시스템은 하나만으로 할 수 있는 메리트가 있다.

(9) IP 어드레스를 정하는 방법

개인이 브라우저와 계약을 하고 인터넷을 활용하고 있는 경우 IP어드레스는 어떻게 정해지는 것일까? 전 세계의 IP어드레스는 ICANN(Internet Corporation for Assigned Names and Numbers)에서 일괄적으로 관리하고 있다. ISP(Internet Service Provider. 흔히 프로바이더로 불리며 개인, 회사, 교육기관 등에 인터넷 접속을 제공하는 회사를 일컬음)에 인터넷 접속을 의뢰하면 IP어드레스를 신청하는 셈이 된다.

하지만 실제로 전화회선을 통한 다이얼 업 서비스의 경우 IP어드레스는 고정으로 할당되지 않는다. 개인 계약자가 인터넷에 접속되어 있을 때만 일시적으로 어드레스를 제공하면 되므로 개인계약자는 고유 어드레스를 가질 필요가 없는 것이다.

BACnet/IP와 같이 빌딩 내의 설비에서 IP어드레스를 정할 때에는 해당 빌딩의 관리자가 파악하고 있는 것이 일반적이다.

(10) 도메인(domain)명

기업이나 단체, 학교 등 인터넷상에서 자신의 조직을 식별하기 위해 정하는 이름이다. 우선, 기업이나 단체 등의 조직명을 이용하고 점(.)으로 구분하여 속성을 붙인 후, 다시 점으로 구별하여 국가를 표기한다. 일반적으로 기업은 co, 대학은 ac, 정부기관은 go 등을 사용한다.

찾아보기

(ㅂ)

(ㅅ)

(ㅇ)

(ㅋ)

(ㅌ)

(ㅍ)

(ㅎ)

(A)

(B)

(C)

❑ 약 력 ❑

■ 저 자

다카하시 다카오(高橋隆勇)
東京電気大学工学部 電気工学科 졸업
현) 省エネルギーセンター

■ 역 자

송영학 공학박사
일본 규슈대학교 졸업
LG전자
현) 한국건설기술연구원 수석연구원

건물에너지와 공조제어 정가 20,000원

역 자 송 영 학
발행인 문 형 진

판 권
검 인

2012년 7월 10일 제1판 제1인쇄
2012년 7월 25일 제1판 제1발행

발행처 도서출판 세 진 사

136-087 서울특별시 성북구 보문동 7가 112-8(세진빌딩)
TEL : 922-6371~3, 923-3422 · 7224 / FAX : 927-2462
〈1976. 9. 21 / 등록·서울 제6-28호 / 등록번호〉